清华大学出版社
北 京

内容简介

本书是作者累积18年的教学经验，自创Photoshop工具独门秘技。书中不只是教你认识工具名称和用途，最重要的是用一个个范例讲解如何活用Photoshop各种工具，例如文字工具除了进行注释说明外，还有变化万千的弯曲、路径、位图、形状等多种效果的制作，以及抓手工具、选取工具、吸管工具、路径工具、图像修饰工具、画笔工具等的更多玩法。

本书案例步骤简洁，文字幽默风趣，如同老师面对面的教学，读者可以亲自动手对照步骤进行操作，从而快速掌握Photoshop的神奇功能。

本书适用于想用Photoshop处理图像、照片的新手、爱好者以及办公职人和网店创业者。

图书在版编目（CIP）数据

没想到Photoshop可以这样玩 / 杨比比编著. — 北京：清华大学出版社，2011.7
ISBN 978-7-302-25759-2

I. ①没… II. ①杨… III. ①图像处理软件，Photoshop IV. ①TP391.41

中国版本图书馆CIP数据核字（2011）第100878号

责任编辑：王金柱　闫秀华
装帧设计：图格新知
责任校对：卢　亮
责任印制：杨　艳
出版发行：清华大学出版社　　**地　址**：北京清华大学学研大厦A座
http://www.tup.com.cn　　**邮　编**：100084
社 总 机：010-62770175　　**邮　购**：010-62786544
投稿与读者服务：010-62776969，c-service@tup.tsinghua.edu.cn
质量反馈：010-62772015，zhiliang@tup.tsinghua.edu.cn
印 刷 者：北京嘉实印刷有限公司
装 订 者：三河市新茂装订有限公司
经　销：全国新华书店
开　本：185×230　**印　张**：21　**字　数**：538千字
附光盘1张
版　次：2011年7月第1版　　**印　次**：2011年7月第1次印刷
印　数：1～5000
定　价：69.00元

产品编号：040282-01

序言

博客：杨比比　杨三十七度半
网络搜索“杨比比”

记得中学时期，每天背几十个英文单词，结果是除了“OK，Yes”，英文一句都说不出口。学习Photoshop也一样，学会了全部的工具与命令，还需要找到工具命令的应用方向。这次，杨比比使出独门秘技，展现十八年的教学经验，范例一个接着一个的陪大家反复练习，让各位明白，如何修改照片的明暗色调、添加特殊的滤镜效果、展现特殊的文字技巧等。最重要的是，如何让自己看起来少五公斤，以及运用工具与命令修饰出美丽的鹅蛋脸。

相信各位能从书中看到杨比比对于Photoshop的认真与执着，更期待这本书能成为各位掌握Photoshop的敲门砖。

开始前请先

请先打开附书光盘，另外书中有一些特殊用语，请参考：

-复制随书光盘素材和结果源文件文件夹中所有的文件夹到硬盘中

-范例复制完成后・请打开书本进行练习・并注意以下特殊用语

-单击：指的是按一下鼠标左键

-双击：快速并连续按两次鼠标左键

-阿桑：就是杨比比（嘿嘿，四十好几　）

-皮妹：也称皮蛋妹　是阿桑的小女儿

01 认识操作界面

标题下方的小字说明范例中能学习到的重点功能

02 查看·测量工具

03 图像选取工具

04 修饰美化工具

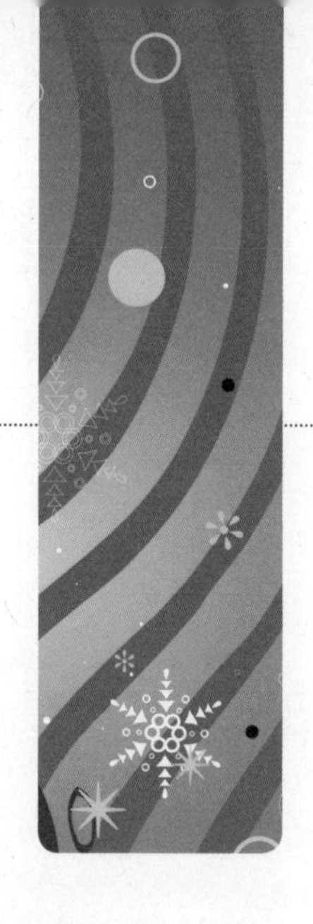

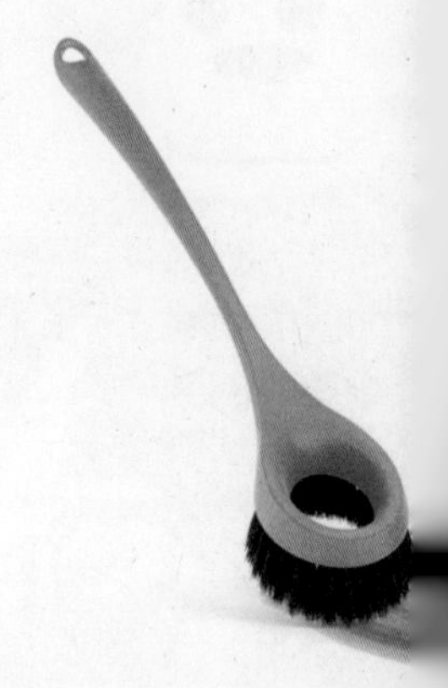

05 绘图画笔工具

06 文字路径工具

上面的沙滩裤图案，以及目录整体的清凉色系，猜猜阿桑在那个季节写这本书。

07 网页工具与工具管理

Thanks

写书有所谓的“台数”（不是打麻将那种）是一种计算纸张数量的方式。所以阿桑需将页数控制在一定的数量之内，相信我，所有的专业作者都会这样做。所以，先谢谢各位容忍这么拥挤的目录。

阿桑急于将工具的应用与操作方式写足，因此用光了所有可用的页数，希望大家都能从范例练习中掌握方向与重点。也谢谢编辑——卡西，给杨比比这么大的空间。更谢谢所有买书以及推荐杨比比书籍的朋友，谢谢大家。

杨比比

yangbibi37.5@gmail.com

博客上的运动公仔，脑袋上的头发、手上的运动器材都可以互换。公仔表情逗趣，模样可爱，可惜当时没有多收集一些。

认识操作界面 01

编辑不断督促阿桑要赶紧更新Photoshop的工具书，唉～～～（好长的一声唉喔）同学们都知道，软件更新的速度一向很快，不是说追就能追上的，更何况，这是Photoshop（超贵），有多少人能追得动。

不过，这回的Photoshop CS5倒是改得有声有色，颇引人注目，工具箱中也增加了一些具有相当份量的工具，值得阿桑好好讲一番，所以，开工吧！先来看看CS5的界面设计。

工作界面长这样

适用版本：Photoshop CS3/CS4/CS5

无论同学们是由CS3升级到CS5，还是由CS4升级到CS5（什么？Photoshop 5.0，听阿桑的劝，至少更新到CS3），都要先认识一下新环境。基本上，CS3、CS4、CS5窗口界面是非常接近的，只有几个小按钮位置不同，先来看看本书的重点“工具箱”。

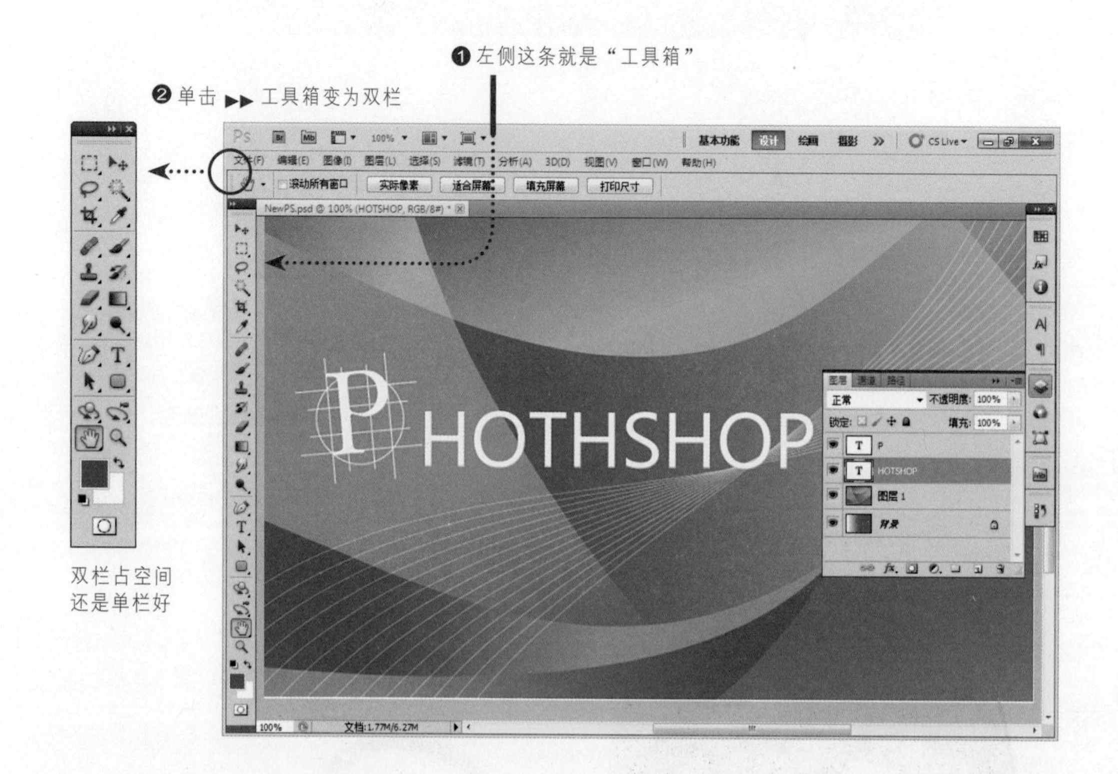

怎么只讲一个工具箱

讲太多，同学们肯定想睡觉。工作界面，顾名思义就是要由工作中学习，还没开始工作，谈起界面来也很空泛。另外，上图是阿桑经常使用的工作界面，画面很干净，面板很少。其实，Photoshop中有很多工具、命令、面板，使用机率非常小，这种小番石榴（小番石榴表示不成熟的功能），扔掉可惜，可是留着又会占据不少硬盘空间，现在大家知道Photoshop为什么需要这么多空间了吧，都是番石榴的错。

工具箱不见了

适用版本：Photoshop CS3/CS4/CS5

没错，就是标题写的这样。万一工具箱不见了，或是所有的面板都不见了，怎么办。多年前，就发生过这样的乌龙，对Photoshop还不熟的我，急得想重新安装软件。相信杨比比，这个部分太重要了。

绝对是Tab键

请同学们按下：

→键盘上的“Tab”按键

如何，可对照左页的画面，将看到左侧的工具箱与右侧的面板图标都消失了。

“Tab”按键能快速控制工具箱与面板的显示与否。如果按下“Tab”键，没有反应，请同学们先将输入法切换到英文模式。

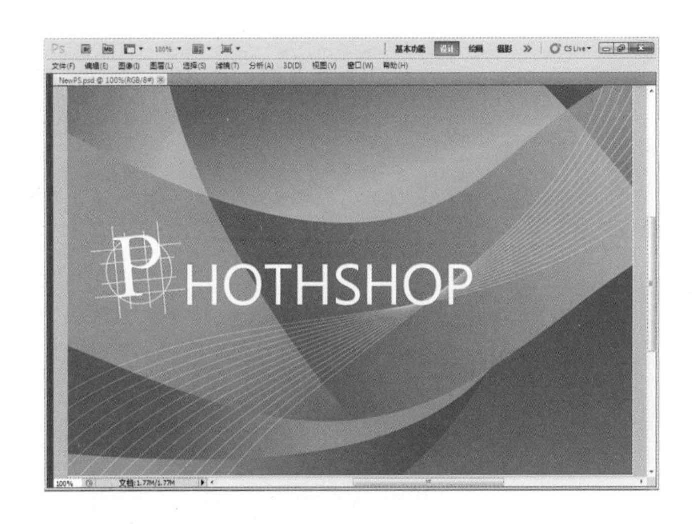

打开/关闭工具箱

请同学们单击：

→菜单“窗口”

→选择“选项”命令便能关闭窗口上方的工具选项栏

→选择“工具”命令便能关闭窗口左侧的工具箱

注意工具箱的按钮玄机

适用版本：Photoshop 全系列版本

Photoshop中有这么多工具，工具箱该怎么容纳。Adobe工程师把相同性质的工具放在同一个按钮当中，就这样，同学们注意看工具箱中的工具，只要右下角有个小黑三角形，就代表这个工具按钮中还包含着一个工具菜单。

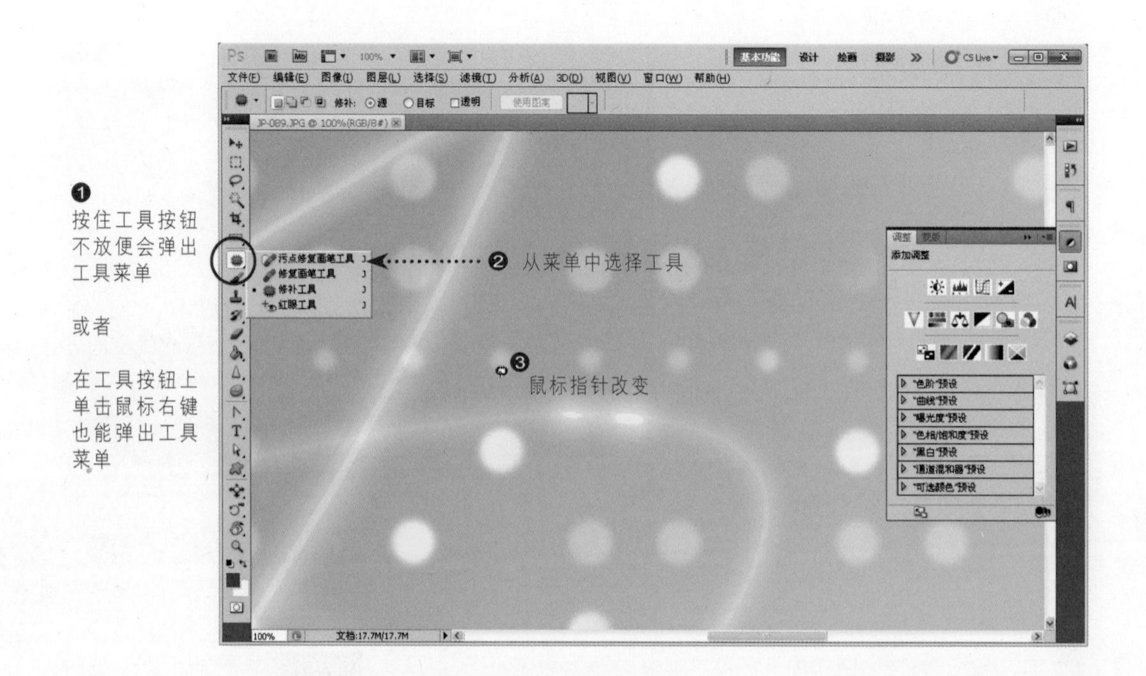

屏幕要够大

每次到学校以外的教育中心上课，最担心屏幕大小。1024×768分辨率的屏幕，对Photoshop来说的确小了一点。有些需要全屏幕表现的对话框，部分按钮会落在屏幕之外，所以，先来看看位于Photoshop窗口上方的几个工具栏。

在屏幕宽度足够的情况下，这三个工具栏绝对是粘在一起的。如果屏幕宽度不足，“屏幕工具栏”与“工作面板工具栏”就会移到“菜单栏”上方，成为两栏。

运用快捷键启动工具

适用版本：Photoshop 全系列版本

讲到Photoshop的快捷键，谁先帮阿桑端一壶茶，腰果也顺便来一盘，要低温烘焙（比较不燥热）。Photoshop快捷键数量之多，在业界是出名的，阿桑讲的可不是Ctrl+C或Ctrl+V这种小朋友的玩意喔，先来看看工具箱的快捷键。

显示工具快捷键

将鼠标移到

→“移动工具”上按住不动

鼠标指针放在工具按钮上超过3秒钟，便会显示工具名称与快捷键。目前显示的内容为“移动工具（V）”，表示移动工具快捷键为“V”。但是“V”键不常用，多数情况下我们使用Ctrl键作为切换移动工具的快捷键。

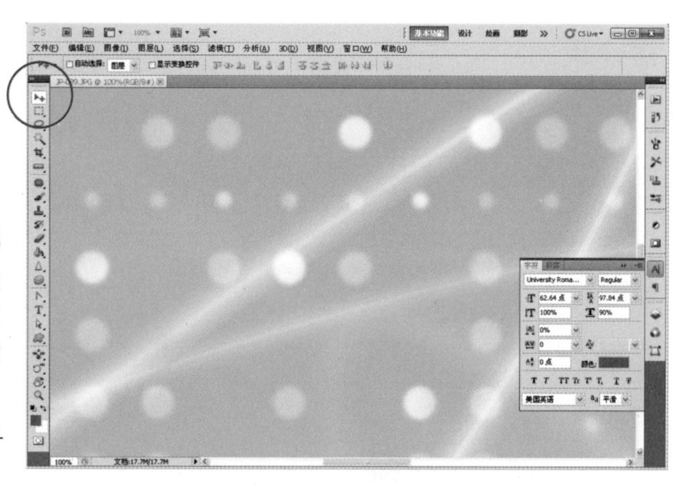

菜单上的快捷键

移动工具算是工具箱中极少数占一个“坑”的工具。多数工具按钮内都有两个以上的工具。

→按住“套索工具”不放

弹出套索工具相关的工具菜单，菜单中显示套索工具的快捷键为“L”。如果我们单击了“磁性套索工具”，那“L”键便成为启动“磁性套索工具”的快捷键，同学们可以试试。

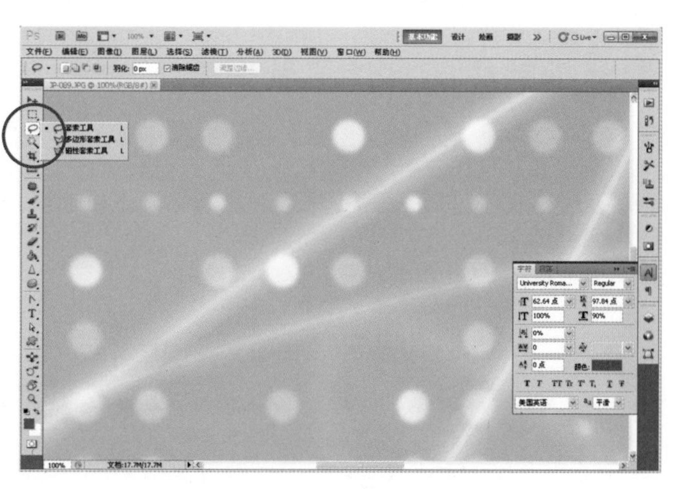

合作无间的工具与选项栏

适用版本：Photoshop全系列

最近迷上了周末晚间的偶像剧，片中的主角是位畅销作家，他写作的空间，有着干净的桌面、简单的Mac笔记本电脑，服装高档不说，身上还搭配饰品……这让阿桑很受伤，同样是写作，阿桑是短裤、T恤，以及凌乱的桌面，唉！档次差太多。

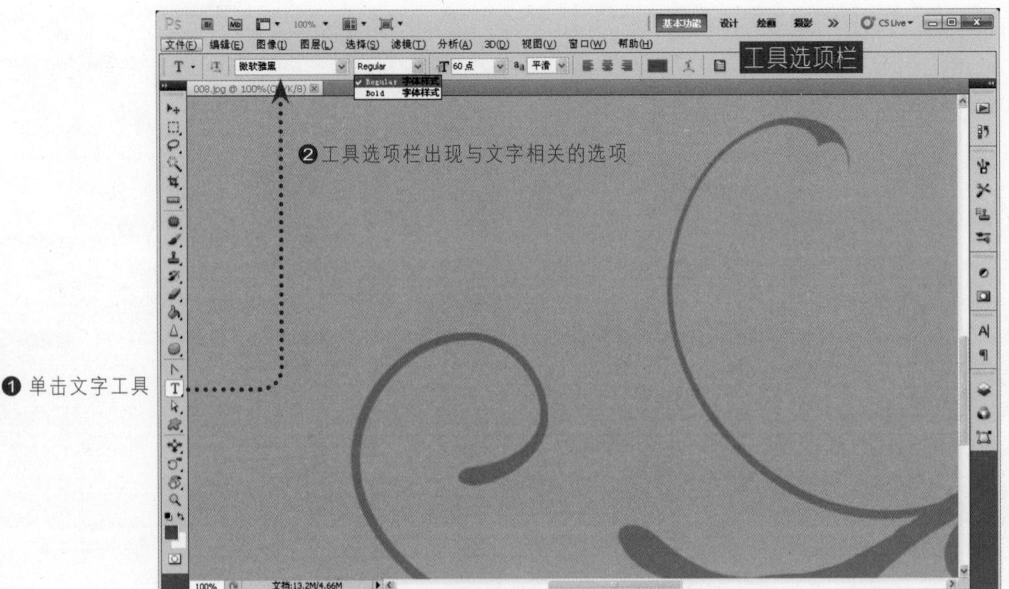

鼠标指针样式会随工具而变

单击（在工具按钮上单击鼠标左键）工具按钮，选用不同的工具，鼠标指针会随着工具内容而改变光标图标。如果同学们发现“不管选哪一种工具，鼠标指针都是一个样子”，可按照下列方式解救各位的工具：

→按几次“空格键（Space）”→无效请继续按下面步骤操作

→执行菜单“编辑/首选项/光标”

指定为“标准”光标

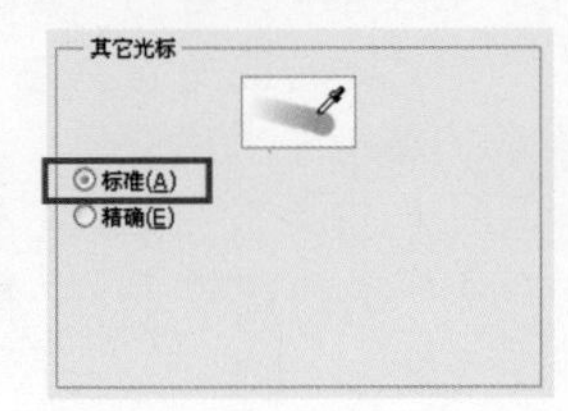

工具与面板的协调性

适用版本：Photoshop全系列

同学们千万别认为工具箱与面板一点关系都没有，这就像病毒虽然不属于生物五大界，但是五大界中的生物体，都可能会中病毒的招（阿桑，这个例子举得很烂），最近帮皮蛋妹整理生物资料，天天泡在“界门纲目科属种”当中，整个人变得很怪。

显示工具快捷键

1.单击“文字工具”

2.单击“切换字符和段落”面板按钮

3.显示“字符”面板

“段落”与“字符”面板中提供了更完整的文字选项，我们在后面的课程中会陆续提到。

“段落”与“字符”通常群组在一起，为了方便大家观看，才拆分为两个独立的面板。

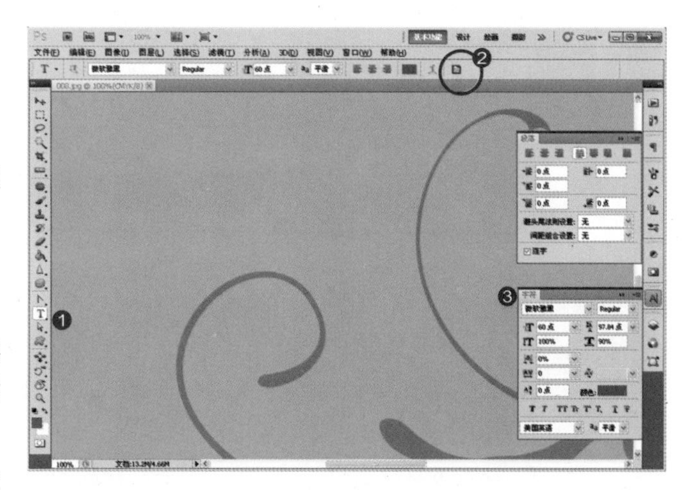

熟悉杨比比的上课方式

记得自己的第一本计算机书，还塞在家里的衣橱中（有股霉味还被虫蛀了几个小孔），书中文句艰涩难懂，因为那是学校的教科书，在考试压力下半强迫的读完。计算机书一定要这样写吗？同学知道吗？每次翻开这本计算机教科书，都胃痛的不得了。

其实，让阿桑正经的写完一本书，不是不可能，是绝对不可能（拍桌狂笑）。阿桑喜欢东拉西扯的聊，把同学们当作自己的伙伴，开心的分享学习心得，这不是很棒吗！放轻松点，陪着阿桑一起体验Photoshop。

第2章
CS5
CS4
CS3
PhotoShop

查看，测量工具 02

“我想，版式要设计一下”编辑交代。

编辑卡西，太了解阿桑，她口中所谓的版式，就是每一章的章首页（也就是各位看到这两页）以及目录。

“书眉呢？不设计吗？”

同学很专业喔，所谓书眉就是书籍上方用来标示章节或页码的位置，对阿桑来说，那就是个放置“章首”与“页码”的地方，不需要设计，不用太醒目，因为它不是主角。

主角是书中的范例，步骤必须整齐划一，配合稳定的阅读节奏；步骤图标不能设计的太花俏，免得让阅读者分心；另一个重点是，说明文字需幽默风趣，适时加入调味。很好！计算机教学书籍就该这样。

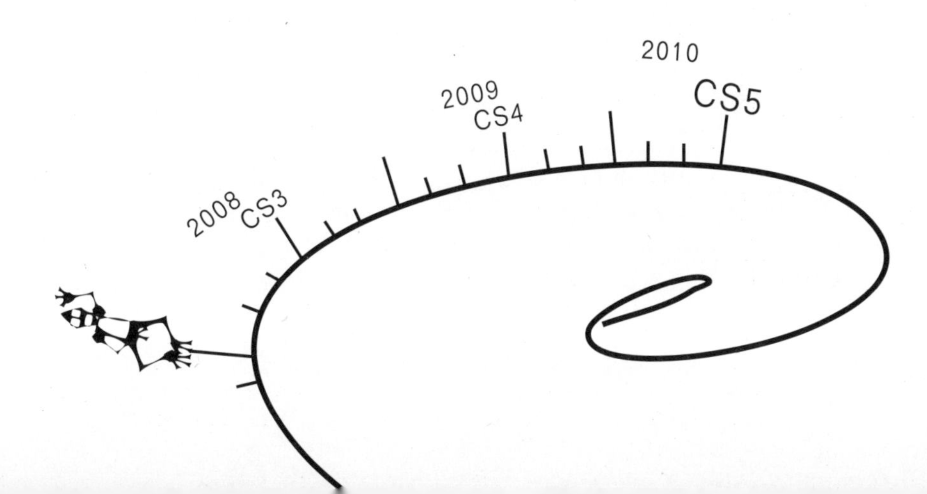

学习该有一点渴望

适用版本：PhotoshopCS3/CS4/CS5

虽然已经饿得两眼发直，盯着眼前的自助餐，直流口水，但还是要先端盘子，才能展现文明社会中该有的礼节。这表示，在正式学习工具之前，需先掌握“打开文件、关闭文件、面板控制”几个基本动作，没错吧，先来看看有哪些基本工要练。

请同学先将附书光盘内的所有范例文件复制到计算机中，便可以依据右侧的参考范例指示，找到文件。

先练习以下操作

打开文件 看到上方图片中的大黑狗了吗？先练习将它从附书光盘中“叫”出来。

打开面板 图层、历史记录面板，是工作时的重点面板，需先打开。

控制面板 为了增加图片的编辑与查看面积，从Photoshop CS3版本开始提供面板折叠控制，可以像开抽屉一样拉开、推回，这也需要先练习一下。

PSD格式 Photoshop当家作主的文件格式，大黑狗上的线条、文字，还有狗爪印，都是放置在可以记录这些元素内容的PSD文件中。

关闭文件 类似关灯一样简单。是个绝对不会出状况的命令，动手吧。

参考范例 素材和结果源文件\第2章\Pic001.JPG
素材和结果源文件\第2章\Pic001_1.PSD

A) 打开文件　　快捷键）Ctrl+O

1.菜单“文件”

2.选择“打开”命令

3.进入范例文件夹

4.选择文件

5.单击“打开”按钮

“打开”命令的快捷键为Ctrl+O，即按住〔Ctrl〕键不放，再按下按键〔O〕键便能启动“打开”命令。

B) 图层面板　　快捷键）F7

1.单击“图层”按钮

2.打开图层面板

3.JPG格式仅有背景图层

“报告，找不到图层面板”，先到菜单“窗口”中看看，所有的面板与控制选项都在“窗口”菜单中。按下键盘上的F7键，也能启动图层面板。图层是Photoshop的灵魂，同学们一定要掌握这个重要的面板。

C）拉出面板

1.将鼠标移动到面板按钮一侧

2.显示水平移动指针

3.向左拖曳面板

4.显示面板名称

刚学习Photoshop的同学，可以将面板拉出来一些，面板名称看久了，眼熟了，就容易产生感情（哈哈）。

D）历史记录面板

1.单击“历史记录”按钮

2.显示目前文件的执行命令

“历史记录”面板能记下最近20个执行的工作命令，也是我们在Photoshop 中另一个非开不可的面板（重量级）。

菜单“编辑/首选项/性能”中显示历史记录面板中能恢复的命令数量，默认值为20。

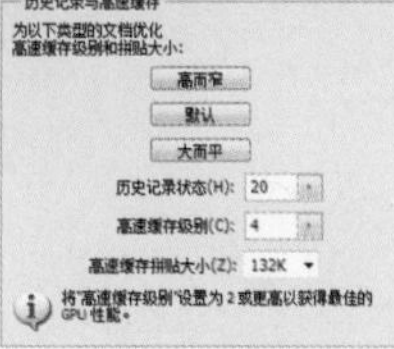

E）展开面板

1.单击“◀◀”按钮

2.展开左侧面板

3.单击“基本功能”工作区

CS3、CS4、CS5都提供工作区管理，方便我们组合自己常用的工作环境。虽然这三个版本工作区放置的位置都不相同，但是，还是能找出共同点，菜单“窗口/工作区”内就有默认的多种工作界面，同学们可以看看。

F）折叠面板

1.单击“▶▶”按钮

2.向右拖曳面板边界

慢慢地，同学们会发现，有些面板或命令的确如阿桑所说，百年难得一用，所以我们要学会关闭不用的面板，移除不用的命令，整理出个人专属的工作区。现在还不是时候，我们才刚开工，不急。

G）打开PSD 文件 快捷键）Ctrl+O

1.菜单“文件”

2.选择“打开”命令

3.进入范例文件夹

4.选择Pic001_1.psd

5.单击“打开”按钮

主角上场，Photoshop专用格式PSD，能记录所有加注在图像中的文字、图像、线条、路径与色彩，来看看内容。

H）打开图层面板 快捷键）F7

1.按下F7键打开图层面板

2.拖曳增加面板显示空间

3.标签中显示打开两个文件

显示打开文档数量

THE Formosan Mountain Dog

CS4与CS5都采用标签方式显示目前文件。CS3则要观察菜单“窗口”菜单下方的启动名称，才知道目前文件打开的数量。

I ）小试身手

1.单击“眼睛”图标关闭图层

2.画面上的狗爪印不见了

3.单击“绘图”图层

4.单击“橡皮擦工具”

5.单击画笔图标

6.调整大小为“100px”

7.拖曳橡皮擦拭狗眼镜

J ）还原历史记录

1.单击“历史记录”按钮

2.打开“历史记录”面板

3.单击命令

历史记录面板能记录下工作最后的20个命令，如果觉得20个不够多，可到菜单“编辑/首选项/性能”中修改。

K）回到开始状态

1.拖曳拉长历史记录面板

2.单击最上方的缩览图

历史记录面板最上方的缩览图表示文件打开时的原始状态。单击缩览图后，所有执行过的命令都会消失，回到文件打开的最初状态。

L）关闭文件 快捷键）Ctrl+W

1.单击文件标签上的“X”

2.单击“取消”按钮

虽然我们可通过历史记录面板还原所有的命令，仍然改变不了我们曾经动过手脚这点（历史记录面板上还显示着灰色的命令过程），所以，关闭文件前会显示对话框，再次询问是否要存储文件的改变，请先单击“取消”按钮，我们还有一招。

M) 关闭文件　　快捷键）Ctrl+W

1.菜单“文件”

2.选择“关闭”命令

3.显示警告对话框

4.单击“是”按钮

是否存储更改，同学们当然要另行判断。尤其是商业设计，如果修改的幅度很大，最好另存一份文件，比较安全。大家都知道，客户与上司的意见往往是多变而反复的，多存一份是万无一失的做法。

N) 关闭全部　　快捷键）Alt+Ctrl+W

1.菜单“文件”

2.选择“关闭全部”命令

“关闭全部”是个很方便的命令，当窗口中打开多个文件，想一次性关闭时，“关闭全部”命令便能派上用场。

快捷键）Z

缩放工具

适用版本：Photoshop CS3/CS4/CS5

脑子里想的是放大镜，怎么画出来像把菜刀，真是怪了。缩放工具（简称：放大镜工具）用来拉近或延伸（常称为Zoom In/Zoom Out）窗口中的图像，用以观察更细微的部分（像是阿桑脸上的痘痘、腰间的肥肉），来看看工具的用法。

缩放工具名称太不直接了，我们商量一下，统一叫作“放大镜工具”如何？简单好记。

放大/缩小图像的功能

美术设计、平面媒体设计、网页前端设计人员，以及相关专业的学生（当然还有正在看书的各位）Photoshop绝对是计算机中不可或缺的主力软件。而我们所需的图片与图像也不是一般的4"x6"照片，有可能是海报输出或杂志封面，这些大型的图片绝对不是屏幕可以容纳的。所以，充分运用缩放工具（简称：放大镜）就是一门相当重要的功课。

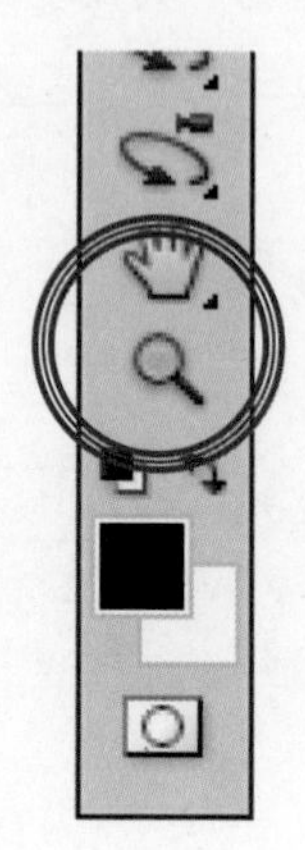

按下键盘上的“Z”键便能立刻启动“缩放工具”

参考范例 素材和结果源文件\第2章\Pic002.jpg

A ）图层缩览图控制 快捷键）F7

1.按F7键打开图层面板

2.单击面板菜单按钮

3.选择“面板选项”命令

4.单击大缩览图

5.单击“确定”按钮

图层是Photoshop中代表性的面板，我们会在每一范例中逐步学会图层的操控方式，同学们要加油。

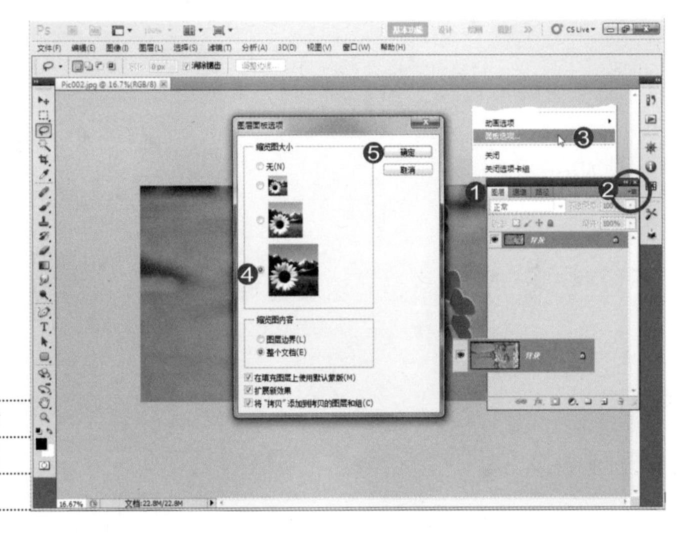

B ）缩放工具 快捷键）Z

1.单击“缩放工具”按钮

2.单击“放大”按钮

3.单击画面放大图像

将放大镜指针移动到想要放大的位置，单击鼠标左键，便能放大该区域的图像。非常简单吧，同学们可多试几次。

C) 细微缩放 CS5专用

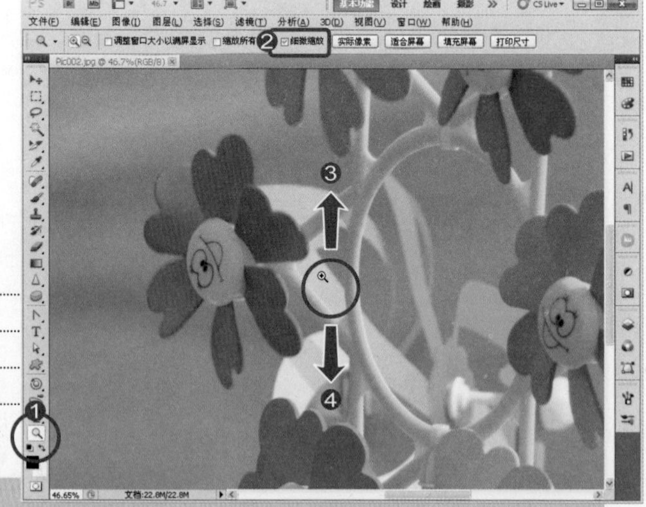

1.单击“缩放工具”按钮

2.勾选“细微缩放”选项

3.向上拖曳放大图像

4.向下拖曳缩小图像

“细微缩放”可以通过拖曳的方向决定缩放，由于需要快速地实时缩放，所以图像显示会比正常状态下模糊。

TIPS 启用OpenGL绘图

使用CS5版本的同学，请先执行菜单“编辑/首选项/性能”命令，进入“首选项”对话框后，勾选“启动OpenGL绘图”选项，重新打开Photoshop后，便能正常使用放大镜工具中的“细微缩放”功能。（请参考27页）

D) 局部放大

1.确认选择“缩放工具”

2.目前为“放大”显示

3.取消勾选“细微缩放”

4.拖曳拉出矩形放大区域

如果使用的版本为CS3或CS4，可忽略上面第三个小步骤。细微缩放是CS5版本新增的实时缩放功能。

E）缩小显示

1.确认选择“缩放工具”

2.单击“缩小”按钮

3.单击图像缩小显示范围

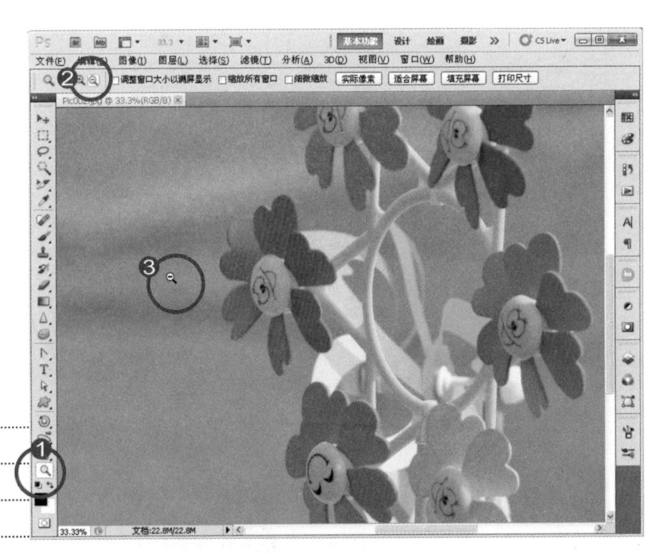

先维持在缩放工具的状态，同学试着按下键盘上的“Alt”键，看一下屏幕上的光标图标，会切换为“放大”模式。

F）原尺寸显示

1.双击“缩放工具”

2.图片以原比例显示

3.按住键盘上的空格键不放，便能切换到抓手工具拖曳图像

当图像超出屏幕显示范围时，可以按下“空格键（Space）”便能立即切换到抓手工具，拖曳观察图像细部。

实时切换键）空格键

抓手工具

适用版本：Photoshop CS3/CS4/CS5

那是手掌，大家都看懂了吧（流汗），中指大概被蜜蜂叮到，有点肿大，忍耐一下，让阿桑再画几个就好。讲起这个抓手工具，使用率非常高，这么抢手，那只记快捷键“H”恐怕来不及，请大家善用实时切换键“空格键（Space）”。

上图采用菜单“滤镜/模糊/动态模糊”效果，展现以抓手工具左右移动图像的速度感。

显卡要花点钱

阿桑从来不要求同学们躁进着追软件。因为更新，绝对不是软件的事，硬件也要跟着升级才能展现软件所强调的新功能与技术，就这样口袋被掏空。如果非更新不可，建议大家买好一点的显卡，才能展现CS5的极致性能。另外，长时间在屏幕前工作的同学，买一台舒服的显示器吧。阿桑最近花钱买下EIZO显示器，真是一分钱一分货，看起来很舒服，眼睛也不再酸痛。讲一下，这不是在做广告，纯粹分享心得。总之，好好保护眼睛吧，要用一辈子的。

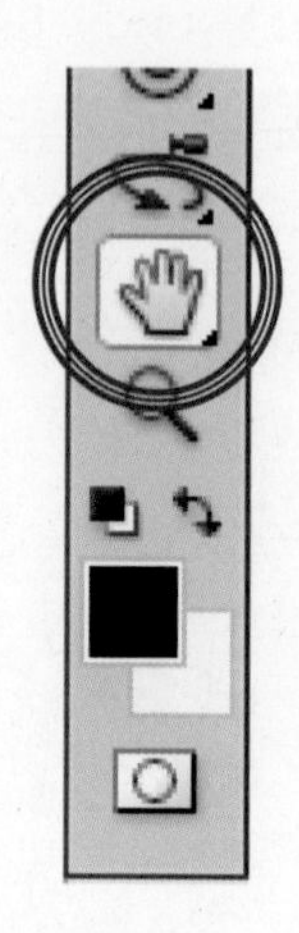

不管使用哪一种工具都可以按下“空格键”实时切换到抓手工具

参考范例 素材和结果源文件\第2章\Pic003.psd

▼打开文件后的查看比例会依据屏幕大小调整

A）缩放工具　　快捷键）Z

打开文件后，Photoshop会以最适合的查看比例显示图片：

1.当前查看比例为33.3%

2.单击“缩放工具”

3.单击“实际像素”按钮

“实际像素”即图像实际的尺寸。简单地说，就是以1:1的方式显示图片，能清楚展现图像各部分细节。

B）抓手工具　　快捷键）H

1.查看比例100%

2.单击“抓手工具”

3.拖曳图片观看细部

4.文字边缘显得平滑顺畅

编修人像的时候，为了能清楚看到细纹及斑点，经常需要将查看比例调整到100%。看得清楚，自然修得细、修的好。

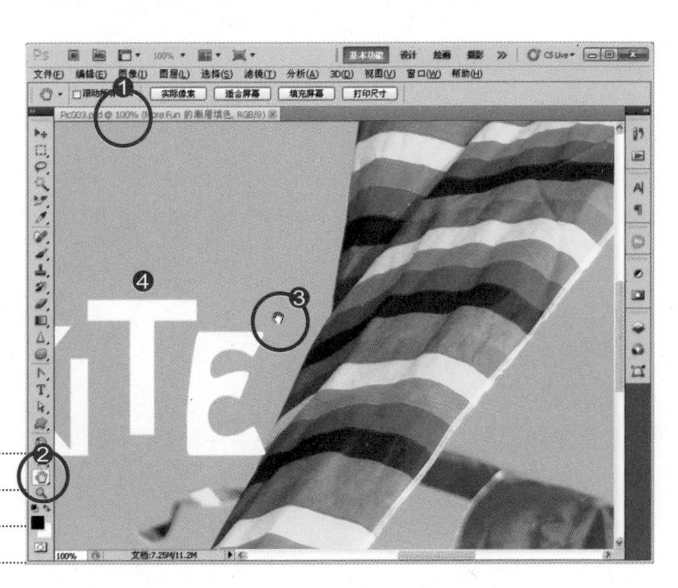

C) 移动工具　　快捷键）V

1.按F7键打开图层面板

2.单击“More Fun”图层

3.单击“移动工具”

4.拖曳移动More Fun文字

5.按住“空格键”不放

6.拖曳图像

拖曳到适当的位置，放开“空格键”，便能继续回到“移动工具”的状态下继续操作，这是经常使用的动作，需要多练习。

D) 图层的前后顺序

图层类似于一张张重叠的图片，上面的图片会遮住下方图层中的图像内容。

位于上方的More Fun图层，遮住了部分Flying文字。

也可以将flying KITE图层拖曳到最上方，More Fun自然被压到下面了！试试在图层面板中拖动，以调整图层顺序。

E) 再试一次

1.单击More Fun图层

2.单击“橡皮擦工具”

3.按住“空格键”不放

立即切换为“抓手工具”拖曳画面，放开“空格键”又回到橡皮擦工具的状态下。再练习几千次吧（开玩笑的），加油。

F) 适合屏幕

1.双击“抓手工具”

或

2.单击“适合屏幕”按钮

双击“抓手工具”能自动缩小或放大图像到当前窗口能够容许的最大范围。这也是阿桑常用的动作，后面会慢慢提醒。

快捷键）R

旋转视图工具

适用版本：Photoshop CS4/CS5

手掌上的指头均匀多了吧（得意）。几乎每个孩子都爱画画，怎么长大就不画了呢，画画是最好玩的，没有标准答案，没有一百分，既能表达情绪，又能展现创意，这个逻辑与设计相同，掌握工具、运用特效滤镜。瞧，下面的图就是这样来的。

数字艺术是新一代的艺术风格，大多数的同学没有传统设计的包袱，多能展现出令人惊喜的特殊效果。

旋转视图工具的作用

描绘图形时，需要转动纸张来配合手势与笔触，CS4版本新增了“旋转视图工具”，让所有热爱绘图的同行，都能向Photoshop靠拢，不用总是依赖Painter（Photoshop与Painter是两个不同的软件商），尤其CS5版本又加入了许多优秀的画笔。

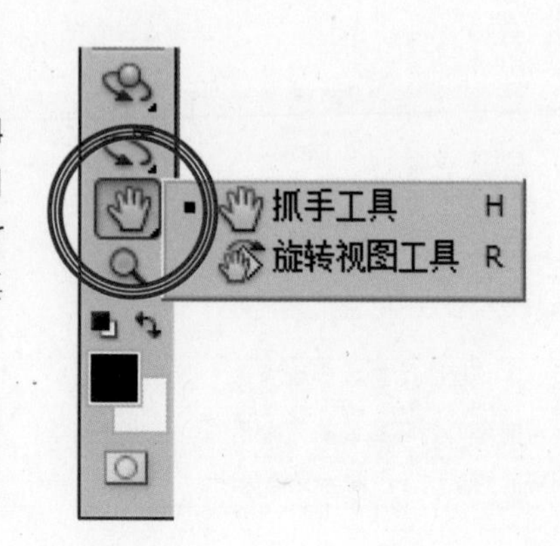

在工具按钮上单击鼠标右键可以显示按钮中的其他工具

参考范例 素材和结果源文件\第2章\Pic004.JPG
素材和结果源文件\第2章\Pic004_OK.PSD

A) 查看显卡性能

1.菜单“编辑”

2.选择“首选项”

3.执行“性能”命令

使用CS3版本的同学，可自动跳过这个步骤。别难过啦，旋转查看并非必要性的功能，CS3已经是很完整的版本了。

B) 启动OpenGL绘图

1.进入“首选项”对话框

2.选择“性能”选项

3.勾选“启动OpenGL绘图”

4.出现显卡型号

5.单击“确定”按钮

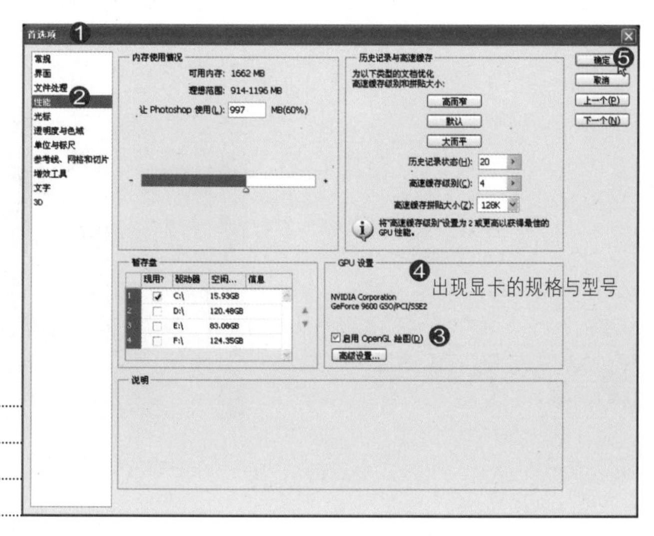

当鼠标指针移入“GPU设置”区域时，下方“说明”区域内会显示与此设置相关的说明，同学们慢慢看。

C) 重新启动Photoshop

1.菜单“文件”

2.执行“退出”命令

3.重新启动Photoshop

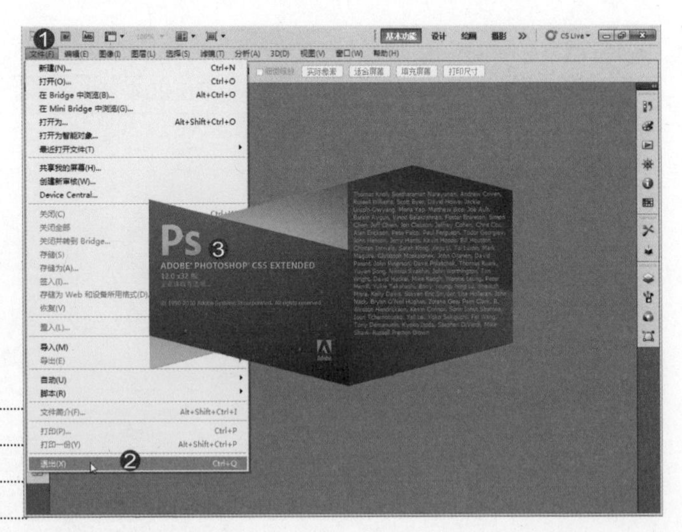

右图中的蓝色启动画面，就是Photoshop CS5的启动图标。

D) 打开文件

快捷键）Ctrl+O

1.菜单“文件”

2.执行“打开”命令

3.打开Pic004.JPG

周末到河滨公园溜狗时，碰到的巴吉度大哥，别瞧不起它的小短腿，跑起来很快，耳朵还像小兔子一样。

E）创建新图层

1.按F7键打开图层面板

2.单击“创建新图层”按钮

3.新增空白图层

每个文件都有一个基本的“背景”图层，阿桑建议大家，不管是画图还是编辑，最好都能新建一个图层，再进行处理，既能保护原图，又能带入效果。

F）抓手工具　　快捷键）H

1.单击“抓手工具”

2.单击“实际像素”按钮

3.原图尺寸100% 显示

4.拖曳图像到头部

提醒一下：双击“缩放工具”也能达到“实际像素”100%显示的效果。双击“抓手工具”则能显示图像的全部内容。

画笔英文为“Brush ”，所以快捷键取第一个字母“B”，好记吧

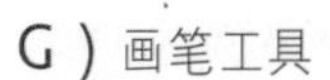

G) 画笔工具

快捷键）B

1.单击“画笔工具”

2.单击圆形笔触

3.调整笔触大小为“5px”

4.画笔边缘硬度为“100%”

5.单击新建的“图层1”

一起运用“画笔工具”描绘巴吉度，这样大家就能体会到旋转视图工具的实际作用。我们接着做。

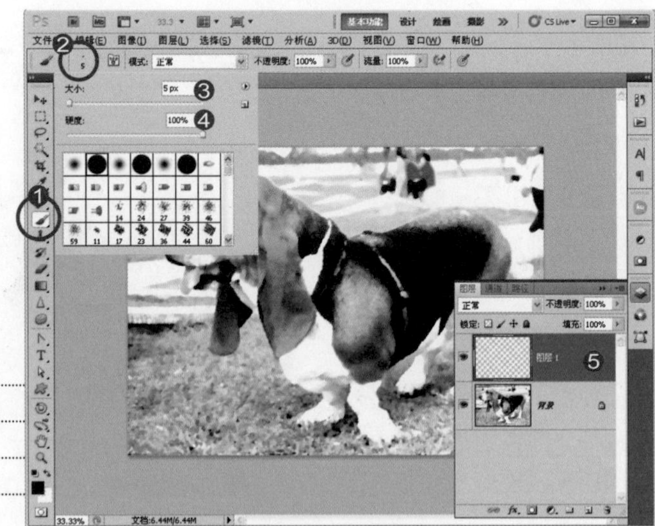

旋转为（Rotate）：既可以记快捷键，又能背单词，同学们要加油喔。

H) 旋转视图工具

快捷键）R

1.按住“R”键不放拖曳旋转

按住“R”不放的时候，已经启动工具箱的“旋转视图工具”。转到适当的绘图角度后：

2.放开“R”键

3.立刻回到“画笔工具”状态

重要：双击“旋转视图工具”，图像便能恢复到没有转动的0°状态。

I) 画笔勾勒轮廓线

1.确定绘制位置在“图层1”

2.拖曳画笔绘制线条

3.沿着巴吉度头型绘制

4.继续拖曳画笔

将线条绘制在新图层中，如果绘制的不理想，可以使用“橡皮擦工具”擦拭线条且不会影响背景图层中的图像。

▼ 面板位置：菜单“窗口/历史记录”

J) 历史记录面板

1.单击“历史记录”面板图标

2.单击命令取消画笔

历史记录面板是重要级面板，同学们一定要把它放在心上，阿桑会随时提醒，不能嫌杨比比啰嗦喔。

TIPS 不能只认识工具

“旋转视图工具”能拖曳图像转来转去。但是转动图像的目的绝对不是为了查看图像，仅仅是为了顺手，画图时比较顺手。现在同学能了解阿桑设计范例的目的了吧，用心良苦的阿桑，大家要多多珍惜哦。

快捷键）N

3D 旋转相机工具

适用版本：Photoshop CS4/CS5

3D图形混入平面媒体中，已经是设计人员惯用的手法；Adobe从CS3版本开始，加入了不少3D查看与编辑功能，对所有的美术设计工作者而言，起到加分的作用。同学们如果想朝设计领域发展，学习3D模型建制，是绝对且必要的一环。

图片中的3D文字，运用了四个不同颜色的文字图层，错位重叠而成，有兴趣的同学可以试试。

重点不在于会不会3D

我们的练习不在于会不会制作3D模型，而在于能不能将3D模型融入设计画面中。所以，同学们在这一节要练习如何将手中的3D模型适度的旋转、移动，调整到我们需要的角度。达成共识了吗？OK，我们开始。

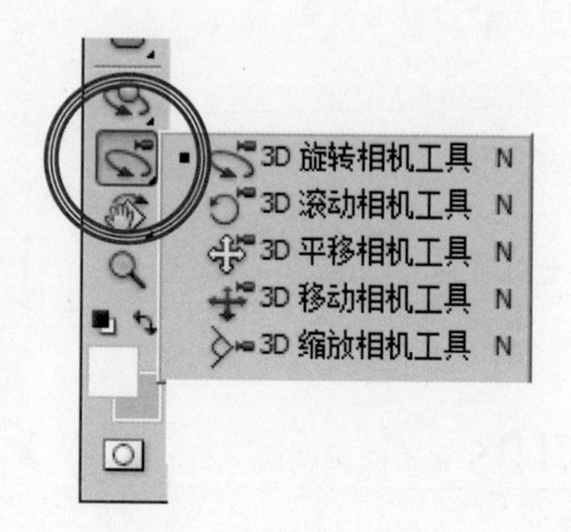

CS4/CS5版本工具箱中的3D旋转相机工具

参考范例 素材和结果源文件\第2章\Pic005_1.JPG
素材和结果源文件\第2章\Pic005_OK.PSD

A）创建新文件 快捷键）Ctrl+N

1.菜单“文件”

2.执行“新建”命令

3.预设为“Web”

4.大小为“1024x768”

5.单击“确定”按钮

这个练习比较长，大家可休息一下，同学可以先去倒水、上厕所。注意，千万别憋尿做练习，这是菜鸟才做的事。

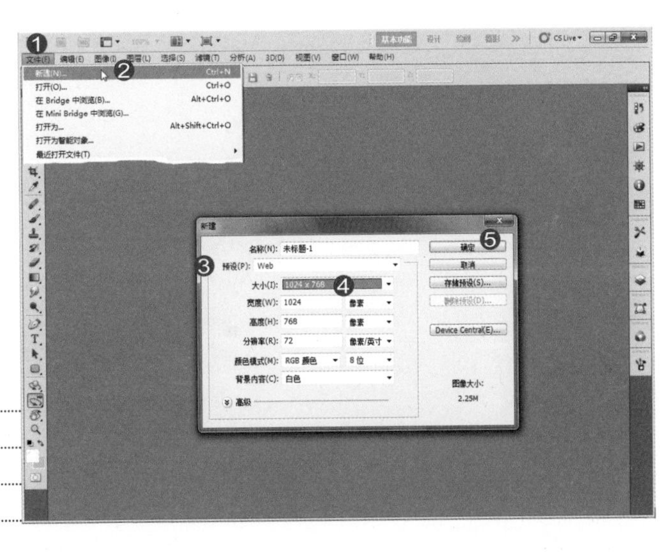

B）建立3D模型

1.菜单“3D”

2.选择“从图层新建形状”

3.执行“酒瓶”命令

4.编辑区中显示3D酒瓶模型

没有3D基础没关系，Photoshop提供了几个基本裸模让我们练习，所谓裸模就是没有加入材质的3D模型。

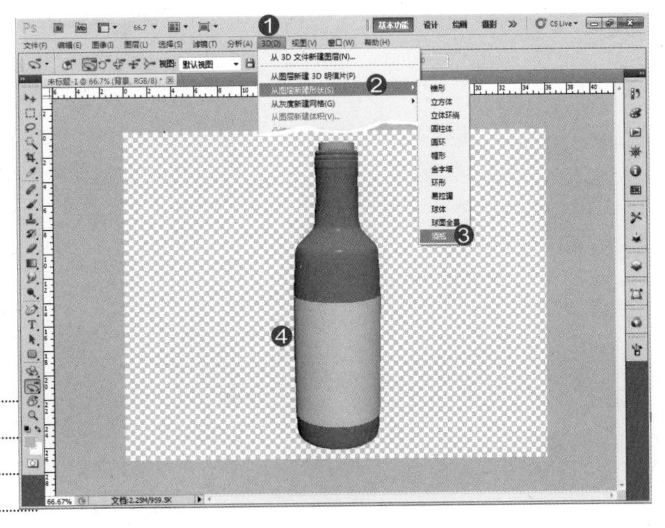

C）3D旋转相机工具 快捷键）N

1.单击“3D旋转相机工具”

2.显示3D轴向图标

3.按住红色箭头不放来回拖曳便能在红色箭头所指的平面中调整查看方向

目前使用的3D旋转相机工具，就像是2D环境中的缩放与抓手工具，可以观测，却不会更改对象的尺寸与位置。

D）固定平面旋转

1.按住绿色旋转按钮不放

2.沿着圆圈拖曳旋转酒瓶

同样的旋转动作，也可以在红色轴向与蓝色轴向中。画面上所显示的X、Y、Z轴，就是常说的3D轴。

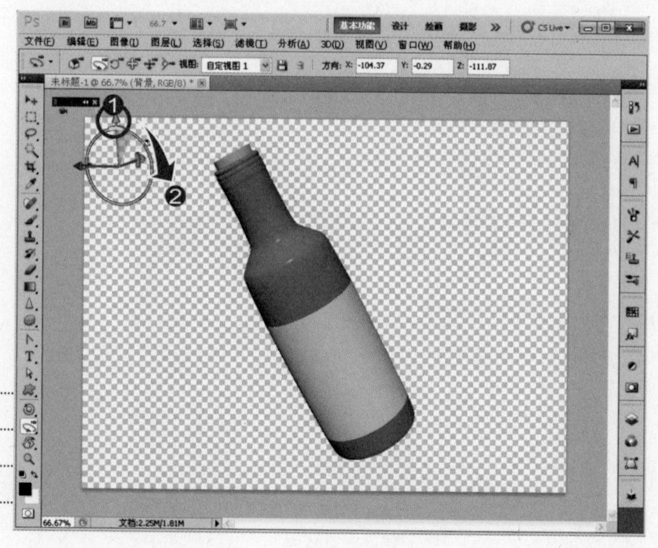

E）平面移动

1.单击3D轴侧边显示平面

2.拖曳鼠标便能在此平面上移动3D酒瓶

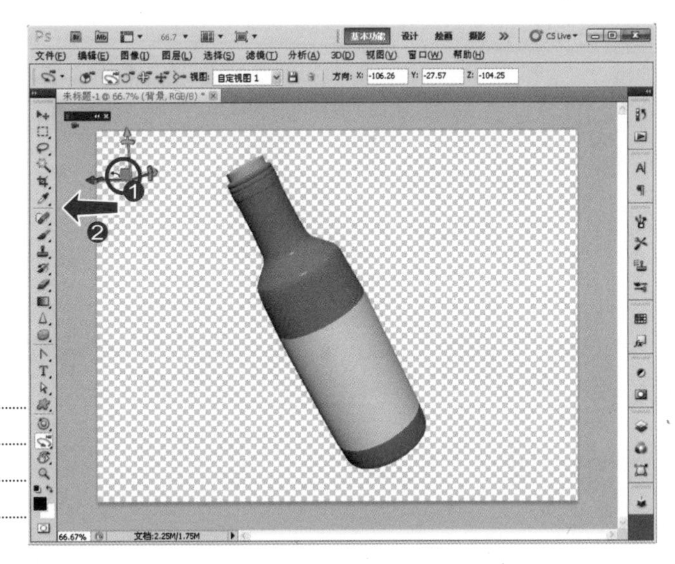

连续几个步骤都是在3D轴向图标上完成的。我们可以在3D轴向中完成所有3D相机工具所能查看的功能，非常方便，阿桑会在后面的3D轴向图标中说明。

F）关闭3D轴向图标

1.单击 ►► 按钮缩小图标

2.单击“X”按钮关闭图标

3.菜单“视图”

4.选择“显示”菜单

5.执行“3D轴”命令便能重新打开

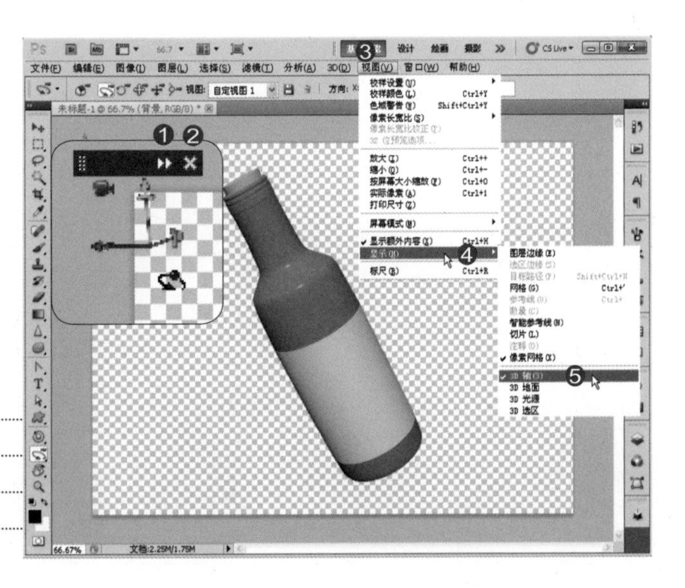

3D轴向是个非常方便的图标，无论是移动、调整透视角或旋转相机，都可以在其中完成，建议大家还是保留图标。

G）恢复预设观测角度

1. 单击“返回到初始相机位置”按钮
2. 酒瓶恢复原视角

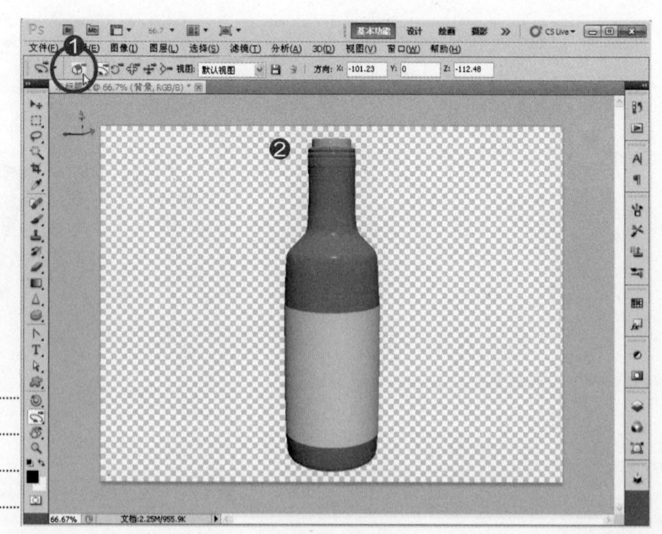

3D模式中有观测对象的相机与3D模型。目前我们使用是3D相机工具，无论旋转还是移动，调整的对象都是相机。
举例说明，拍照的时候，摄影师在动，我们不动，就是3D相机工具。

H）3D旋转相机工具　快捷键）N

1. 单击“环绕移动3D相机”按钮
2. 向上拖曳鼠标指针
3. 酒瓶呈现俯瞰角度

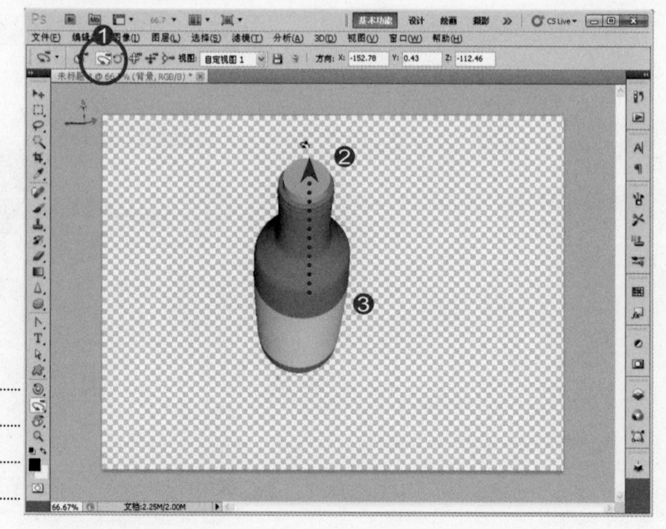

向上拖曳3D旋转相机工具指针，也就是将相机移动到酒瓶上方进行观测，酒瓶并没有动，是相机在转动位置。

I）变焦3D相机 快捷键）N

1.单击“变焦3D相机”按钮

2.向下拖曳鼠标指针

3.改变视角角度

现在这个俯瞰的瓶子出现了，角度很漂亮。我们来看看图层中有哪些东西可以调整。

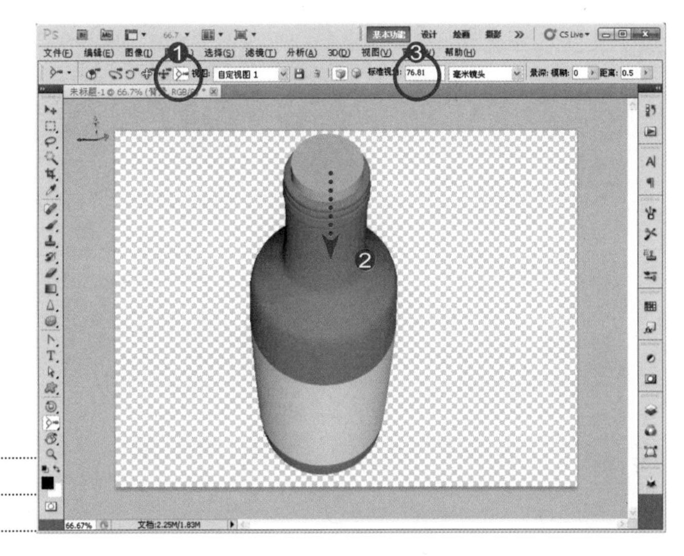

J）打开图层面板 快捷键）F7

1.按F7键打开图层面板

2.双击木塞材质

酒瓶模型内有三个纹理，包括绿色区域的玻璃材质、棕色区域的木塞材质以及表示标签的背景材质。

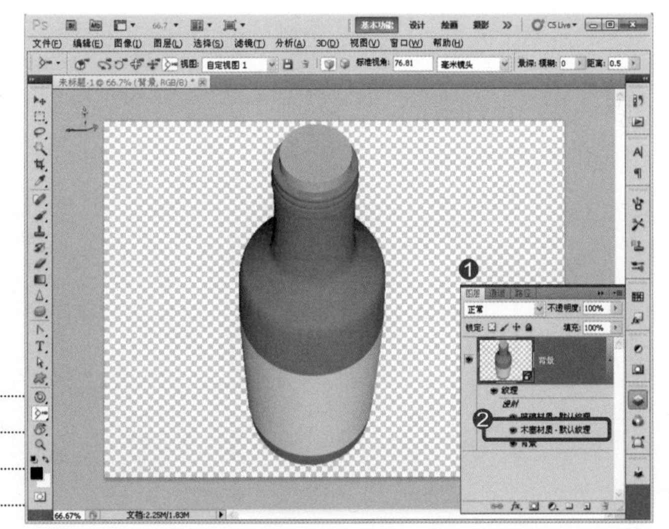

K）置入木塞材质

1.进入木塞材质文件

2.菜单“文件”

3.执行“置入”命令

4.置入Pic005_1.JPG

如果想玩3D，平时就要多累积一些材质图片，如天空、云彩、草地、石墙，也可多拍一些图片保存。

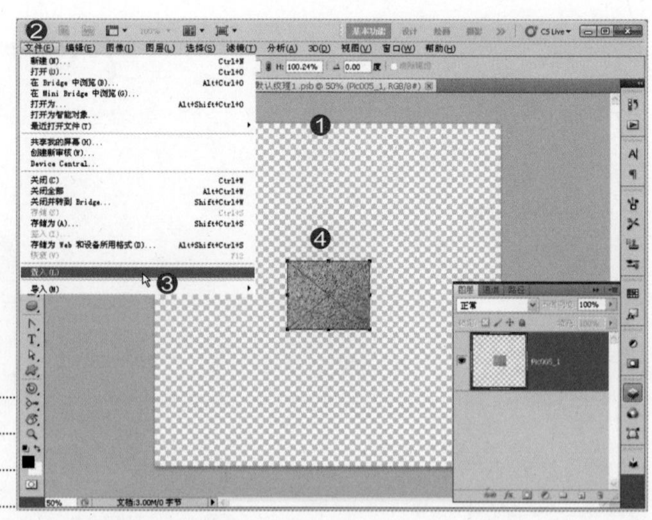

L）调整图片大小

1.拖曳调整图片大小

2.将控制点拖曳到版面角落

3.完成后单击“√”按钮

“置入”是将图片放置到另一张图片中的方式。置入的图片采用特殊渲染方式，即使放大倍率很高，也能维持一定的清晰度。

置入的图片称为“智能对象”，智能对象拥有比一般位图更细致的渲染能力，所以放大图片后，失真率比位图要小，但不代表绝对不失真。

M) 退出木塞材质

1.单击“关闭”按钮

2.单击“是”存储材质

注意，图层面板内，木塞图层缩览图右下角有一个小小的图标，这称为“智能对象”，能提供图像保护并维持一定的清晰度，后面还会提到。

N) 更新木塞材质

同学们可以采用相同的手法，逐步更改“玻璃”材质与表示酒瓶标签的“背景”材质。

其实，想把设计这行干好，仅会Photoshop是不够的，如果能把3D运用其中，薪水一定三级跳，不仅职场上吃香，兼职更是抢手，待这本书的学习告一个段落后，可以考虑学习3D。

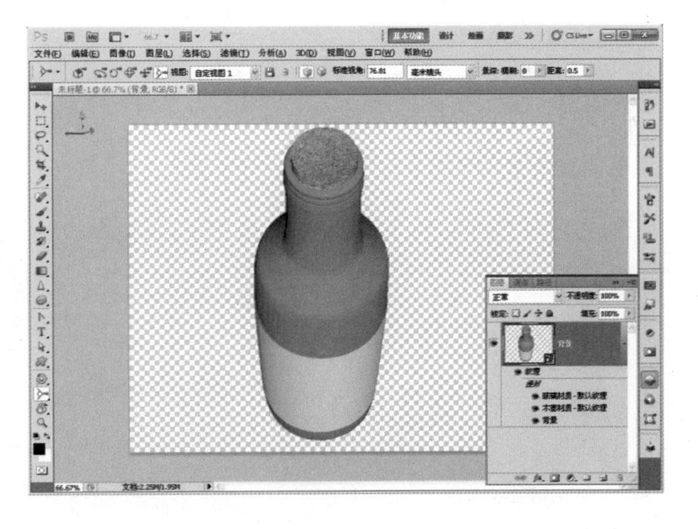

O) 模拟光圈景深

1.单击“3D缩放相机工具”

2.单击“变焦3D相机”

3.调整景深模糊为“3.2”

4.画面上显示模糊效果

没有对到焦点别担心，我们可以通过“距离”参数找到对焦点，往下看。

P) 调整对焦点

1.拖曳滑杆调整距离

2.编辑区中显示对焦点

拖曳距离滑杆时，要一步步来，拖曳一下就要放开，留时间给编辑区计算目前的对焦点，如果焦点错误，再继续调整距离值。

Q) 存储文件　快捷键）Ctrl+S

1.菜单“文件”

2.执行“存储”命令

3.选择格式为“PSD”

4.输入文件名称

5.单击“保存”按钮

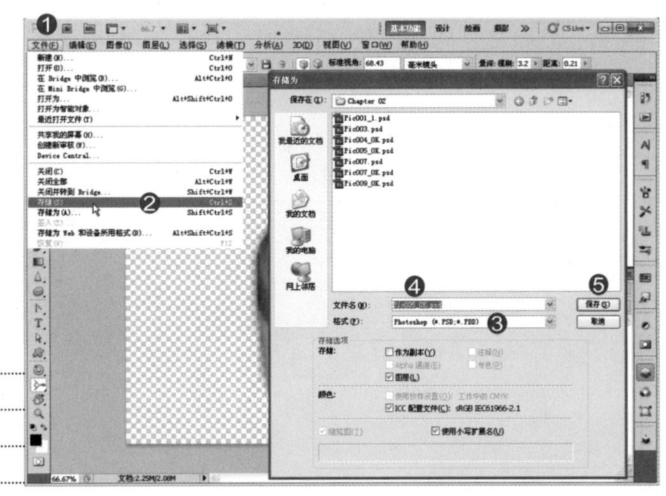

PSD是Photoshop的标准格式，可以记录图层与文件的相关设置，文件较大，相对的图像信息也能完整保留。

R) 兼容性设置

1.单击“确定”按钮

2.标题栏显示文件名称与格式

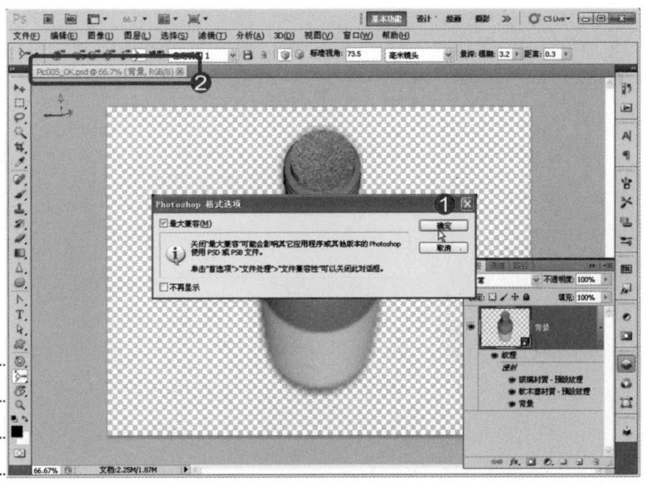

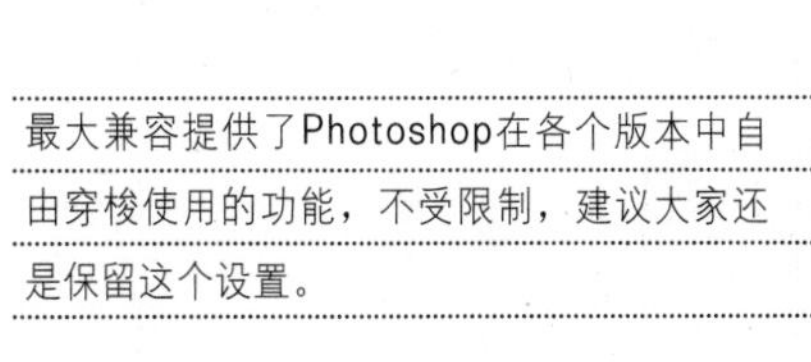
最大兼容提供了Photoshop在各个版本中自由穿梭使用的功能，不受限制，建议大家还是保留这个设置。

快捷键）K

3D对象调整工具

适用版本：Photoshop CS4/CS5

如果要细分“3D对象调整工具”，原则上不应该放在这个章节中讲。阿桑想，既然谈了3D，不如就一次看完，比较有连惯性。这里大家要将客户提供的3D模型置入文件中，有部分功能可以在CS3中完成，同学们一起加入吧。

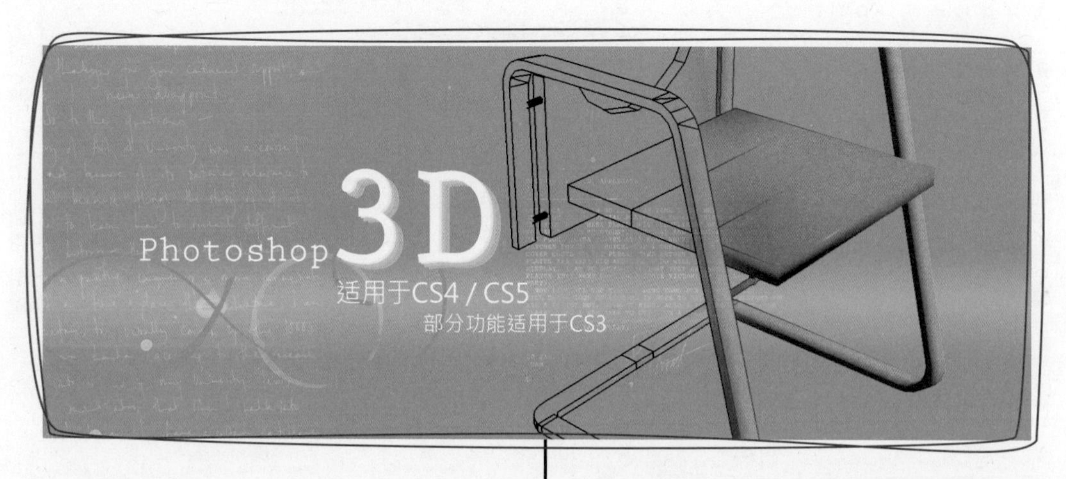

图片中的座椅，分别放置在填充与线架构两个图层中，再运用图层蒙版进行融合，还不错吧。

摄像机不动·3D对象动

3D对象调整工具主要用于调整编辑区中的3D对象。作用与3D相机工具差不多，但是这次相机不动，3D对象可以通过我们的控制“向左转、向右转、翻跟斗、跳火圈”。另外，还要了解一下CS4/CS5新增的3D面板。

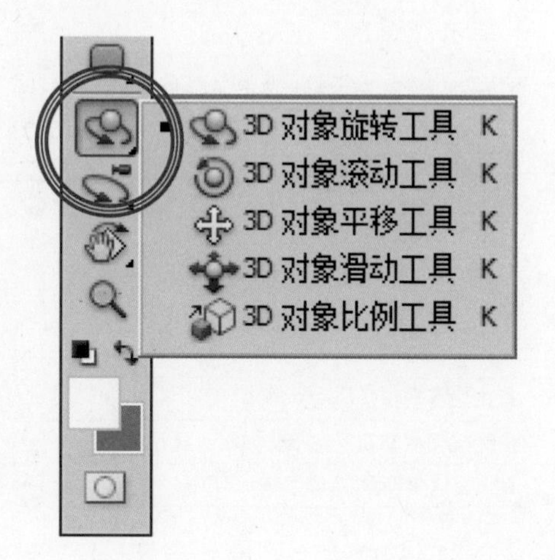

CS4/CS5版本中工具箱的3D对象调整工具

参考范例 素材和结果源文件\第2章\Pic006.TIF
素材和结果源文件\第2章\Pic006.3DS

A) 油漆桶填充颜色

1.打开范例文件Pic006.tif

2.按F7键打开图层面板

3.单击“背景”图层

4.单击“油漆桶工具”

5.单击“色板”打开色板面板

6.单击指定油漆桶的填充颜色

7.单击编辑区填充颜色

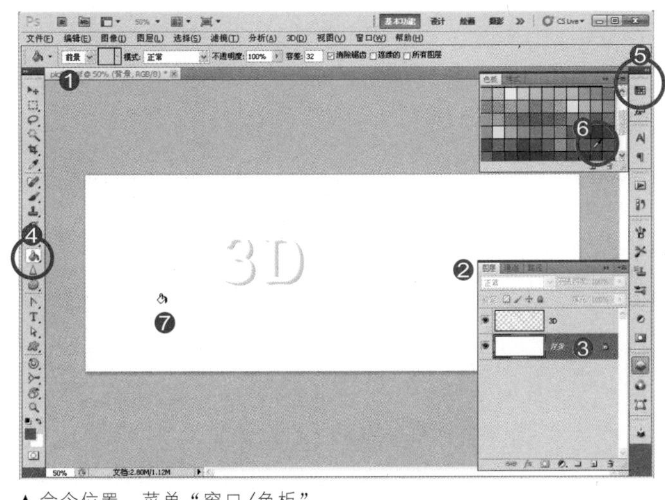

▲命令位置：菜单“窗口/色板”

B) 置入3D模型

1.确认背景图层已填充颜色

2.菜单“3D”

3.执行“从3D文件新建图层”

4.选择文件

5.单击“打开”按钮

使用CS3版本的同学可执行“图层/3D图层/从3D/文件新建图层”命令。右图列出Photoshop支持的3D文件类型。

C）查看3D模型

近几年来，Photoshop将版本分为Standard与Extended。CS3以上的Extended版本才提供3D功能。

如果同学们使用的软件是CS3以上的版本，却没有3D功能，那就是Standard版本。

CS4/CS5两个版本对于3D模型的渲染能力比CS3高很多。对3D有兴趣的同学，可以考虑更新版本。

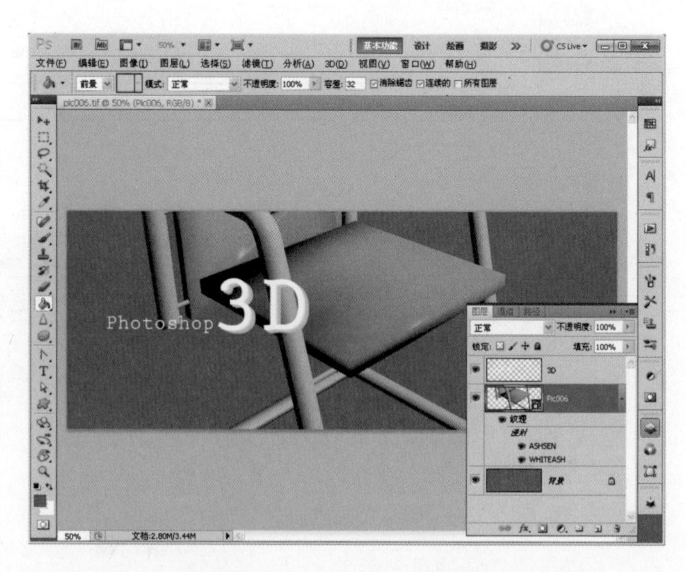

D）缩放3D对象 快捷键）K

1.单击3D对象图层

2.单击3D对象调整工具

3.单击“缩放3D对象”按钮

4.向下拖曳缩小3D模型

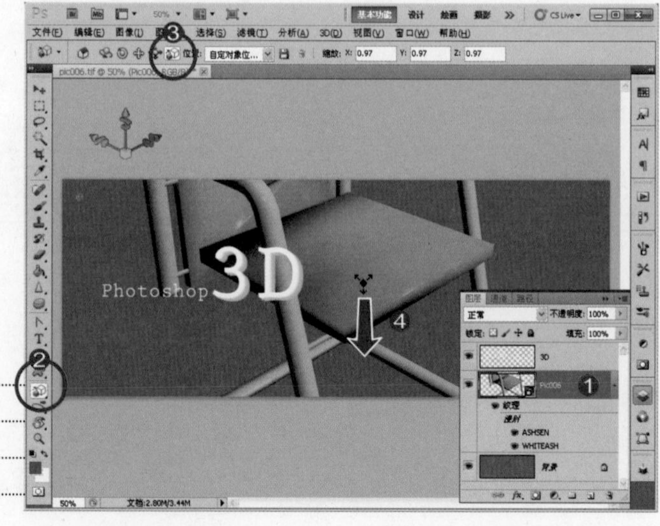

CS3也有调整3D模型的命令。执行菜单“图层/3D图层/变形3D模型”就能在窗口上方的工具选项栏看到相同的功能。

E）旋转3D 对象　　快捷键）K

1.确认选取3D模型图层

2.单击“旋转3D对象”按钮

3.向上拖曳旋转3D模型

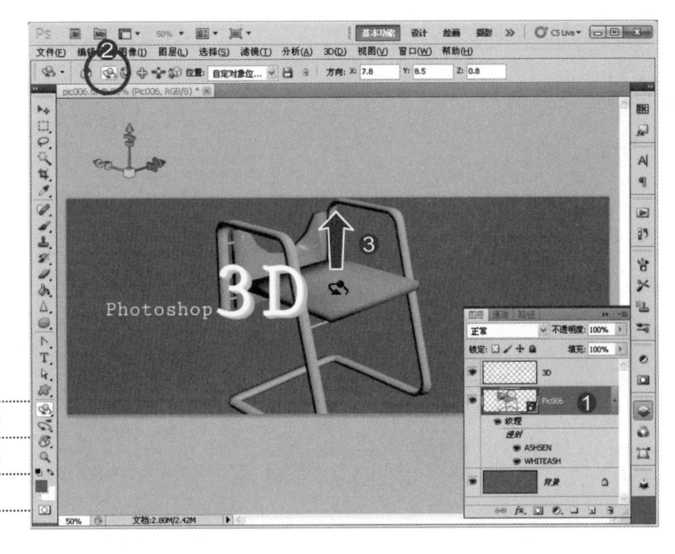

七点半，外面滴滴答答下着五月该来的梅雨，要准备出门上课了，必须中断写稿的情绪。明天清晨再继续吧。

F）拖动3D对象　　快捷键）K

1.单击“拖动3D对象”按钮

2.向左拖曳3D模型

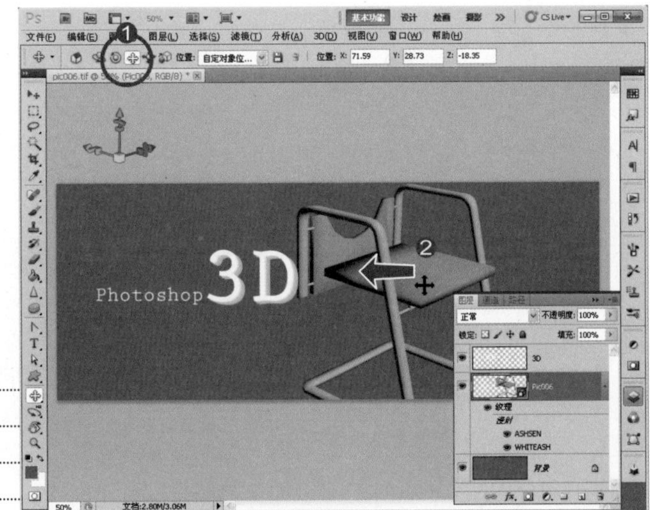

“拖动3D对象”能以任意角度拖曳调整3D对象的位置。“滑动3D对象”则能在固定轴向中移动3D对象。

G）打开3D 面板

仅限CS4/CS5

1.菜单“窗口”

2.执行“3D”命令

3.打开3D面板

3D面板内置光线、材质、渲染等功能，足够处理所有3D模型的后制与设计。

H）缩放工具

快捷键）Z

1.单击“缩放工具”

2.选项栏为“放大”

3.单击编辑区放大图像

使用CS5版本的同学，可勾选选项栏上的“细微缩放”选项，向上拖曳缩放工具光标，便能实时放大图像。

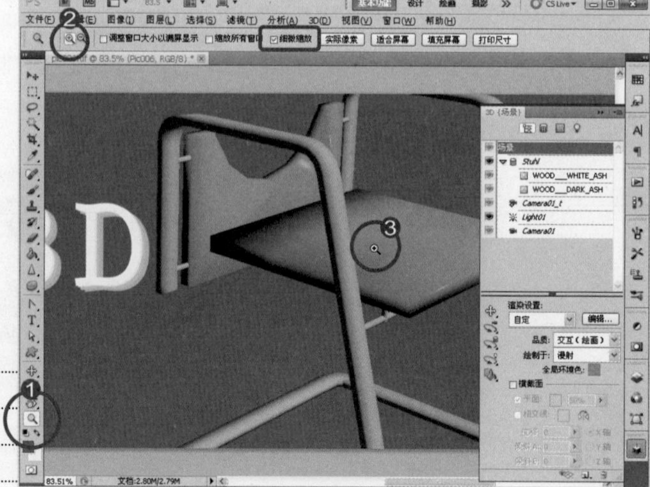

I ）渲染设置

1.打开3D面板

2.选择“场景”状态

3.渲染设置为“线条插图”

4.3D模型以线架构显示

同学们也可以试试“渲染设置”菜单中其他不同的渲染效果，想想如何运用在我们后面的设计中。

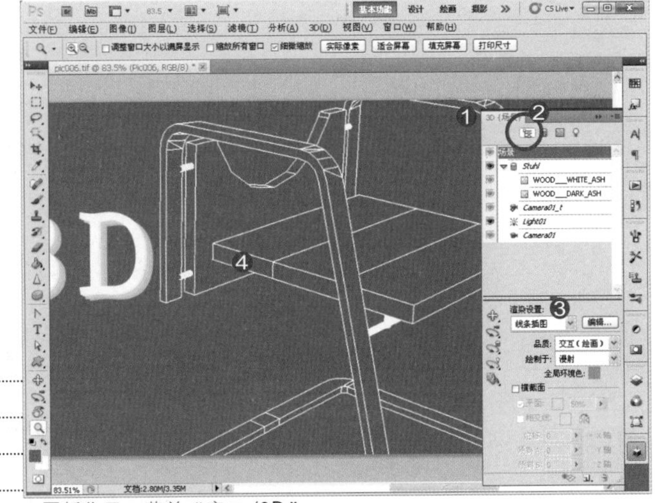

▲ 面板位置：菜单“窗口/3D”

J ）调整线架构颜色

1.单击“编辑”按钮

2.单击边缘样式颜色白色块

3.拖曳滑杆选择色系

4.单击选择颜色

5.单击“确定”按钮

6.再次单击“确定”结束设置

7.修改3D模型线架构线条

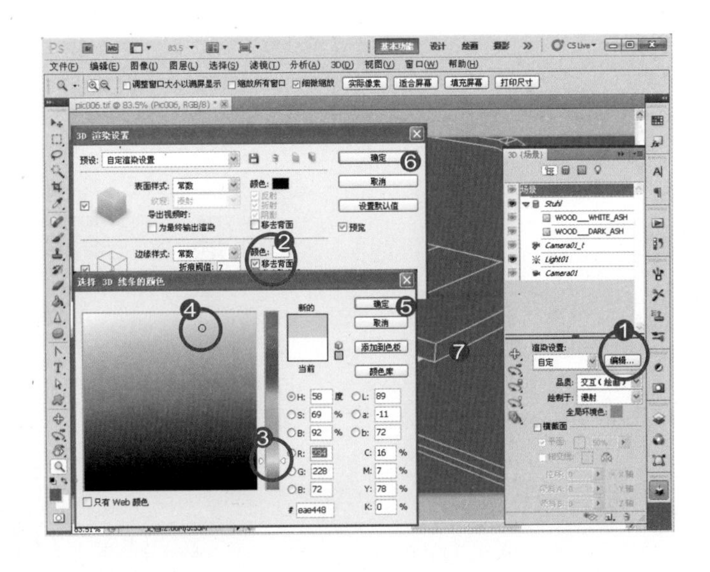

K）渲染3D模型

1.渲染设置“预设”

2.品质为“光线跟踪最终效果”

3.开始进行光影细节渲染

渲染过程大概需要半天时间，做个伸展操吧。

L）另存文件 快捷键）Shift+Ctrl+S

1.菜单“文件”

2.执行“存储为”命令

3.格式为“TIF”

4.输入文件名称

5.单击“保存”按钮

6.图像压缩为“LZW”

7.单击“确定”按钮

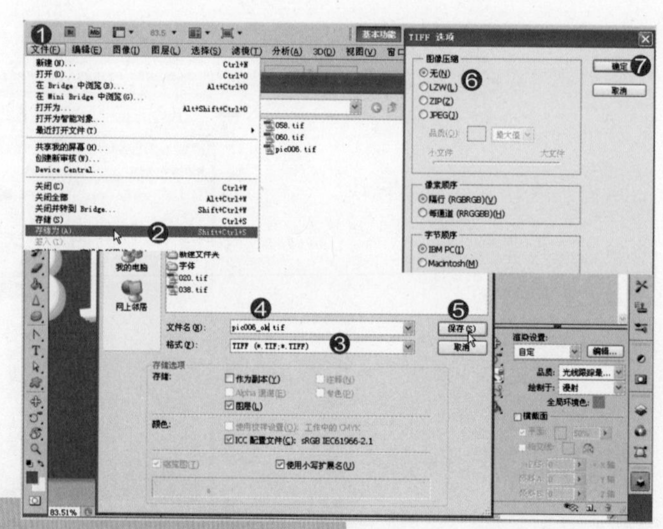

TIF格式，是杨比比最常使用的格式，不仅能保留图层、通道与路径，还提供文件压缩，最重要的是印刷厂接受TIF格式。

3D轴向

同学们可以在“编辑/首选项/性能”对话框中启动OpenGL绘图模式，才能顺利操控3D轴向。提醒大家，使用Photosohop，一定要保证计算机内存的空间和显卡的品质。

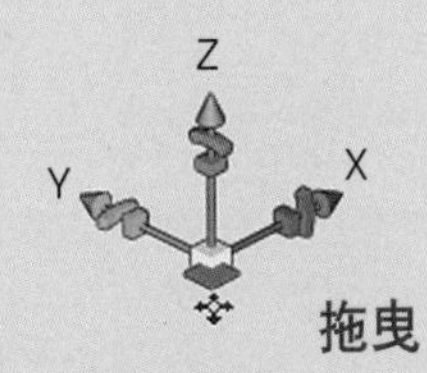

拖曳

启动3D对象调整工具后，窗口左上角便会显示3D对象调整轴。

1.单击方块下方

2.显示橘色平面

3.拖曳鼠标移动3D对象

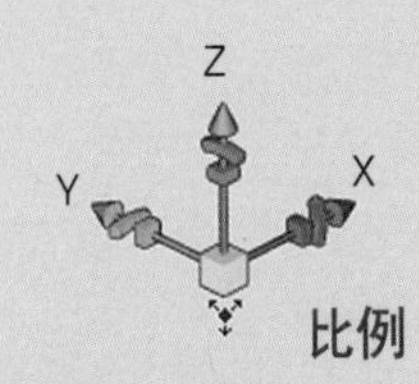

比例

黄色方块表示3D对象，宽、高、深三个轴向，同学可试着将鼠标指针移动到方块上：

1.当方块变成黄色

2.注意指针样式

3.拖曳鼠标调整对象比例

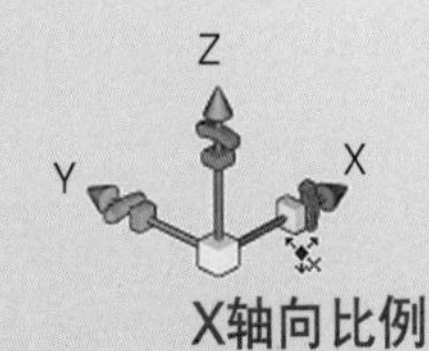

X轴向比例

X、Y、Z三个轴向上都有相同的控制方块，三个轴向的控制方式都相同：

1.单击X轴上的方块

2.当方块变为黄色

3.沿轴向拖曳调整对象宽度

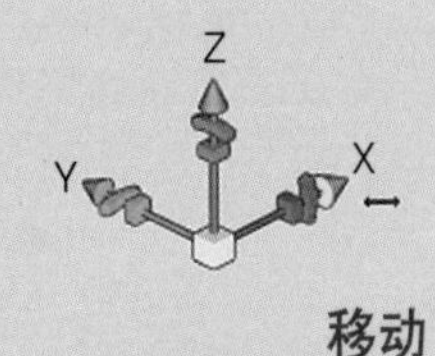

移动

X、Y、Z三轴上方箭头为移动控制区，同学们可将鼠标指针移动到箭头上：

1.单击轴向箭头

2.当箭头变为黄色

3.拖曳鼠标在X轴向移动

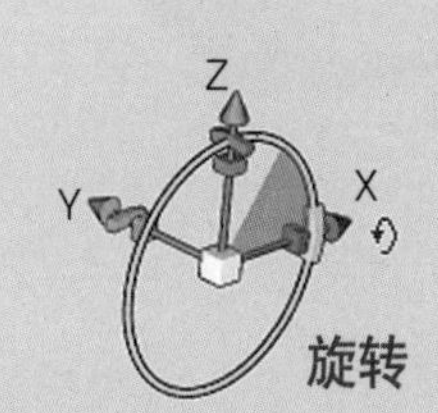

旋转

X、Y、Z三轴箭头下方的弧形方块，提供特定平面旋转功能，同学可将鼠标指针移动到弧形方块上：

1.单击弧形方块

2.拖曳鼠标显示黄色环

3.沿着黄色环拖曳旋转对象

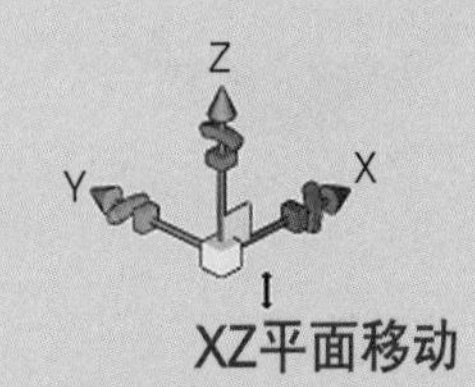

XZ平面移动

三个轴向中包含XY、YZ、XZ三个平面。移动鼠标到特定平面上：

1.显示黄色平面

2.拖曳鼠标指针

3.对象便能在平面上移动

快捷键）I

吸管/颜色取样器工具

适用版本：PhotoshopCS3/CS4/CS5

课程进行到这里，我们要开始学着设计人员该有的坚持与讲究：坚持画面整体的流畅与协调，讲究色彩的平衡与稳定。“吸管工具”与“颜色取样器工具”就可以协助我们取得图像色彩的相关信息，请同学们准备进行课程练习。

图中的背景色，就是来自小熊。由主体上选择色彩，能展现出最协调的视觉效果。

TIPS 工具使用重点

吸管工具+单击图像：指定前景色

吸管工具+Alt键+单击图像：指定背景色

颜色取样器工具+单击图像：采样颜色显示在信息面板中。能采集多组色彩信息。

吸管工具常与许多需要色彩的工具搭配使用

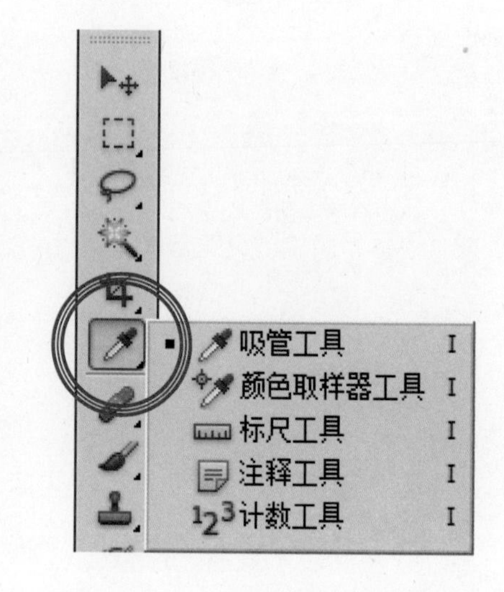

参考范例 素材和结果源文件\第2章\Pic007.PSD
素材和结果源文件\第2章\Pic007_OK.PSD

A) 移动工具

快捷键) V

1.打开范例发现只有半只熊
2.按F7键打开图层面板
3.单击“图层1”
4.单击“移动工具”
5.拖曳移动小熊位置

将小熊放在独立的图层上，可以任意移动，且不受背景图层的影响。这是工作时常使用的手法，同学们要记住。

B) 显示全部图像

1.菜单“图像”
2.执行“显示全部”命令
3.自动扩大图像版面显示小熊

如果要显示整只小熊，就要加大版面，只是该加到什么程度，即可让“显示全部”来帮忙。

C）吸管工具

快捷键）I

1.双击“抓手工具”

2.单击“吸管工具”

3.移动吸管到小熊身上单击

CS3版本的“吸管工具”位置在“抓手工具”上面。另外，右图中的HUD色环，只有CS5才会显示。

D）油漆桶工具

快捷键）G

1.吸管工具改变前景色

2.单击“背景”图层

3.单击“油漆桶工具”

4.单击编辑区填充前景色

填充颜色前，记得要先单击“背景”图层，确认要填充的图层，才不会出错。同学们要养成这个好习惯。

E）油漆桶+吸管工具

1.确认选择“背景”图层

2.单击“油漆桶工具”

3.按住Alt键不放，显示吸管工具，单击图像

4.改变前景色

5.单击编辑区填充颜色

油漆桶工具+Alt键能暂时切换到“吸管工具”吸取颜色，供给“油漆桶工具”填色之用，很方便。

F）信息面板

快捷键）F8

1.菜单“窗口”

2.执行“信息”命令

3.显示“信息”面板

“信息”面板除了显示光标所处的色彩信息与坐标之外，还能依据我们所选择的工具，进行操作指示，非常有用的面板。

G）查看信息面板

1.确认打开“信息”面板

2.单击“吸管工具”

3.在编辑区中移动吸管工具

4.观察“信息”面板中的变化

▲面板位置：菜单“窗口/信息”

不只是“吸管工具”，使用其他工具在编辑区中移动时，信息面板也会显示色彩信息与目前鼠标坐标的位置。

H）颜色取样器工具 快捷键）I

1.单击“颜色取样器工具”

2.单击取样大小菜单

“取样大小”是指采样区的大小，数值越大，采样越不精准。工具选项栏中预设的“取样大小”为“取样点”。

I）建立样本

1.单击“颜色取样器工具”

2.单击编辑区

3.建立取样点“1”

图像标题栏上的颜色模式为“RGB”，因此“信息”面板所显示的取样色彩信息也是以RGB颜色标示。

J）改变取样点位置

1.单击编辑区建立取样点

2.“信息”面板显示取样点“2”

3.拖曳取样点

4.单击工具选项栏上的“清除”按钮

使用“颜色取样器工具”可以拖曳调整编辑区中取样点的位置。选项栏上的“清除”按钮可移除编辑区中所有的取样点。

快捷键）I

标尺工具

适用版本：Photoshop CS3/CS4/CS5

看到CS5版本中的“标尺工具”，所有Adobe的老用户应该都会狠狠地敲一下桌子，这么简单、实用的命令，多数绿色软件都视为基本功能，居然到CS5才出现。

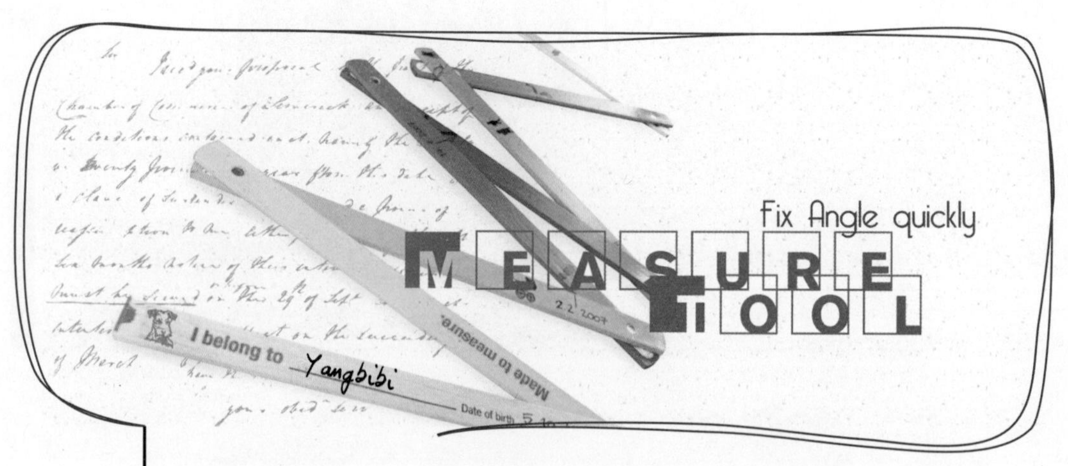

文字字体（或是字型）具有传达意念的功能。虽然硬盘里保存了很多各式各样的字体，但是我们也要花时间慢慢解读字体与设计间的沟通情绪，才能展现丰富且独特的设计理念。

TIPS 工具使用重点

-标尺工具

测量图像的角度与特定对象间的距离

标尺工具+Shift键：增量角度为45°

CS5版本中新增“拉直”功能

-注释工具

文件中加入文字说明注释

-计数工具

用于计算画面中特定对象的数量

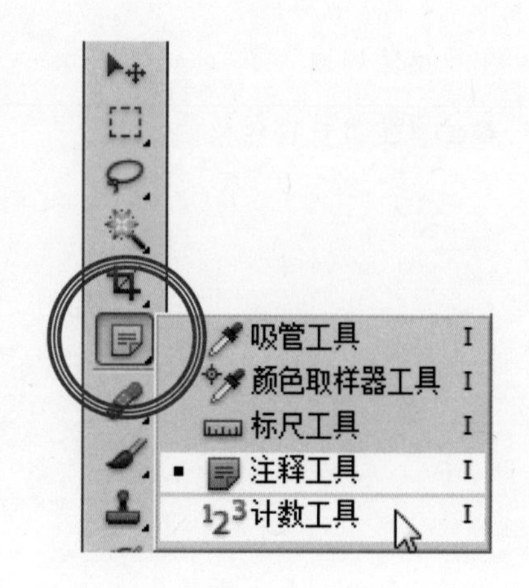

参考范例 素材和结果源文件\第2章\Pic008.JPG
素材和结果源文件\第2章\Pic008_OK.PSD

A）建立拉直参考线 CS5专用步骤

1.在工具按钮上单击鼠标右键

2.单击“标尺工具”

3.单击编辑区建立参考线起点

4.拖曳出参考线

可以找一条明显的斜线，使用“标尺工具”沿着歪斜区域拉出参考线，尽量对准一点，后面才会转的正。

B）转正并裁切 CS5 专用步骤

1.单击“拉直”按钮

2.图像迅速转正并裁切

来看看这两个版本转正图像的处理方式。

C ）建立拉直参考线 CS3/CS4专用

1.在工具按钮上单击鼠标右键

2.单击“标尺工具”

3.拖曳拉出参考线

工具箱中的工具按钮，多数包含两个以上的工具，只要在工具按钮上单击鼠标右键，或者按住工具按钮不放，便能显示出包含在此按钮内的其他工具。

D ）旋转图像版面

1.菜单“图像”

2.选择“旋转画布”

3.执行“任意角度”命令

4.单击“确定”按钮

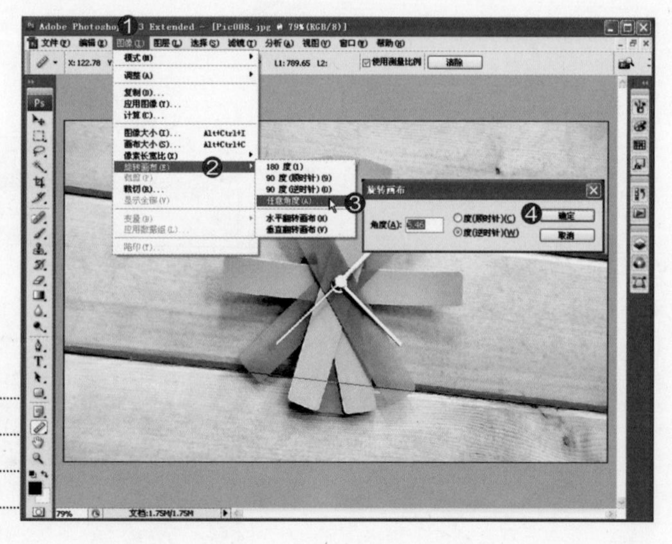

使用标尺工具拉出的转正角度，会传送到“旋转画布”对话框中的角度参数内，所以同学们只要单击“确定”就可以了。

E）放大图像

1.双击“抓手工具”

2.图像放大到Photoshop窗口能容许的最大范围

为了维持矩形显示区，所以转正后会以工具箱中所指定的背景色（目前显示为白色）来填满转正后的延伸区域。

F）裁剪工具

快捷键）C

1.单击“裁剪工具”

2.拖曳拉出裁切范围

3.拖曳控制点调整裁切范围

4.单击“✓”确认裁切

现在我们来看看另一种处理方式，CS3、CS4、CS5都能使用。

G）镜头校正

1.单击“历史记录”面板

2.单击缩览图恢复原始状态

3.菜单“滤镜”

4.选择“扭曲”

5.执行“镜头校正”命令

无论同学使用哪一个版本，都要试试“镜头校正”滤镜，它除了可以转正图像，也能处理图像因广角镜头所产生的变形。

CS5版本：执行菜单“滤镜/镜头校正”

H）拉直功能

1.单击“拉直工具”

2.拖曳拉出参考线

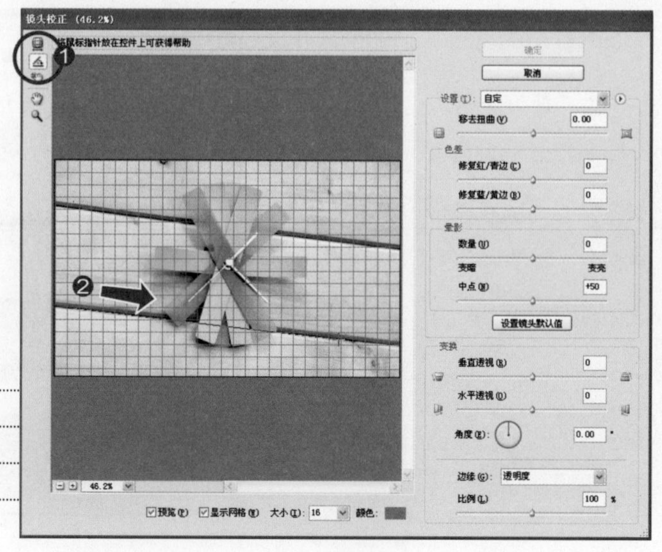

再次提醒使用CS5版本的同学，镜头校正滤镜已更换位置。请到菜单“滤镜”中执行“镜头校正”命令。

I）转正图像

1.显示转正角度

2.多余边缘以“透明度”填充

3.单击“确定”按钮

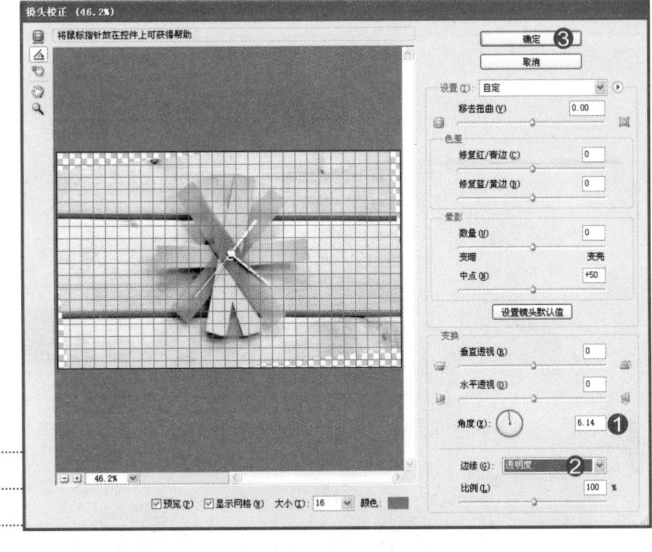

拉直后立刻就进行转正，就差裁切边缘。我们再来练习一次剪裁图像的方式。

J）裁剪工具　　快捷键）C

1.单击“裁剪工具”

2.拖曳拉出裁切范围

3.拖曳控制点调整剪裁区域

4.单击“√”按钮

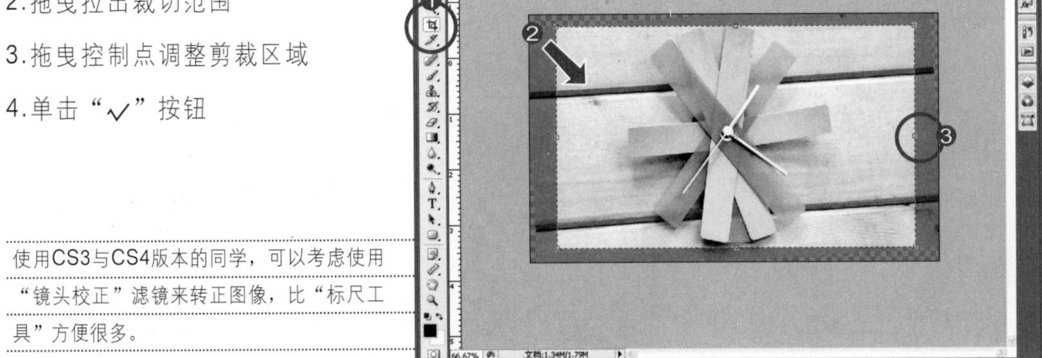

使用CS3与CS4版本的同学，可以考虑使用“镜头校正”滤镜来转正图像，比“标尺工具”方便很多。

快捷键）I

注释/计数工具

适用版本：Photoshop CS3/CS4/CS5

可能是一个人工作的缘故，几乎没有在图像文件中撰写备注的机会。其实，“注释工具”用得很少，除了要把设计方案交到出版社美编手上，阿桑也会特别加一些说明性的文字，其余的地方基本用不到。但是“计数工具”却很实用。

色彩缤纷的小点让画面看起来格外活跃，字体的选用也是重点，花了半个多小时挑出适合图片的字体，与版面整合，希望大家喜欢这个设计。

TIPS 工具使用重点

-注释工具

文件中加入说明性文字

-计算工具

用于计算画面中特定对象的数量

Photoshop Standard版本中没有计数工具

Photoshop分为Standard与Extended两个版本，Standard版本提供标准命令，不包含3D与分析功能（计数工具属于分析功能）。

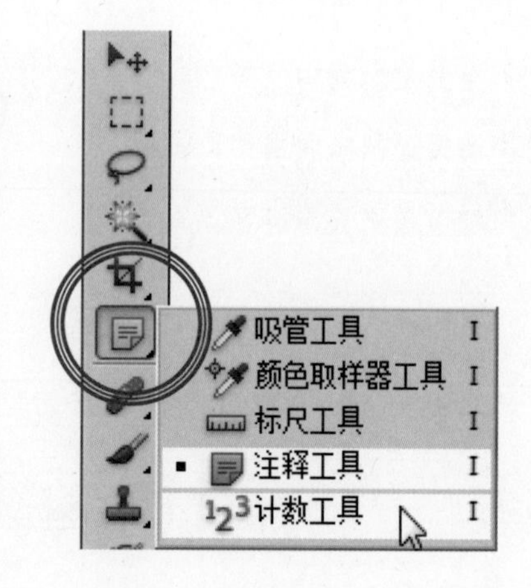

参考范例 素材和结果源文件\第2章\Pic009.JPG
素材和结果源文件\第2章\Pic009_OK.PSD

A）计数工具

快捷键）I

1.单击"计数工具"

2.单击编辑区产生计数"1"

3.选项栏上标签大小为"20"

4.单击色块

5.拖曳色相滑杆

6.单击选取颜色

7.单击"确定"按钮

B）计数123

1.计数标签放大了

2.继续单击编辑区

3.继续单击显示计数"3"

调整了计数标签的颜色与大小，看起来就清楚多了。画面上有三个阶梯，属于"计数组1"，状态为显示（单击一下选项栏上的眼睛图标）。

控制计数标签显示与否

C) 建立计数组

1.单击“创建新的计数组”按钮

2.输入计数组名称

3.单击“确定”按钮

4.显示新的计数组

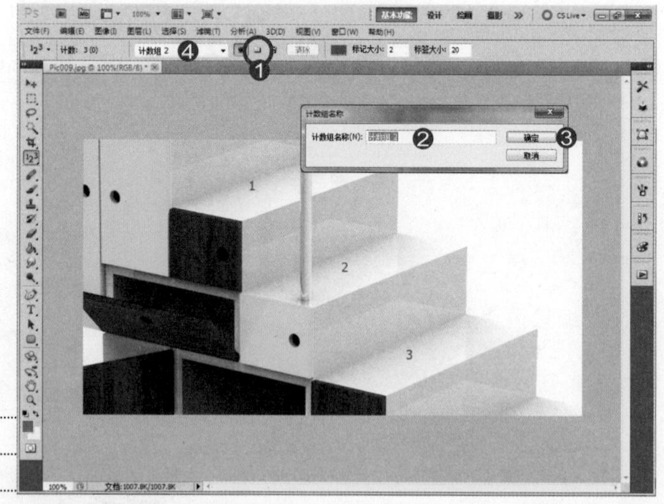

使用CS3版本的同学可以休息一下，因为CS3版本没有计数组。

D) 建立计数组2内容

1.单击色块更改标签颜色

2.单击编辑区

3.计算置物柜孔数

4.累计数量为“8”

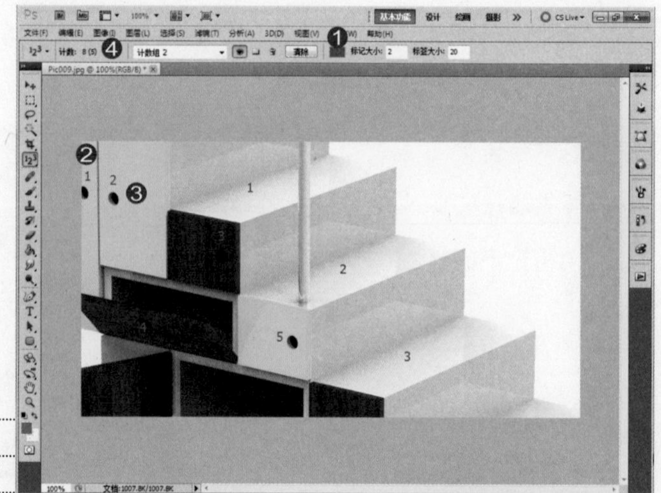

工具选项栏中显示计数“8（5）”表示目前累计数量为“8”，组数量为“5”。

E）关闭计数标签

1.单击选取“计数组2”

2.单击眼睛图标关闭计数组

3.只剩下计数组1的数量

范例还没结束，接着看。

CS3/CS4/CS5适用

F）计算标签显示

1.菜单“视图”

2.选择“显示”

3.选择“数量”命令

取消“数量”的勾选，同时也取消编辑区中所有计数组，所有计数标签的显示，CS3、CS4、CS5都能使用。

G) 删除计数组

1.单击“计数组2”

2.单击“删除当前所选计数组”按钮

3.计数数量减少

接下来，我们要在图像中加入备注文字。所有的版本都能使用，同学们一起来吧。

H) 注释工具　　快捷键）I

1.在工具按钮上单击鼠标右键

2.单击“注释工具”

3.在选项栏中输入作者名称

4.单击编辑区建立注释

单击编辑区建立注释后，同时“注释”面板也会弹出来并显示在窗口中。

I） 输入注释

1.单击注释面板文字输入区

2.输入注释文字

如果没有先前的计数标签，很难在注释中说明究竟哪一个阶梯要调整宽度。这样的注释更清楚，不错吧。（开心）

J） 注释显示控制

1.单击编辑区

2.输入第二组注释

3.单击箭头可观看前一组注释

4.菜单“视图”

5.选择“显示”

6.选择“注释”取消注释显示

7.单击“清除全部”可以清除编辑区中所有的注释

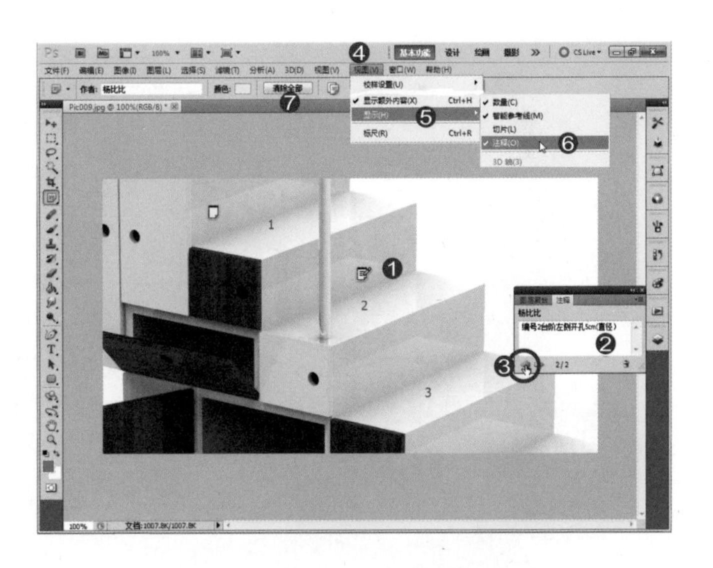

第3章
CS5
CS4
CS3

Thank
you

03 图像选取工具

《用Photoshop抠图并不难》这本专讲图像去背的书籍，连续一年的时间为计算机类畅销排行榜冠军（是冠军喔）。《用Photoshop抠图并不难》封面是皮妹（阿桑的小女儿）拍的一只可爱的小熊，意外窜红，现在阿桑特别喜欢小熊，又拍了一些小熊的照片来讨吉利。

同学们看看左图中小熊的毛，移除原有的背景后，身上的毛发还能清晰分明，这需要几个前提：

—小熊拍的够清楚（对焦正确）

—背景干净（阿桑架了白纸在背后）

—善用选取工具

阿桑会好好给同学们讲一下选取工具的内容，请翻一页。

课前应该先整理

适用版本：Photoshop CS3/CS4/CS5

Photoshop一年一版的更新，真让荷包吃不消。别的不说，仅是工具命令，就要花上不少时间来适应。阿桑周围的朋友，即使版本更新到了CS5，常用的工具总是那几个，同学们应该有相同的感触吧。

以选取工具而言，CS3/CS4/CS5更改似乎不大，但是CS5版本中所有选取工具内的“调整边缘”功能大幅度提高，一起往下看。

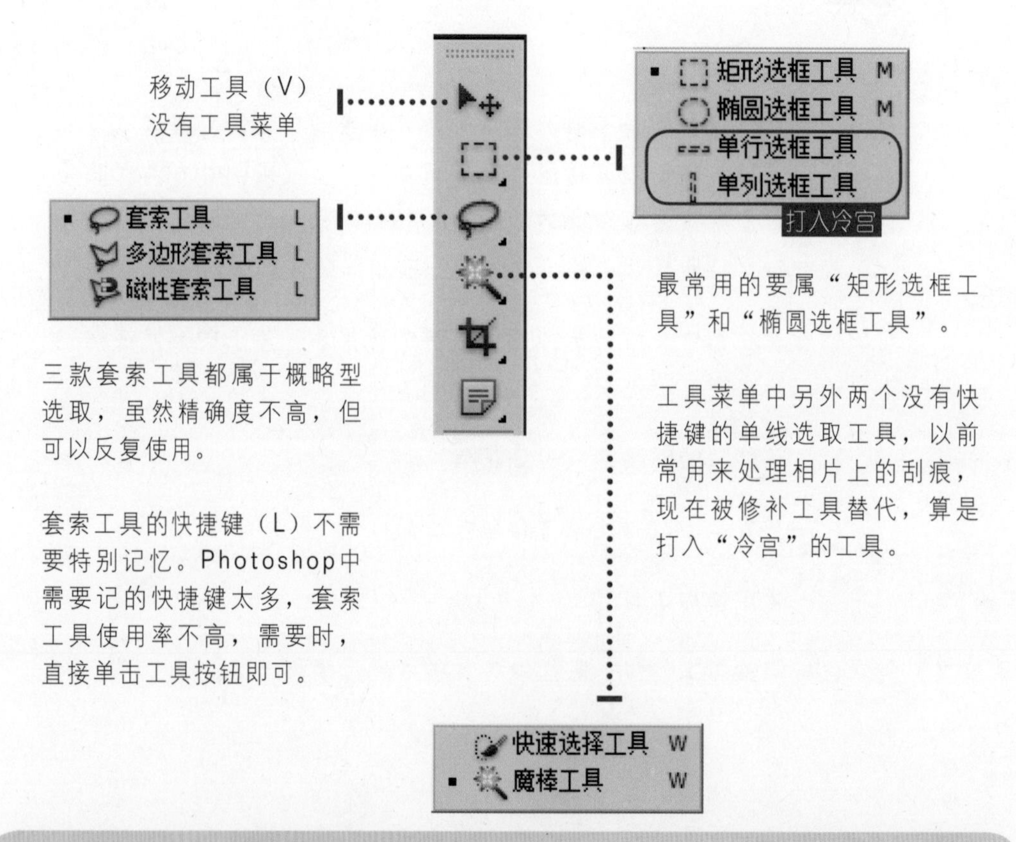

“魔棒工具”是使用率非常高的选取工具，适合用来选取色彩差异性较大的图像，阿桑准备了几个练习，等会一起来看。

“快速选择工具”是CS3版本新增的工具，对图像的识别能力非常高，一定要学。

为什么要选取

如果以下图的小红鱼为主角，无论是修改颜色、调整大小或添加特效，都需要先将小红鱼进行选取，在不影响其他图像的情况下，进行编辑与修改。

如果没有选取要编辑的主体，所执行的色彩修正、尺寸调整、各类特效滤镜命令，都会应用在整个图像内容中。这就是为什么要先指定选取范围的原因。

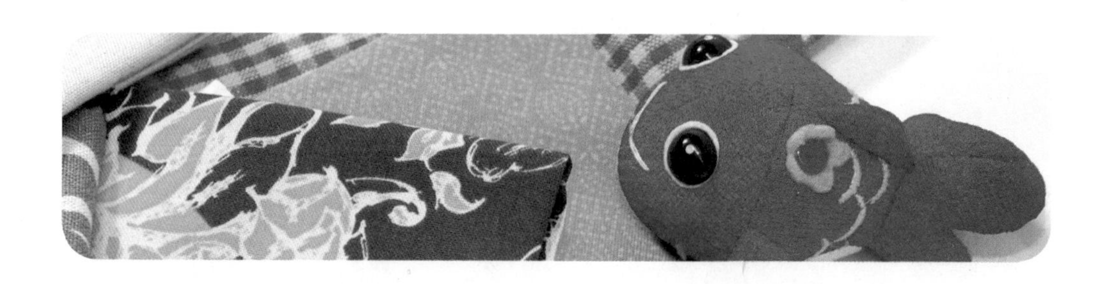

因为图像内容太多变，所以才需要这么多的选取工具与功能。同学们慢慢的会从学习过程中发现，好用的、常用的就是那几种方式，但是，也要全盘了解后，才有足够判断及选择工具的能力。

快捷键）V

移动工具

适用版本：Photoshop CS3/CS4/CS5

阿桑准备了两个范例文件让同学们练习“移动工具”，除了让大家熟悉工具用法之外，也可以通过不同的文件格式，了解工具在不同格式下的运作。提醒一下，“移动工具”和“抓手工具”一样，都是使用率很高的工具，同学们要好好掌握。

为了拍摄这段绳结，杨比比买了一卷钓鱼线，绑在绳结上方并掉挂在楼梯口。半透明的钓鱼线，非常好修，仔细看看没有任何痕迹。

TIPS 工具使用重点

移动工具用于移动与对齐图层间图像的内容

移动工具不能移动背景图层

移动工具不能移动锁定的图层

移动工具（快捷键V）

快速切换键（Ctrl）

Photoshop中凡是使用率高的工具，都有快速切换键。方便我们在使用其他工具时，可以立即切换到指定工具。

- 移动工具（Ctrl）
- 抓手工具（Space）
- 吸管工具（Alt）

参考范例 素材和结果源文件\Chapter3\Pic001.JPG
素材和结果源文件\Chapter3\Pic001.PSD

A) 缩放工具

快捷键）Z

1.打开范例文件Pic001.JPG

2.按F7键打开图层面板

3.JPG格式只有背景图层

4.双击“缩放工具”

5.原图显示（100%）

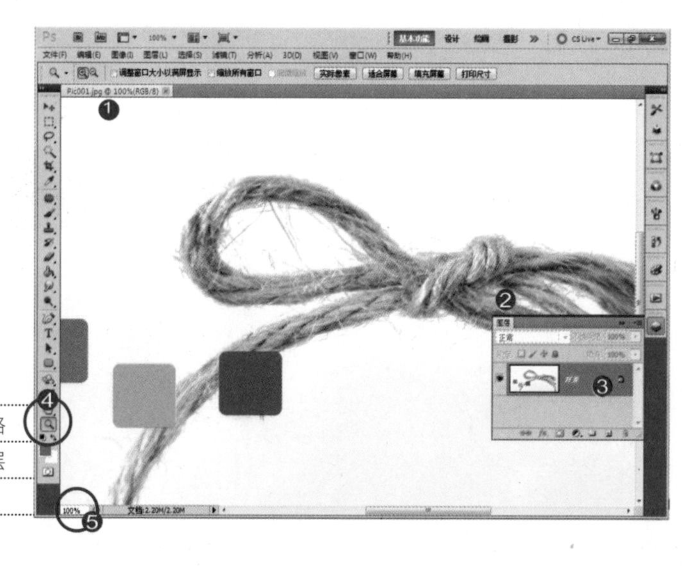

JPG是使用率最高，最常见的一种图像格式。将图片存为JPG格式后，会将所有图层合并在背景层中，不再有图层。

B) 移动工具

快捷键）V

1.单击“移动工具”

2.拖曳编辑区中图像

3.弹出错误窗口

4.单击“确定”按钮

注意图层面板中的“背景”图层，斜体的“背景”表示默认图层，不能删除。“背景”图层右侧还有锁型的小图标，表示图层不能被移动。

C) 关闭文件　　快捷键）Ctrl+W

1.菜单“文件”

2.执行“关闭”命令

如果同学们要反复编辑文件内容，就必须将文件保存为能保留图层的TIF或PSD格式；如果要上传网页或冲印照片，则要保存为JPG格式。

D) 调整图层面板

1.打开范例文件Pic001.PSD

2.向下拖曳调整图层面板长度

3.单击面板菜单按钮

4.执行“面板选项”命令

5.选择大缩览图

6.单击“确定”按钮

7.图层面板中缩览图放大

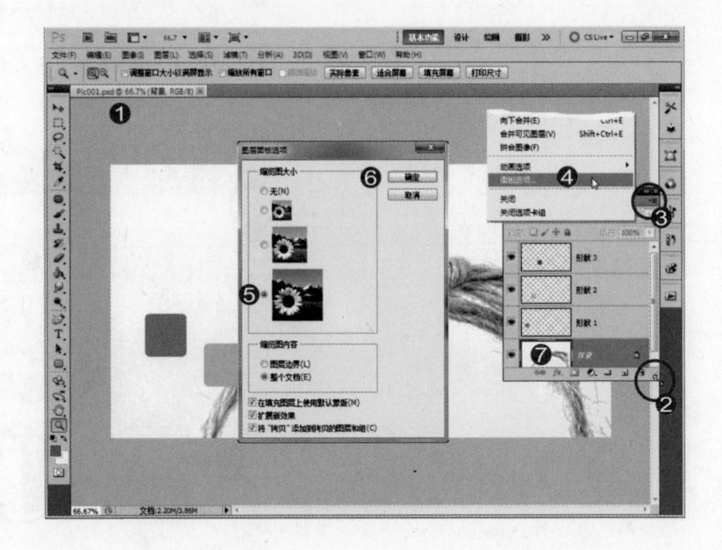

E）移动工具

快捷键）V

1.单击“形状1”图层

2.单击“移动工具”

3.拖曳橘色矩形

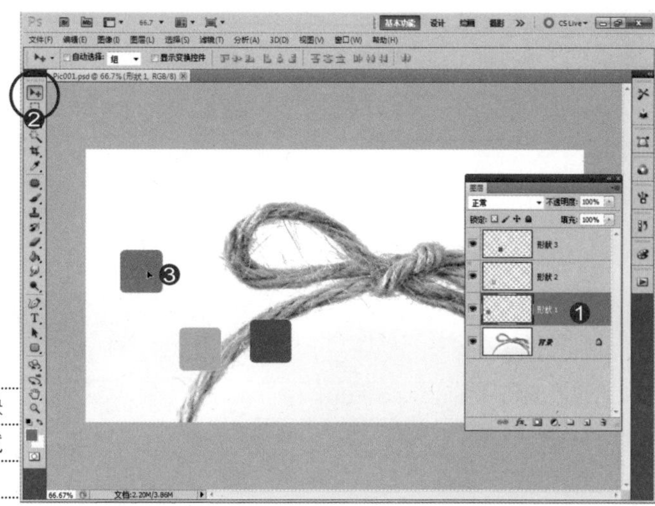

可以顺利拖动矩形圆角方块，是因为橘色方块位于“形状1”图层。绿色方块呢？同学们试着拖动看看。

非常重要的选项（反复练习）

F）自动选取图像

1.确认选择“移动工具”

2.勾选“自动选择”选项

3.拖曳绿色矩形

勾选“自动选择”选项后，不需要特别选择图层，就能任意移动“背景”图层以外的其他图层图像。

G）选取多个图层

1.单击“移动工具”

2.移动鼠标到空白位置

3.拖曳拉出矩形

4.同时选取多个图层

同学们也可以按住“Shift”键或“Ctrl”键不放，单击图层面板上的图层，选取多个图层，试试看吧。

H）对齐图层内形状

1.单击“顶对齐”按钮

2.对象靠上对齐

3.单击“自动对齐图层”按钮

4.对象间距相等

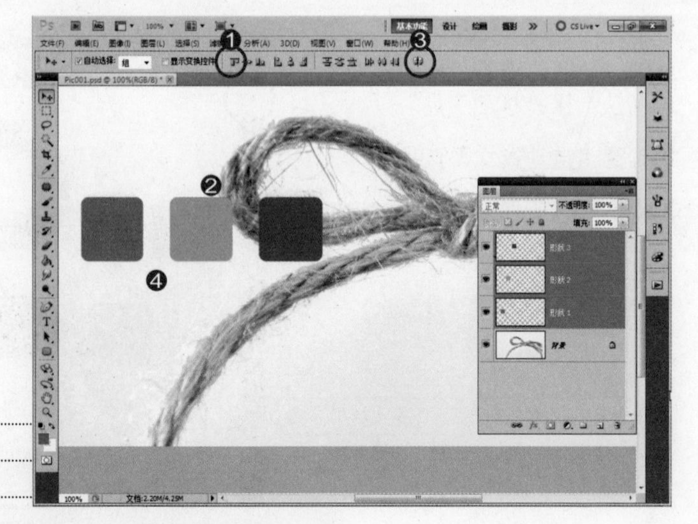

如果移动工具选项栏上的对齐按钮都失效，同学觉得问题出在哪里？

问题绝对出在自己（相信阿桑），一定要选取两个以上的图层，“移动工具”选项栏中的对齐功能才会起作用，下次碰到这种状况，要想到阿桑的叮咛喔。

I) 锁定图层位置

1.单击“形状3”图层

2.单击“锁定位置”按钮

3.出现位置锁定图标

4.红色矩形将不能拖动

移动工具选项栏上所有的对齐功能都失效。只有一个图层，没有对齐的目标，这些功能将不可用。

J) 不能移动还是可以编辑

1.单击“形状3”图层

2.单击“橡皮擦工具”

3.拖曳擦拭矩形

“锁定位置”启动后，除了不能移动之外，其他功能都可正常运行。同学们可试试图层面板中其他锁定方式。

K) 运用快速切换键

1.维持在“橡皮擦工具”

2.按住Ctrl键不放

3.光标变为“移动工具”

4.拖曳形状图层

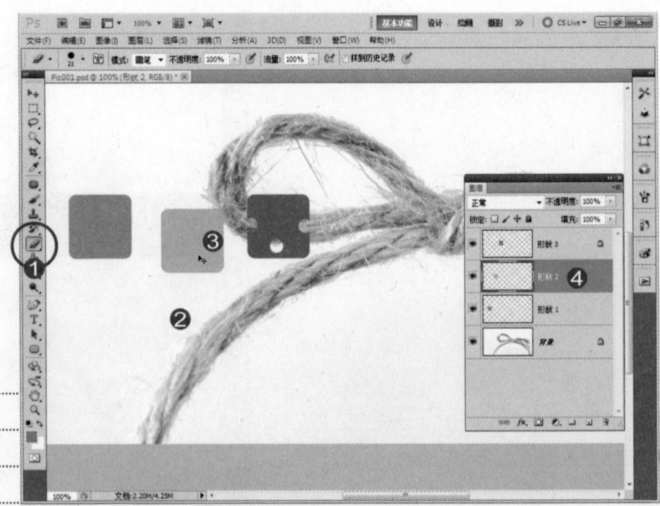

我们启动了“移动工具”选项栏中的“自动选择”功能，这表示，除了目前锁定位置的“形状3”与“背景”图层不能移动之外，其他都可以移动。

常用的快捷键

L) 图层编组

快捷键）Ctrl+G

1.单击“形状3”图层

2.按Shift键+单击“形状1”

3.菜单“图层”

4.执行“图层编组”命令

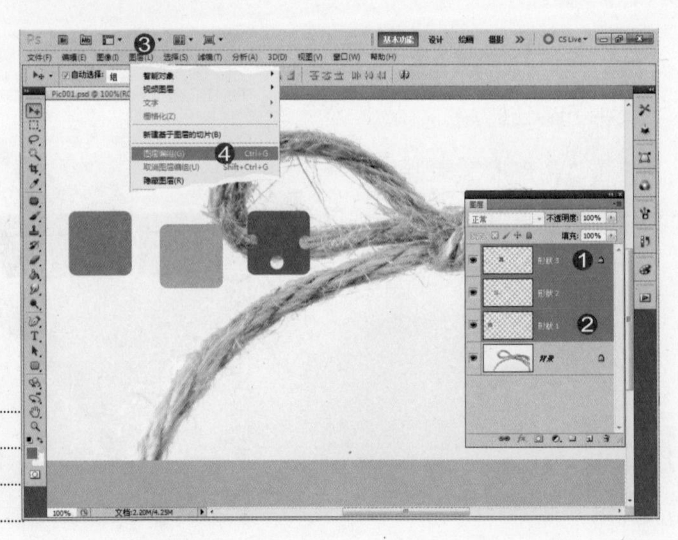

图层面板空间有限，所以常将同性质的图层进行编组，除了可以节省空间之外，编辑上也方便，一起来看下一个步骤。

M）移动编组图层

1.使用“移动工具”

2.指定选择模式为“组”

3.单击“组1”

4.不能拖曳

5.单击“确定”按钮

如果要取消编组，可执行菜单“图层/取消图层编组”命令。

N）解除图层锁定

1.展开编组图层

2.单击“形状3”图层

3.单击“锁定位置”按钮取消锁定

4.单击选择编组

5.使用移动工具拖曳编组

相同性质的图层进行编组后，可以同时移动位置、调整尺寸。同学可以试试移动工具选项栏上其他的控制按钮。

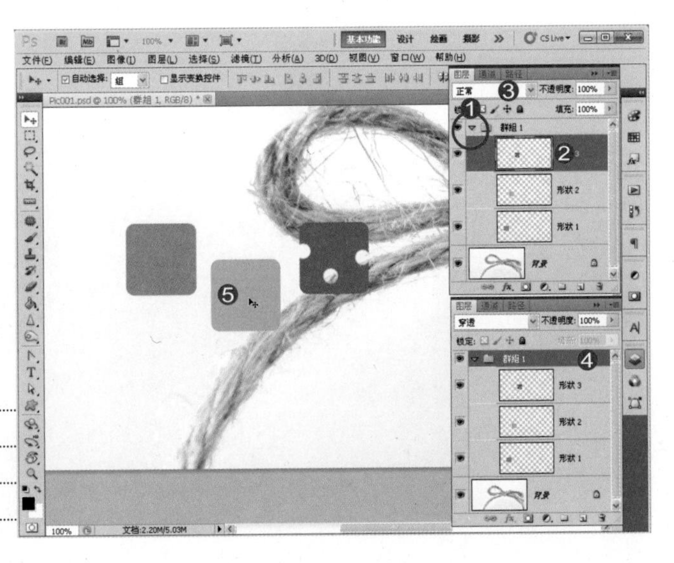

快捷键）M

矩形选框工具

适用版本：Photoshop CS3/CS4/CS5

正常来说，所有的图像编修命令，都是作用在整张图片中。可是，如果图像需要进行局部修改，而非整体，那就需要进行选取。举例来说，图像中的草不够绿、天不够蓝，那我们就要选取草地或天空，再通过编辑命令，调整局部颜色。

通过选取工具，我们可以轻松选择指定的图像范围，如同上图，“挖”一个方块出来。

TIPS 工具使用重点

“矩形”与“椭圆”选取工具使用方式相同，这两款工具都可以搭配以下功能键：

选取工具+Alt键：由中心点拖曳范围进行

选取工具+Shift键：拖曳出正方形或正圆

“矩形”与“椭圆”选取工具很难直接拖曳出我们需要的范围，所以需要搭配不少选取范围修饰命令，这个范例比较长，同学们可以先倒杯茶，拉拉筋骨休息一下，准备开工。

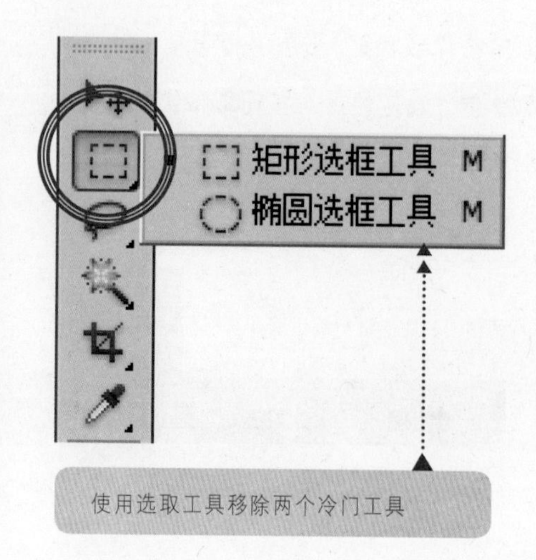

使用选取工具移除两个冷门工具

参考范例 素材和结果源文件\第3章\Pic002.PSD
素材和结果源文件\第3章\Pic002_OK.PSD

A）打开图层面板 快捷键）F7

1.打开范例文件Pic002.PSD

2.按F7键打开图层面板

3.单击“图层1”

PSD是Photoshop的标准格式，除了能记录图层与通道之外，还能保留路径内容。

B）换颜色如何

1.双击矢量形状图层色块

2.拖曳滑杆指定色系

3.单击指定颜色

4.单击“确定”按钮

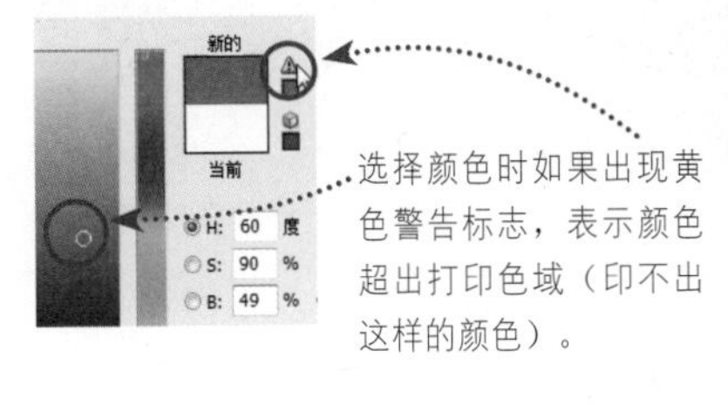

选择颜色时如果出现黄色警告标志，表示颜色超出打印色域（印不出这样的颜色）。

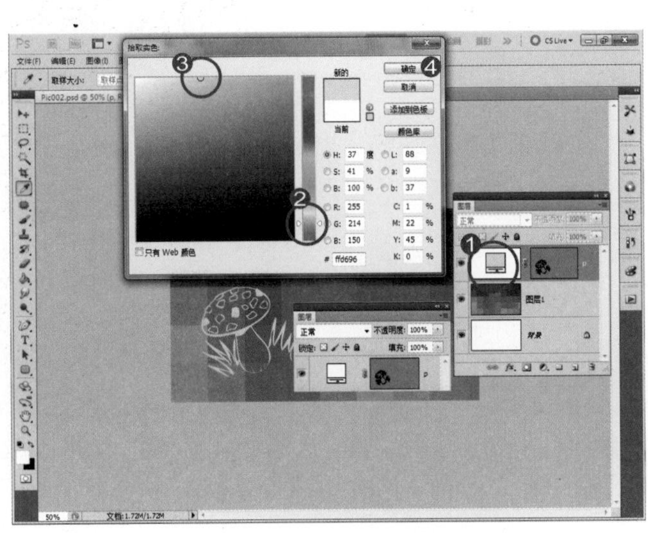

C）放大图像

1.形状图层色彩改变

2.属于形状图层的草菇

3.双击“缩放工具” 快捷键）Z

4.查看比例为100%

形状图层是由工具箱中的形状工具绘制而成。通过形状工具绘制的图形，具有矢量图形的特质，图形放大或缩小，都能保留精确、细致的边缘。

D）矩形选框工具

1.单击“图层1”

2.单击“矩形选框工具” 快捷键）M

3.拖曳拉出矩形选取范围

同学可能碰到的情况是，矩形范围拉的不准或范围不对。可以打开“历史记录”面板，退回矩形选取范围。当然还有其他的处理方式，等会一起看。

E）自由变换

快捷键）Ctrl+T

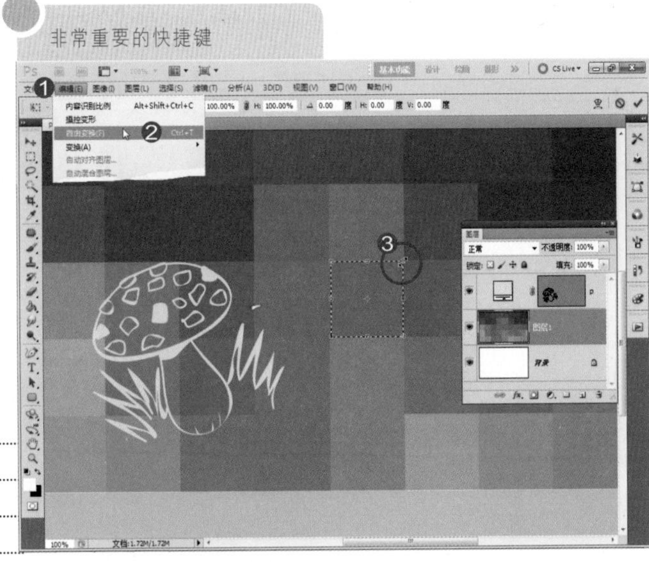

1.菜单“编辑”

2.执行“自由变换”命令

3.选取范围上显示控制方块

使用自由变换命令前，要先确认作用图层为“图层1”。自由变换可以调整选取范围内图像的大小、角度与外型，但是不能改变选取的范围。

F）变形图形

1.拖曳控制点放大图形

2.单击“✓”完成变形

如果觉得变形的效果不理想，可单击工具选项栏中的“⊘”按钮，取消变形效果。变形命令的快捷键Ctrl+T，同学们一定要记下来。

太重要了。阿桑会念到让同学们背下来

G) 取消选取

快捷键）Ctrl+D

1.编辑区仍然显示选取范围

2.菜单“选择”

3.执行“取消选择” 快捷键）Ctrl+D

选取范围使用完毕后，一定要记得取消，才不会限制其他功能的作用范围。取消选取的快捷键为Ctrl+D。

H) 中间值滤镜

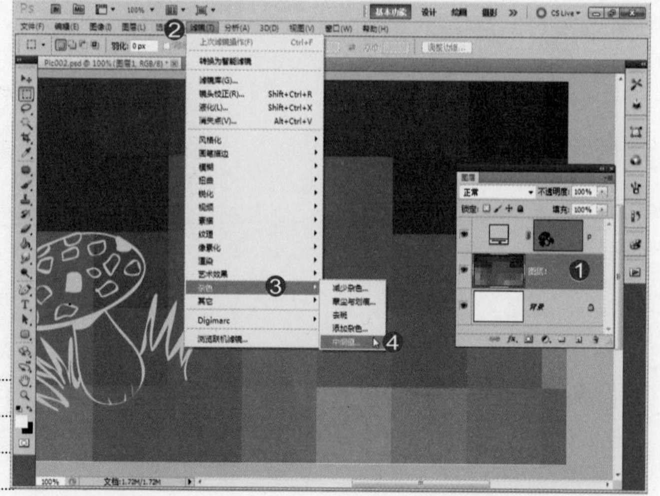

1.单击“图层1”

2.菜单“滤镜”

3.选择“杂色”

4.执行“中间值”命令

整本书都讲工具，很乏味，讲讲滤镜调一下味，添加一些效果，Photoshop才生动，阿桑分享这些经验也会更有趣。

I）缓和锐角

1.弹出“中间值”对话框

2.调整半径为“15”像素

3.预览区显示圆角

4.单击“确定”按钮

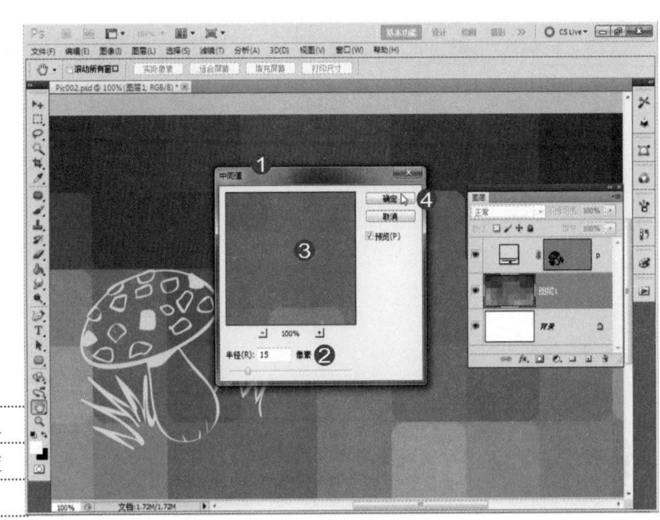

Photoshop滤镜仅能作用在位图中。图层1上方的形状图层属于矢量图层，所以不能直接应用滤镜效果。

J）矩形选框工具

1.单击“缩放工具”

2.向上拖曳鼠标放大图像

3.单击“矩形选框工具” 快捷键）M

4.拖曳出矩形范围

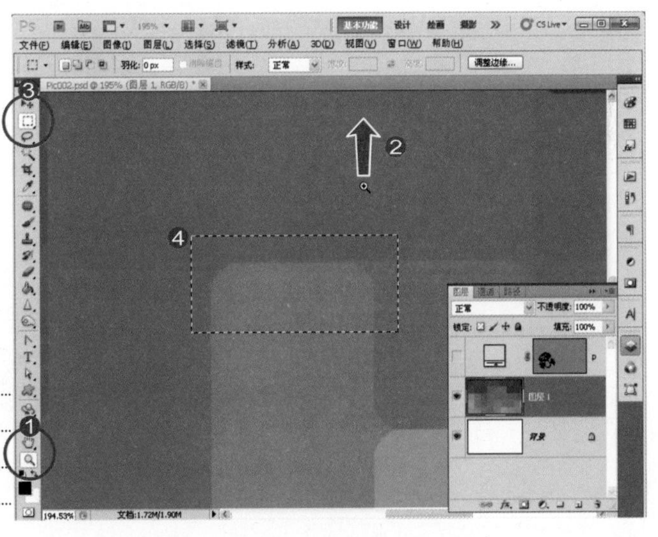

提醒使用CS3/CS4版本的同学，单击“缩放工具”后，拖曳拉出矩形范围，便能放大范围内的图像。

K）变形选取范围

1.菜单“选择”

2.执行“变换选区”

3.拖曳控制框调整矩形范围

4.单击“✓”按钮

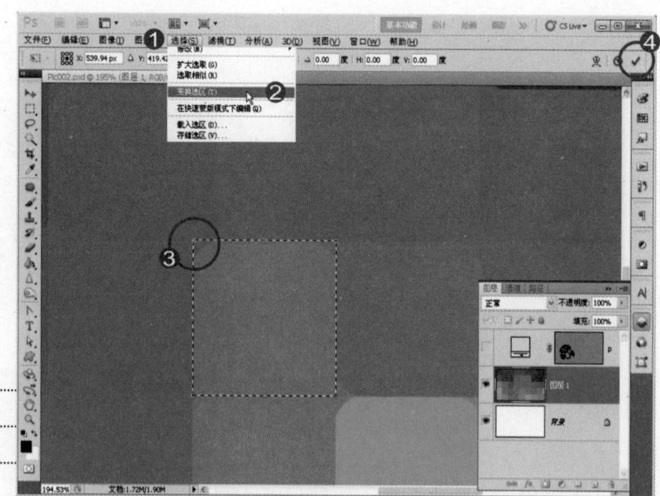

变形工具分两种：菜单“编辑/自由变换”用于变形图像内容；菜单“选择/变换选区”用于变换选取范围，不改变内容。

L）调整边缘

1.单击“调整边缘”按钮

2.调整边缘平滑度为“100”

3.编辑区选取范围变为圆角

4.单击“确定”按钮

CS3/CS4版本中的“调整边缘”对话框内容与CS5不同，但是作用接近，仍然有“平滑”参数可以调整。

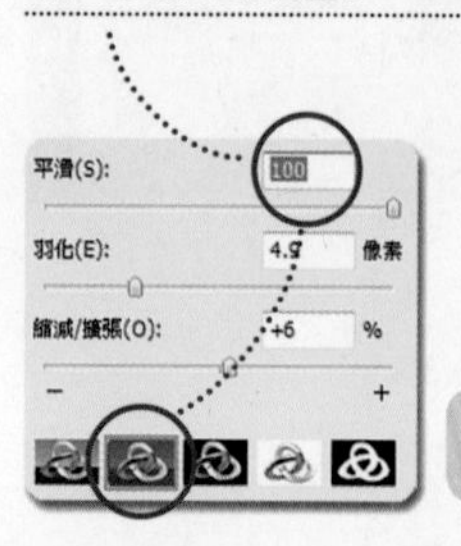

启动红色蒙版就与CS5一样

M) 拷贝选取图像到图层

1.编辑区显示圆角选取范围

2.按下Ctrl+J拷贝到新图层

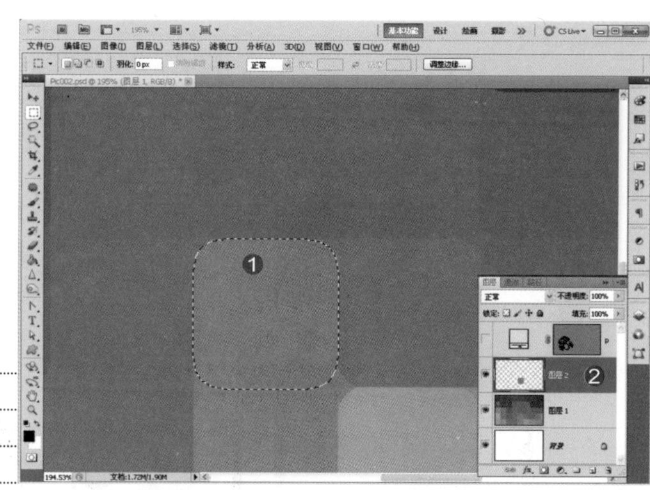

每个设计人员都知道Ctrl+J这组了不起的快捷键，相当于“复制+粘贴”两个功能，命令位置在菜单“图层/新建/通过拷贝的图层”。

N) 更改图像颜色

1.按Ctrl+D键取消选取范围

2.确认单击“图层2”

3.菜单“图像”

4.选择“调整”

5.执行“色相/饱和度”命令

6.拖曳调整“色相”滑杆

7.改变圆角矩形颜色

8.单击“确定”按钮

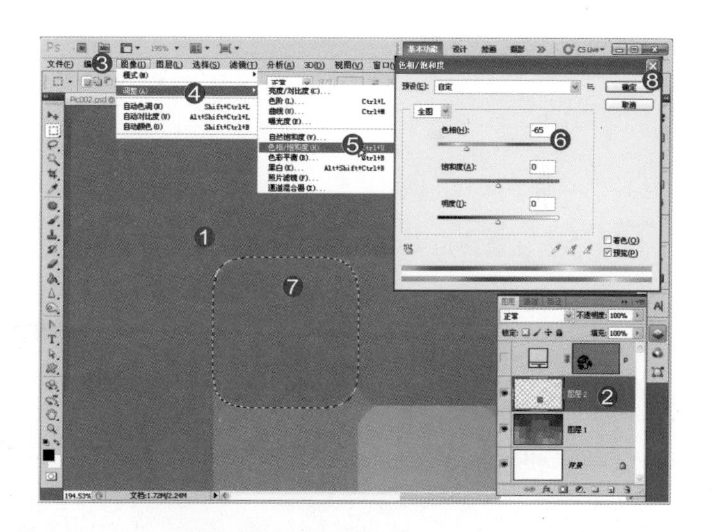

范例中我们第一次建立选取范围是为了要放大矩形方块。第二次选取是为了将范围拷贝到新图层，并且修改颜色。这就是选取的目的，好玩吧。

快捷键）M

椭圆选框工具

适用版本：Photoshop CS3/CS4/CS5

教学经验累积的越多，想说的，想表达的也越多，总是觉得基本的字段不够阿桑说明，所以左一块、右一块不断地补充，又担心版面太乱影响同学的阅读情绪。处理的时候，总要反复的观察画面，确定能顺畅阅读，才能继续下一页。

上图下方一副要昏倒的“L”，就是杨比比阿桑（晕），上了八个小时的课，回到家还要硬撑着写稿，必须先去睡觉，睡饱再讲。

TIPs 工具使用重点

“矩形”与“椭圆”选取工具使用方式相同，这两款工具都可以搭配以下功能键：
选取工具+Alt键：由中心点拖曳范围选取
工具+Shift键：拖曳出正方形或正圆

提出三个现阶段同学必须要记的快捷键组合：

〔Ctrl+T〕自由变换
〔Ctrl+J〕拷贝选取范围中的图像到新图层
〔Ctrl+D〕取消选取范围

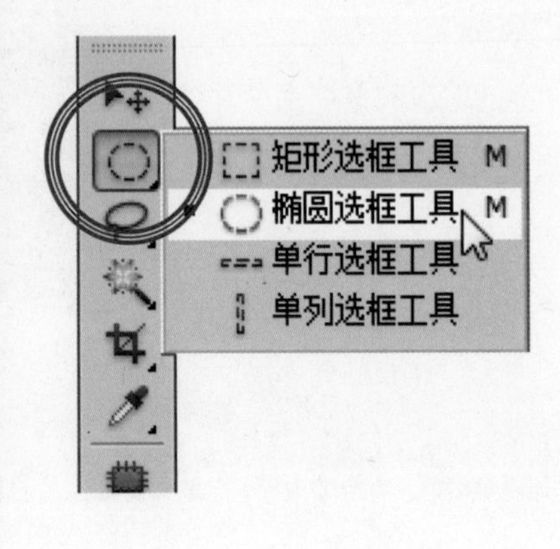

参考范例 素材和结果源文件\第3章\Pic003.JPG
素材和结果源文件\第3章\Pic003_OK.PSD

A）显示原图比例

1.打开范例文件Pic003.JPG

2.按F7键打开图层面板

3.双击“缩放工具”

4.以原图比例显示图片

我们发现图像整体偏暗，比较麻烦的是“手表”，表面偏亮，所以不适合将整张图片都调亮。

B）椭圆选框工具 快捷键）M

1.单击“椭圆选框工具”

2.按住Alt+Shift键不放，移动鼠标到指针中心点

3.向外拖曳建立圆形选取范围

Shift键能维持选取范围等比例的宽高，加上Alt键，便能顺利地由中心拉出一个正圆选取范围，非常好用的一个组合键。

C）变换选取范围

1.菜单“选择”

2.执行“变换选区”命令

3.拖曳控制点调整选取范围

仅仅拖曳控制点，似乎不够细致，很难配合我们需要的选取区域。来看看下一个步骤，提供更弹性的调整方式。

D）扭曲选取范围

1.按住Ctrl键不放拖曳控制点

2.确定范围吻合表面

3.单击“√”按钮

启用“变换选区”命令后，同学们可以直接拖曳变形控制点，修改选取范围，或者按住Ctrl键不放，以扭曲模式调整变换范围，可以使选取范围更吻合。

快捷键会方便很多

E) 通过拷贝的图层 快捷键）Ctrl+J

1.菜单“图层”

2.选择“新建”

3.执行“通过拷贝的图层”命令

4.圆形表面拷贝到新图层

表面太亮，背景又太暗。最好的方式就是分开调整，所以我们把需要调亮的表面拷贝到新图层中，这样就能分别调整，互不干扰。

色阶是很常用的命令

F) 色阶 快捷键）Ctrl+L

1.单击“背景”图层

2.菜单“图像”

3.选择“调整”

4.执行“色阶”命令

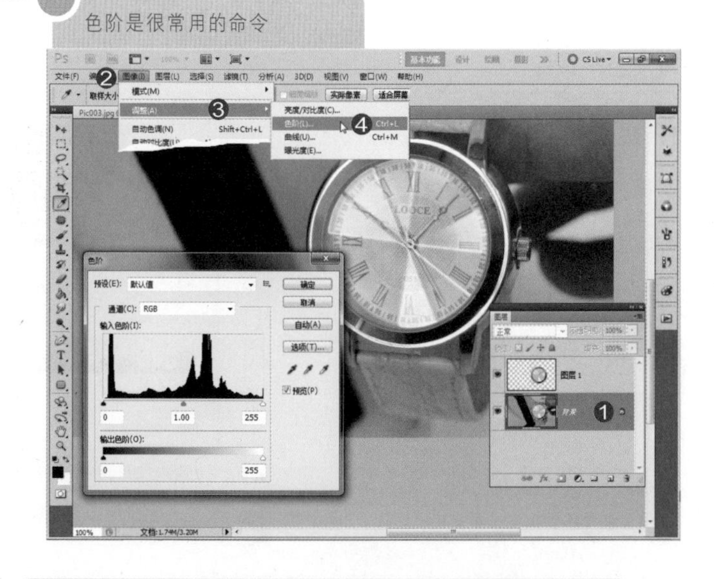

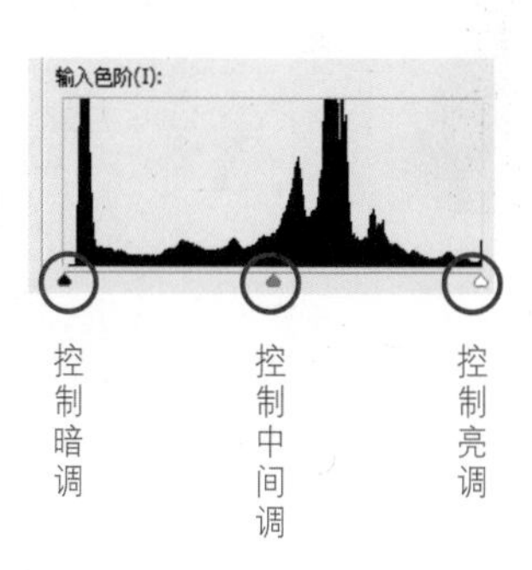

控制暗调　控制中间调　控制亮调

执行“色阶”命令前，双击“抓手工具”以全图显示图像，容易看清楚明暗变化。同学们要养成随时调整编辑区显示比例的好习惯。

还是将快捷键记下来吧

G) 色阶调亮

快捷键）Ctrl+L

1. 确认目前作用的是“背景”图层
2. 向左拖曳“亮调”控制钮
3. 略微向左拖曳“中间调”
4. 单击“确定”按钮

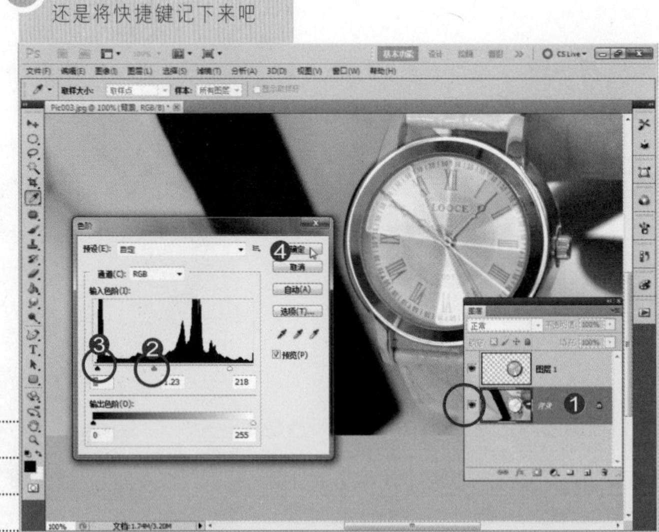

同学们可以试着关闭“图层1”（单击眼睛图标），就能看到“背景”图层中的表面变得多亮。

H) 色阶调暗

快捷键）Ctrl+L

1. 单击“图层1”
2. 按住Ctrl+L键启动色阶
3. 向左拖曳“暗调”
4. 略微向左拖曳“中间调”
5. 单击“确定”按钮

表面暗了一些，细节也变多了。运用选取工具分别调整图像内容，更细致。

I） 清晰图像内容

1.双击“缩放工具”

2.以原尺寸100%查看图像

3.单击“图层1”

4.菜单“滤镜”

5.选择“锐化”菜单

6.执行“USM锐化”命令

7.半径为“1.2”像素

8.观察表面清晰程度

9.单击“确定”按钮

J） 局部锐化

1.单击“背景”图层

2.单击“锐化工具”

3.拖曳画笔涂抹侧边调整钮

“锐化工具”属于小区域的锐利强化处理，例如眼睛不够明亮、眼神不够锐利等就可以使用“锐化工具”。

选取工具应用

自定图案与画笔

适用版本：Photoshop CS3/CS4/CS5

前面两个练习，学习了如何更改选取范围内的颜色、调整大小、改变明暗、增加锐利度（或清晰程度）。这里我们将学习如何定义图案，建立画笔。这可是进阶班，同学加油。

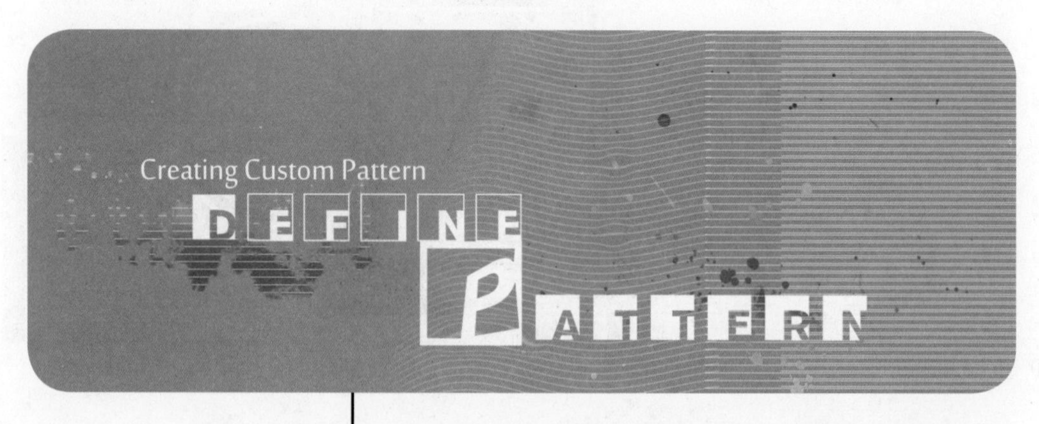

图中的白色线条，就是通过矩形选区所建立出“图案”。图案可以通过“油漆桶”及填充工具添加到图像中。一起来进行下面的练习。

A）画笔工具

快捷键）B

1.按F7键打开图层面板

2.单击“创建新图层”按钮

3.新增“图层1”

4.单击“画笔工具”

5.打开画笔预设选取器

6.选取实心圆形笔触

7.大小为“1”px

8.按住Shift键+向下拖曳画笔

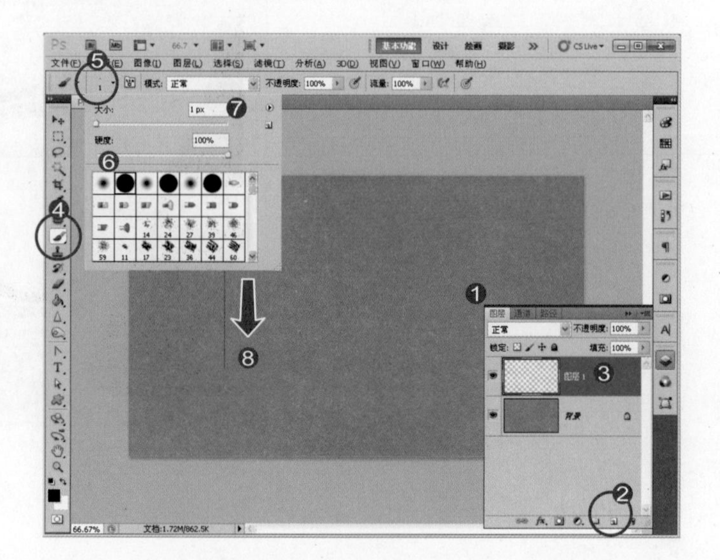

参考范例 素材和结果源文件\第3章\Pic004.JPG
素材和结果源文件\第3章\Pic004_OK.PSD

B) 建立图案范围

1.双击“缩放工具”

2.原图100%显示图像

3.单击“图层1”

4.单击“矩形选框工具”

5.拖曳小矩形选取范围

定义图案，有几个特定的限制，一定要矩形范围，不能是圆角，不能有羽化边缘，不能以“全选”命令选取图像。

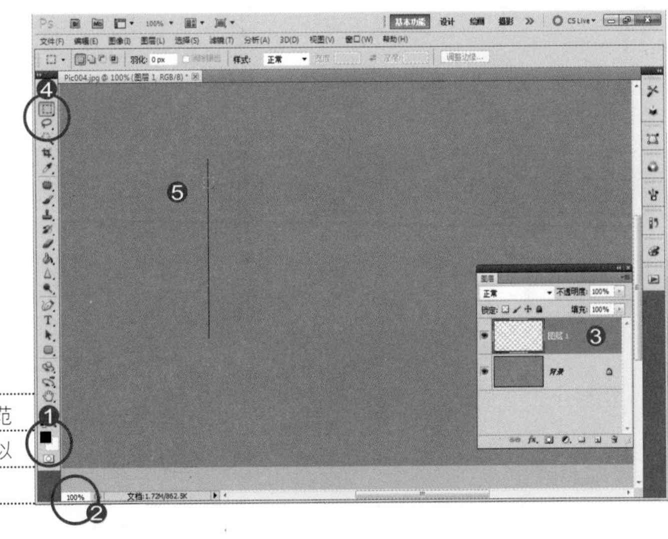

C) 定义图案

1.单击眼睛图标关闭“背景”图层

2.单击“图层1”

3.菜单“编辑”

4.执行“定义图案”命令

5.输入图案名称

6.单击“确定”按钮

关闭“背景”图层后，定义的图案只有小小的一条黑线。如果没关闭“背景”图层，定义的图案会连同背景色彩一起定义进去。

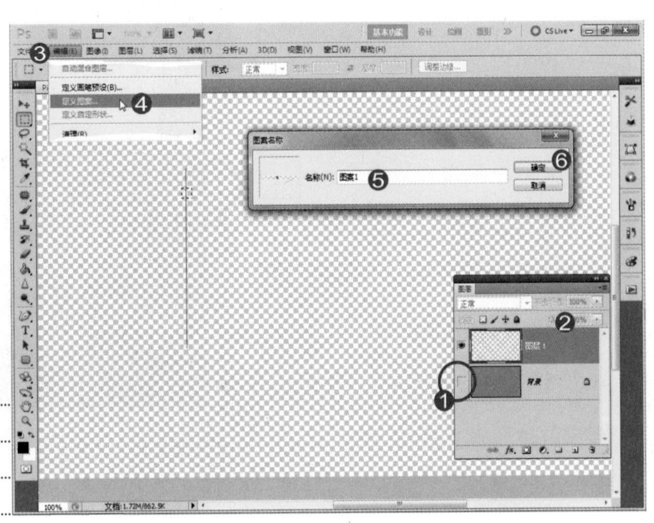

D）删除不用的图层

1.菜单“选择”

2.执行“取消选择”命令

3.拖曳“图层1”到垃圾桶图标

4.删除“图层1”只剩背景图层

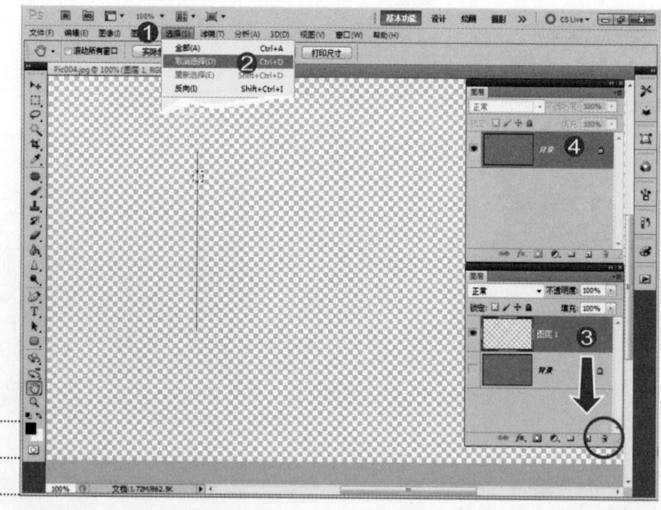

为了让画面看起来清爽点，我们将图层删除。

E）油漆桶填充图案　　快捷键）G

1.单击“创建新图层”按钮

2.创建新图层

3.单击“油漆桶工具”

4.指定填充模式为“图案”

5.单击点按可打开“图案”拾色器按钮

6.拖曳滑杆到最下方

7.单击图案

8.单击编辑区填充图案

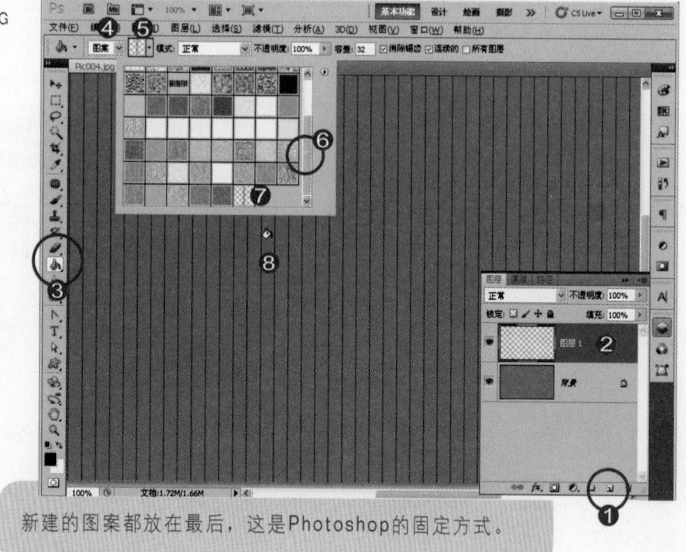

新建的图案都放在最后，这是Photoshop的固定方式。

F ）移动图像

1.单击选取“图层1”

2.单击“移动工具”　快捷键）V

3.向下拖曳编辑区中的线条

填充的图案，会以定义时的颜色填充。简单地说，如果刚刚线条是红色的，现在填充的就是红色线条。

G ）建立画笔范围

1.单击“图层1”

2.按“V”键切换到矩形选框工具

3.拖曳矩形范围如图所示

矩形范围要框选住线条上方，一小段就可以，不用太多。如果框选不理想，可以按下Ctrl+D键取消选取，重新建立一次。

H）定义画笔

1.单击眼睛图标关闭“背景”图层

2.菜单“编辑”

3.执行“定义画笔预设”命令

4.单击“确定”按钮

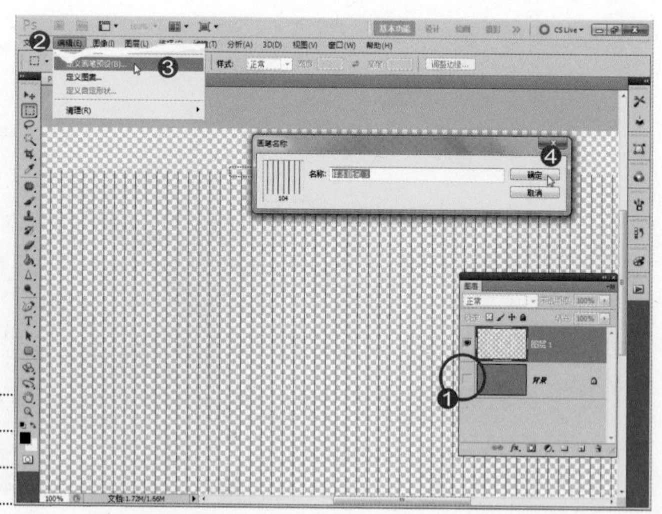

定义画笔比较随意，任何形状都可以，同学可以改用椭圆选框工具建立画笔范围，重新定义画笔。

I） 创建新图层

1.单击“创建新图层”按钮

2.创建新图层

3.单击眼睛图标关闭“图层1”图层

4.单击还原色彩默认值

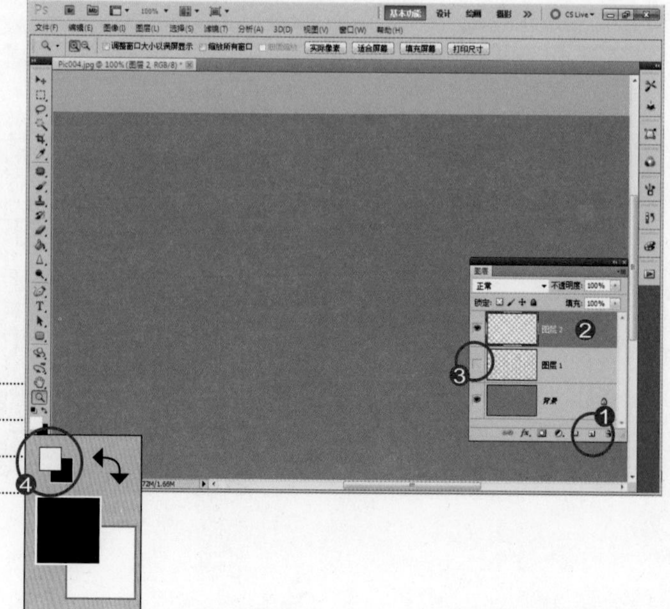

经过几个范例的操作，同学们对于图层应该能掌握：打开图层面板（F7键）、创建新图层、删除图层、关闭图层（眼睛图标）。

J）画笔工具　　快捷键）B

1.确认选择“图层2”

2.单击“画笔工具”

3.打开画笔预设选取器

4.拖曳滑杆到最下方

5.单击新添加的笔触

6.交换前景色与背景色

7.确认前景色为“白色”

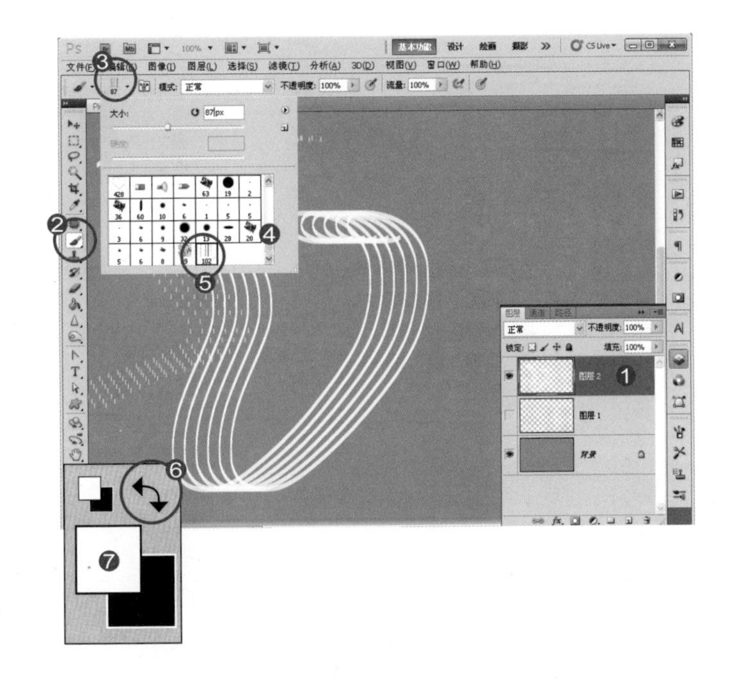

K）画笔面板　　快捷键）F5

1.单击“画笔”面板按钮

2.选择“画笔笔尖形状”

3.调整间距为“1%”

4.编辑区中拖曳画笔

同学们可以试着调整笔触“间距”。右图中如同虚线般的流畅线条，就是将笔触“间距”调整为“200%”后的效果。

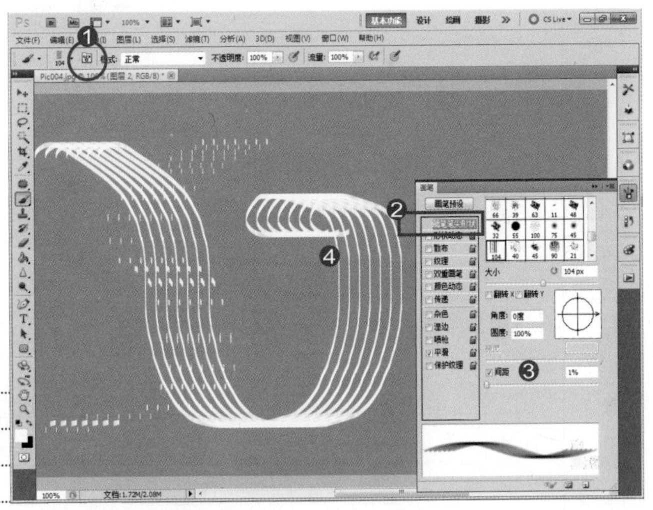

标准选取工具选项

适用版本：Photoshop CS3/CS4/CS5

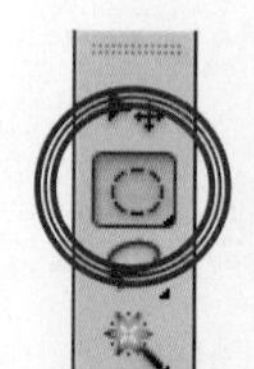

选取工具选项栏中的功能都很接近，阿桑会针对几个比较特别的选项来进行说明。同学一定跟随书上的内容，操作一次。

消除锯齿

1.单击“椭圆选框工具”

2.勾选选项栏上的“消除锯齿”

3.样式为“固定比例”

4.宽度为“1”

5.高度为“1”

6.拖曳出平滑且正圆形选区

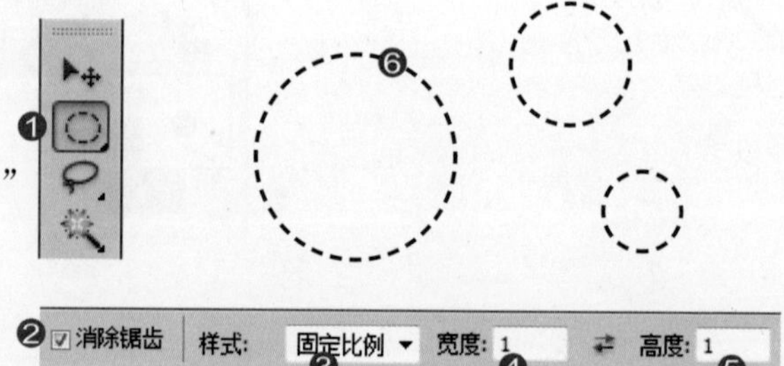

消除锯齿：椭圆选框工具专用

选取样式：正常/固定比例/固定大小

正常：随意拖曳出不受限制的矩形或椭圆选区（标准默认值）。

固定比例：限制以宽高比例建立选取范围。若宽高皆为“1”，则能建立正圆与正方形的选取范围。

固定大小：限制以字段中的宽高数值建立选取范围。若宽度为“6英寸”，高度为“4英寸”，单击鼠标则能立即以指定大小建立选取范围。

增/减选取范围

所有的选取工具（矩形、椭圆、套索等）都有增减选取范围的选项，这表示，同学要好好的练习这个小区块，现在请同学们先打开一个新的图像文件。试试以下的动作。

新选区

1.单击“矩形选框工具”

2.在选项栏上单击“新选区”

3.拖曳拉出矩形范围

4.再次拖曳建立选取范围

5.前一个范围就消失

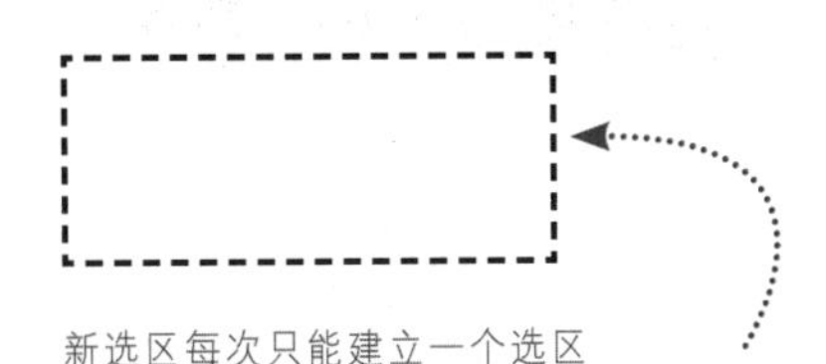

新选区每次只能建立一个选区

添加到选区

1.单击“矩形选框工具”

2.在选项栏上单击“添加到选区”

3.拖曳拉出矩形范围

4.再次拖曳建立选取范围

5.两个范围能相加

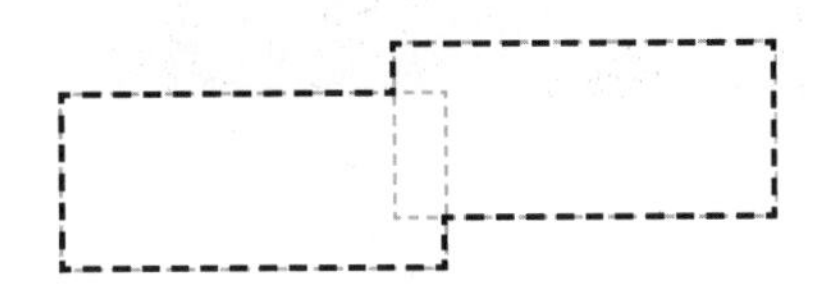

添加到选区能不断累加选取区域

从选区减去

1.在选项栏上单击“从选区减去”

2.拖曳拉出矩形范围

3.重叠处会彼此相减

与选区交叉

1.在选项栏上单击“与选区交叉”

2.拖曳拉出矩形范围

3.重叠相交处即为选取范围

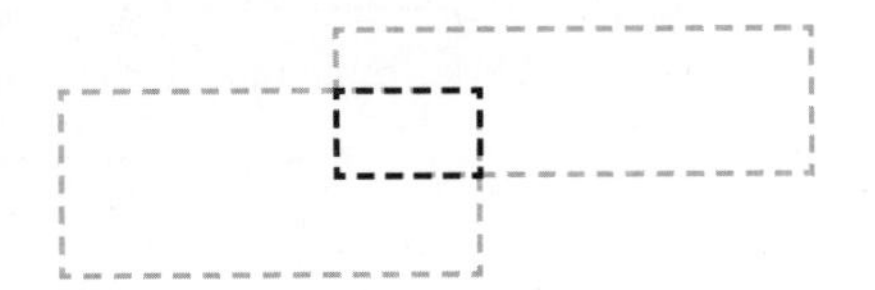

快捷键）L

套索工具

适用版本：Photoshop CS3/CS4/CS5

开工前，阿桑先提醒大家，这个范例除了要练习三款套索工具之外，还有令人心醉神迷的图层样式，所有的功能都要浓缩进来，所以，同学们要保持“清醒的头脑”和“精准的眼神”，准备好就动手吧。

上图是小涵妹妹手工缝制的生日蛋糕，奇异果、草莓、樱桃，每样都栩栩如生。最贴心的是，蛋糕上方缝制了一个18岁的数字蜡烛，太可爱了。

TIPs 工具使用重点

套索工具：拖曳出任意选取范围

多边形套索工具：建立直线选取范围

磁性套索工具：自动粘贴边缘建立选取范围

使用磁性套索与多边形套索工具建立选取范围时，可以使用以下按键来修正：

〔Backspace〕退回上一个点

〔Esc〕取消正在建立的套索范围

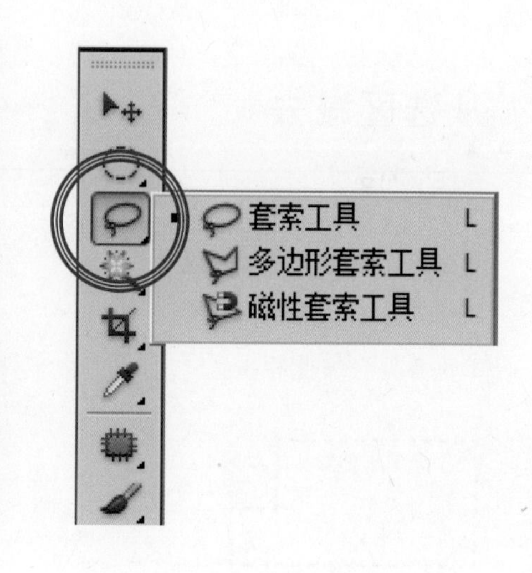

参考范例 素材和结果源文件\第3章\Pic005.JPG
素材和结果源文件\第3章\Pic005_OK.PSD

A) 例行动作

1.按F7键打开图层面板

2.双击“缩放工具”

3.以原图比例显示图片

4.拖曳滑杆调整显示范围

调整局部区域前，一定先使用“缩放工具”进行放大，才会精确。

B) 套索工具

快捷键）L

1.单击“套索工具”

2.羽化为“10px”

3.拖曳拉出选取范围

“羽化”表示模糊范围，“10px”表示选区的边缘有10个像素模糊区域。如果希望选区边缘维持清晰锐利，可将“羽化”值调整为“0px”。

C) 复制选区到新图层中

1.按Ctrl+J键拷贝选区到新图层

2.图层混合模式为“正片叠底”

3.单击“橡皮擦工具”

4.打开画笔预设选取器

5.挑选边缘模糊的笔触

6.调整笔触大小

7.拖曳擦拭较明显的叠色区

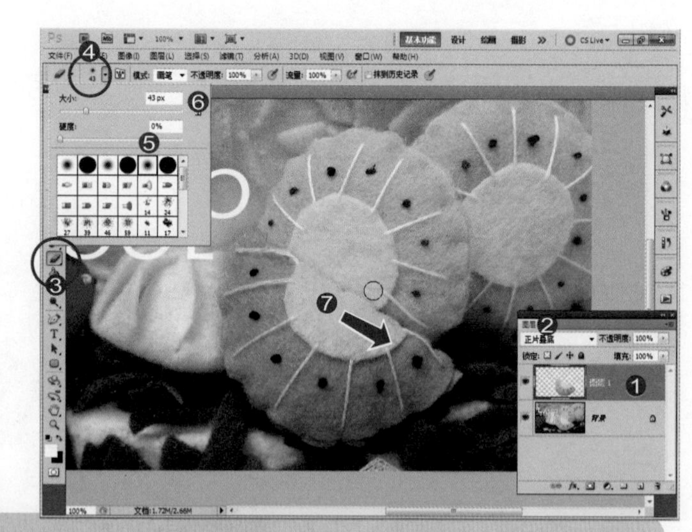

真实生活中，图层如同一张张重叠的图纸。但在数字编修环境中，图层之间又可以相互重叠混合，如同目前选取的“正片叠底”即是将上下图层的颜色混合叠加，所以颜色比另外两个奇异果深。

D) 多边形套索工具 快捷键）L

1.单击“背景”图层

2.单击“多边形套索工具”

3.单击鼠标建立选取起点

4.持续单击字母A内侧

5.单击起点

右图的显示比例，已经放大到300%。同学要随时调整显示比例，才能更精确地观察图像，建立选取范围。

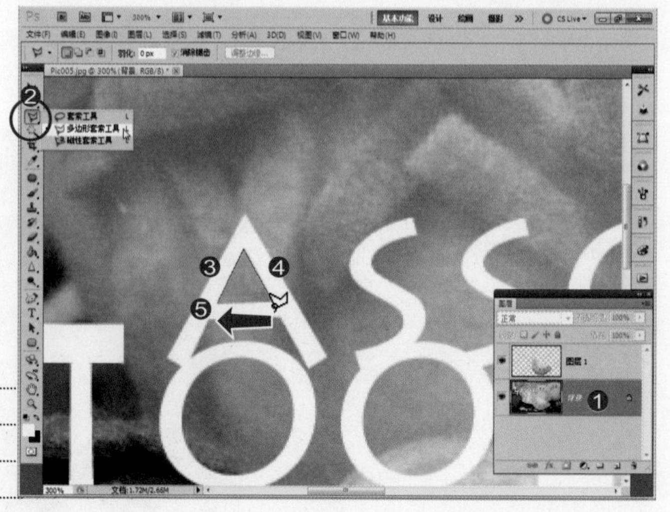

E) 填充选取范围

1.单击“创建新图层”按钮

2.新增“图层2”

3.菜单“编辑”

4.执行“填充”命令

5.使用为“白色”

6.单击“确定”按钮

7.将白色填充到新图层中

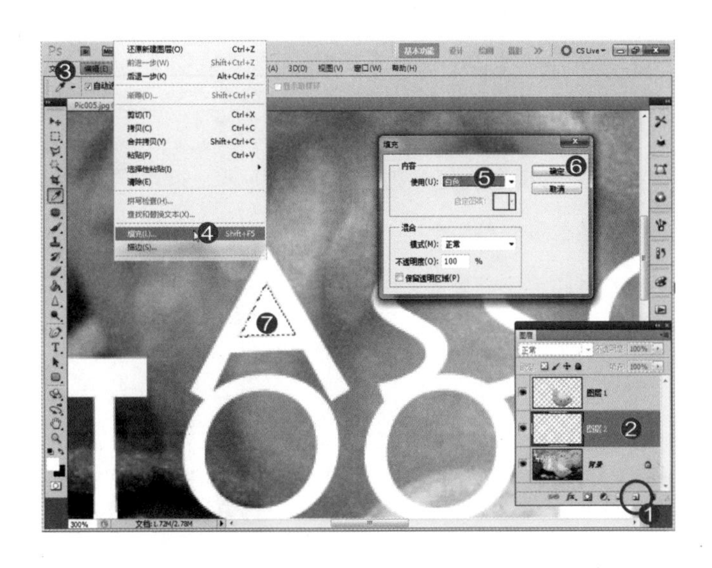

F) 图层样式：阴影

1.单击“图层2”

2.单击“添加图层样式”按钮

3.在菜单中选择“投影”

4.不透明度为“50%”

5.单击“确定”按钮

6.为“图层2”添加投影效果

7.编辑区中也显示投影

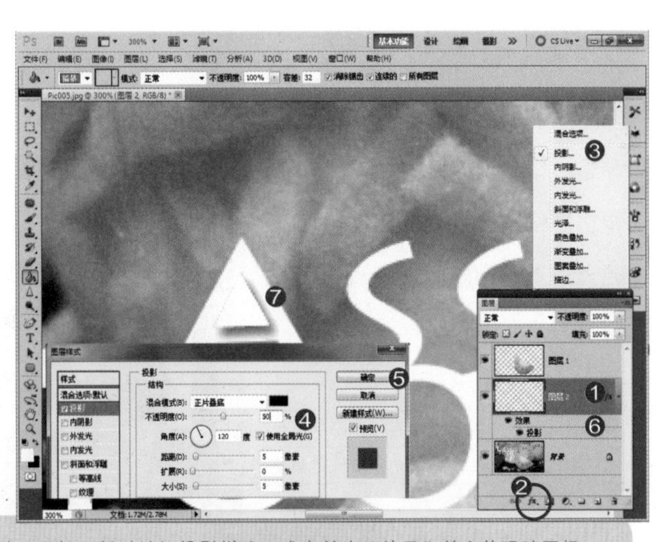

样式也属于图层，同学可以单击“眼睛”图标，暂时关闭投影样式，或者单击“效果”前方的眼睛图标，关闭当前图层中的所有效果。当然，如果不需要投影样式，也可以直接拖曳到“垃圾桶”按钮上删除。

常用快捷键

G）自由变换 快捷键）Ctrl+T

1.单击“图层2”

2.按Ctrl+T键启动自由变换功能

3.拖曳图形到外侧

4.移动到控制点外拖曳旋转

5.单击“✓”按钮

使用“自由变换”旋转图像时，将鼠标指针移动到控制框的四个角落外侧，拖曳鼠标，便能旋转变换控制范围内的图像。

H）磁性套索工具 快捷键）L

1.单击“背景”图层

2.单击“磁性套索工具”

3.单击图像边缘建立起点

4.沿着边缘移动鼠标 （不要拖曳）

5.接近原点时单击鼠标左键

“磁性套索工具”能依据色彩与清晰状况分辨图像边缘，再配合鼠标移动的轨迹，检测建立选取范围。

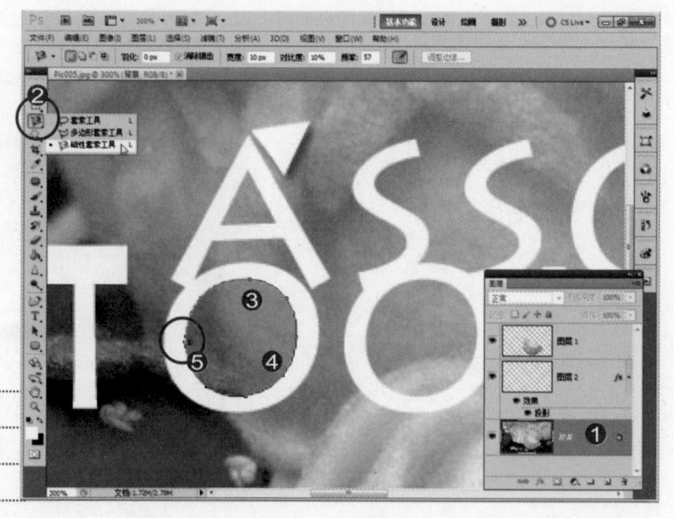

I) 拷贝选区到新图层

1.磁性套索完成的选取范围

2.按Ctrl+J键拷贝选区到新图层

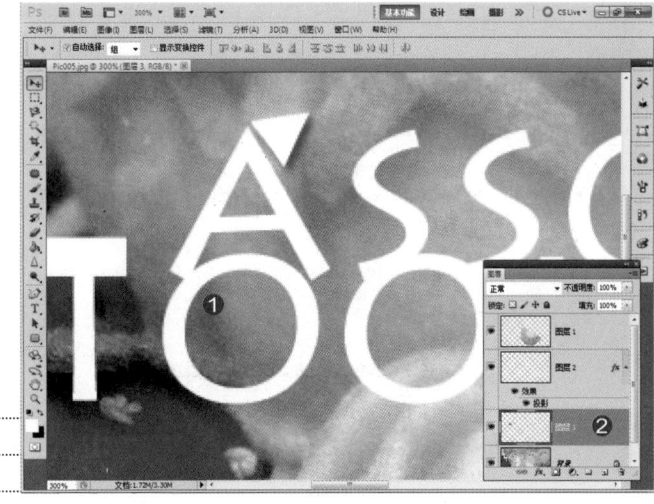

如果边缘不够清晰，色彩不够明确，那"磁性套索"便很难发挥功能。

J) 内阴影

1.单击"图层3"

2.单击"添加图标样式"按钮

3.选择"内阴影"样式

4.降低不透明度为"50"

5.利用鼠标在编辑区拖曳内阴影

6.单击"确定"按钮

还可以直接到编辑区中拖曳内阴影（阴影也可以），同学一定要找时间试试其他的图层样式。

羽化选取范围

适用版本：Photoshop CS3/CS4/CS5

“羽化”是“矩形”、“椭圆”、“套索”选取工具都有的选项，主要用于建立边缘模糊选取范围。同学可以在选取范围建立前，先在工具选项“羽化”文本框中输入模糊范围的数值，再建立选取范围，便能在选取范围的周围产生一圈模糊柔化的效果。

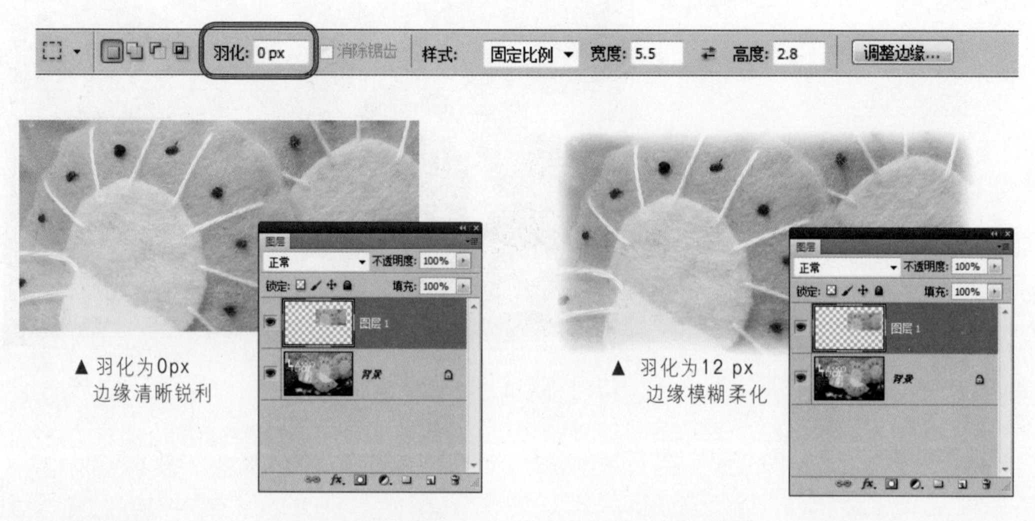

▲ 羽化为0px
边缘清晰锐利

▲ 羽化为12 px
边缘模糊柔化

1.工具选项栏“羽化”为0 （先设置羽化值）

2.建立矩形选取范围 （再建立选取范围）

3.按Ctrl+J键拷贝矩形范围到新图层

1.工具选项栏“羽化”为12

2.建立矩形选取范围

3.按Ctrl+J键拷贝矩形范围到新图层

矩形/椭圆选框工具：固定比例

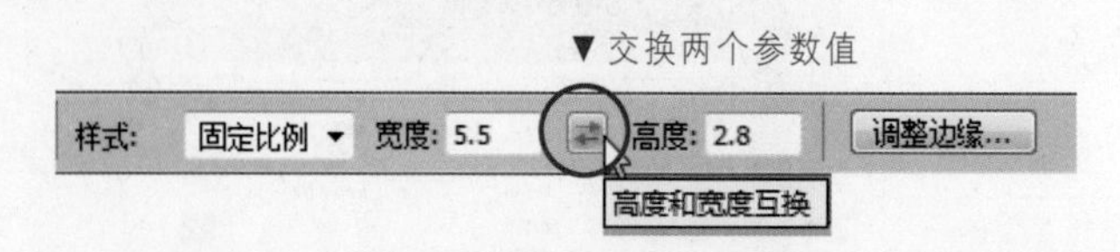

上图两张比例接近的奇异果矩形范围，使用“固定比例”样式来建立。宽度为“5.5公分”，高度为“2.8公分”，宽、高参数确定后，只要单击编辑区，就能建立相同比例的矩形范围。阿桑就能顺利做出如上图般，大小相同的图像了。

羽化命令

菜单）选取/修改/羽化

前面我们练习的是先在工具选项栏指定羽化值，再建立选取范围。这里我们看看选区选好之后，再进行羽化会有什么效果呢。

A）建立套索选取范围

1.单击“套索工具”

2.羽化为“0px”

3.拖曳拉出选取范围

建立选取范围前，工具选项栏上的羽化数值为“0px”。现在完全没有羽化值的选取范围已经建立好了，我们来设置羽化。

B）建立羽化

快捷键）Shift+F6

1.菜单“选择”

2.选择“修改”

3.执行“羽化”命令

4.羽化半径为“10”像素

5.单击“确定”按钮

就这样，先建立选取范围，再指定羽化范围。这个方式比较好，阿桑也喜欢选取之后再指定羽化值。

快捷键）W

魔棒工具

适用版本：Photoshop CS3/CS4/CS5

“魔棒工具”是Photoshop软件中最受欢迎的工具。但是，自从CS3版本添加了“快速选择工具”之后，也有同学找不到魔棒工具或找错位置，这是什么原因呢？一起来看看。

小猪是商品摄影时同学带来的，模样很可爱。阿桑谢谢同学带来的小商品与玩偶，让杨比比有更多写作素材，谢谢大家。

TIPS 工具使用重点

颜色差异性越大　越容易选取

魔棒工具是依据图像颜色相似性来进行选择，颜色差异性越大，选取越精确。

接下来的练习，我们会以魔棒工具选项栏中的“容差”设置为主。这是重点工具，同学必须反复练习，并且搭配相关的选取命令，同学加油。

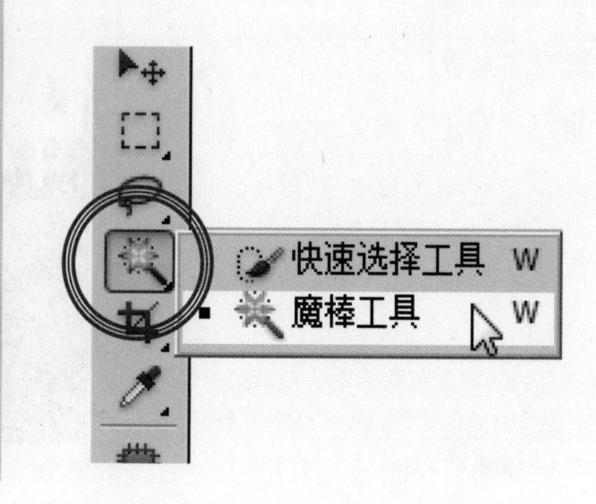

参考范例 素材和结果源文件\第3章\Pic006.JPG
素材和结果源文件\第3章\Pic006_OK.PSD

A) 查看图像内容

范例文件打开之后，直觉反应是“照片看起来很暗”。

1.按F7键打开图层面板

2.打开“直方图”

3.亮部没有像素

通过直方图进行验证后，是图片太暗，一起来提高亮度。

▲ 面板位置：菜单“窗口/直方图”

B) 色阶 快捷键）Ctrl+L

1.菜单“图像”

2.选择“调整”

3.执行“色阶”命令

4.弹出“色阶”对话框

“色阶”对话框内的直方图与前一个直方图面板中显示的内容相同，小猪照片在“亮部”没有像素，同学们一起来调整亮部控制钮吧。

C) 提高图像亮度

1.向左拖曳调整“亮部”

2.小猪图像提高亮度

试着向左拖曳亮度控制钮，小猪亮度会逐渐提高。同学先别着急单击“确定”按钮，阿桑还想多讲一点有关色阶的明暗控制。

对话框中“取消”/“重设”是同一个按钮喔

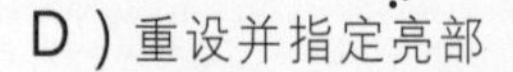

D) 重设并指定亮部

1.按下键盘上“Alt”键，色阶对话框上的“取消”按钮，更改为“复位”。
2.单击“亮部”吸管
3.单击小猪背景指定亮部

Photoshop中所有的对话框“取消”与“复位”是同一个按钮，以“Alt”键来进行切换，很重要喔。

E) 指定暗部

1.单击“暗部”吸管

2.单击小猪鼻孔指定暗部

经过一番调整，小猪看起来是粉嫩透红，模样可爱极了。

F) 魔棒工具

快捷键）W

1.单击“魔棒工具”

2.选择“新选区”模式

3.容差为“1”

4.勾选“连续”选项

5.单击小猪肚皮

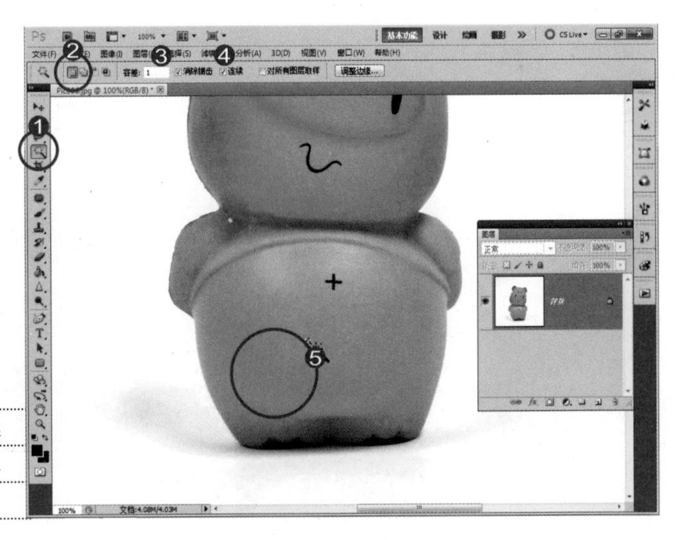

“容差”表示选取颜色接近的程度，数值越小颜色越接近。容差为“1”，几乎与魔棒单击位置的颜色相同。

G) 重新选取

1.菜单“选择”

2.执行“取消选择” 快捷键）Ctrl+D

3.继续使用“魔棒工具”

4.容差为“10”

5.单击小猪肚皮

提高“容差”后，选取的范围增加。由于我们仍然限制颜色，必须勾选“连续”才能纳入选取范围，所以能选的区域还是有限的。

H) 增加容差

1.按Ctrl+D键取消选择

2.容差为“50”

3.单击小猪肚皮

“容差”选项提供颜色相近的范围值。数值越大，对颜色的相似度限制越宽，能选的范围也变大。可是，现在的选取范围还是限于“连续”色彩范围。

I）放宽选取条件

1.按Ctrl+D键取消选择

2.容差为“80”

3.取消“连续”的勾选

4.单击小猪肚皮

同样以“魔棒工具”单击小猪肚，但是在提高“容差”与取消“连续”的勾选之后，整只小猪几乎都选进来了。

J）选择背景

与小猪相比，背景的颜色单纯多了，我们也可以考虑选取颜色简单的背景。

1.按Ctrl+D键取消选择

2.容差为“80”

3.取消“连续”勾选

4.单击选取背景

单击白色背景之后，连小猪身上的部分区域也被选到了。

K）限制选取范围“连续”

1.按Ctrl+D键取消选择

2.勾选“连续”

3.容差为“80”

4.单击白色背景

这次我们限制选取范围为“连续”，色彩必须连续才能选取，不连续的相似色彩，便可排除在选取范围之外。

L）反向

快捷键）Shift+Ctrl+I

1.菜单“选择”

2.执行“反向”命令

3.选取小猪

我们选到的是背景，但是小猪才是目标。所以，我们将选区进行“反向”，这样，就选到我们要的小猪了。

M) 拷贝选取范围到新图层

1.按Ctrl+J键拷贝小猪到新图层

2.复制到新图层后，小猪周围的选取虚线会自动消失。

只要背景干净、背景与主体色差明显，而且主题聚焦清晰，选取图像还是很轻松的。

N) 记录透明背景

1.单击眼睛图标关闭“背景”图层

2.菜单“文件”

3.执行“存储为”

4.输入文件名称

5.指定文件格式为“PNG”

6.单击“保存”按钮

7.单击“确定”按钮

PNG 支持透明色彩

常用的文件格式中，只有“PNG”与“GIF”支持透明色彩。移除背景后，如果要保留透明背景，并且放在其他软件中使用（例如：PowerPoint）便可以将文件以“PNG”格式保留下来。“PNG”格式能保留完整的图像色彩，而“GIF”格式则会将文件色彩压缩在256色以内。

选取交集范围

适用版本：Photoshop CS3/CS4/CS5

整理一下之前学过的工具，来试试“套索工具”与“魔棒工具”搭配“交叉选取模式”，从指定范围中选取局部图像。

当图像画面色彩丰富时，可以考虑在图像中添加一个半透明的矩形方块，作为文字标示的底色，不仅容易聚焦，也能提高文字的明度。

A) 打开范例文件

1.打开范例Pic007.JPG

2.按F7键打开图层面板

3.双击“抓手工具”

双击抓手工具的作用同学们还记得吧？双击抓手工具，能放大图像到窗口能显示的最大范围。

参考范例 素材和结果源文件\第3章\Pic007.JPG
素材和结果源文件\第3章\Pic007_OK.PSD

B) 查看图像内容

1.单击“套索工具”

2.单击“新选区”模式

3.羽化为“0px”

4.拖曳套索工具框选文字图案

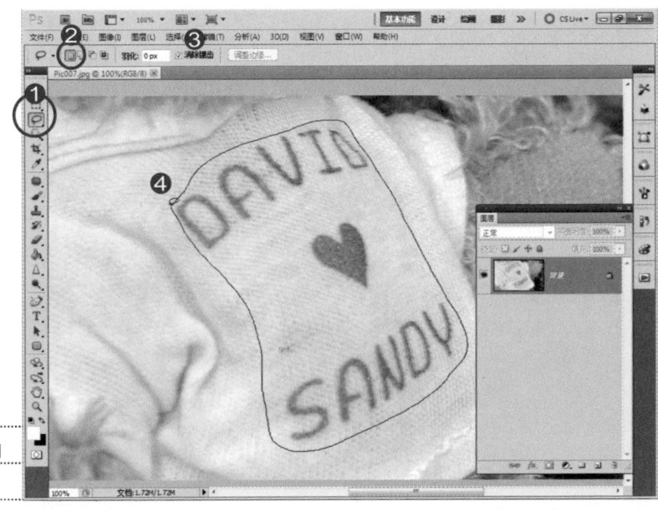

先使用“套索工具”将选取范围限制在胸前的文字图案上。

C) 魔棒工具　　快捷键）W

1.单击“魔棒工具”

2.单击“与选区交叉”模式

3.容差为“50”

4.单击爱心图标

“与选区交叉”模式就是这样用的。从限制范围中选取出指定区域，使用率很高，同学要多多练习。

D) 创建新的填充或调整图层

1.单击“创建新的填充或调整图层”按钮

2.执行“色相/饱和度”命令

在前几个范例中，我们也曾使用“色相/饱和度”命令来修改选取区域的颜色。这里我们换一个方式，改用图层搭配蒙版来修改目前选取范围中的颜色。

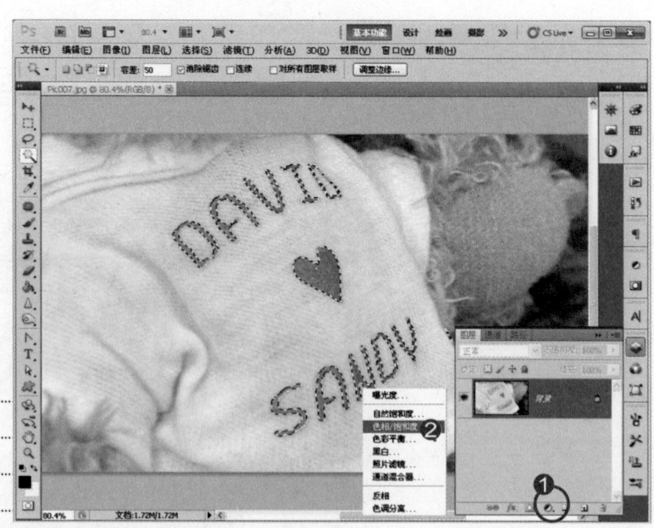

E) 调整色相/饱和度

1.拖曳滑杆改变“色相”

2.选取范围改变颜色

3.拖曳滑杆提高“饱和度”

4.选取范围提高色彩浓度

使用CS3版本的同学们，显示的仍然是“色相/饱和度”对话框，而非右图所见的调整面板。“调整”面板是CS4改版后才新增的，操作方式完全相同，别担心。

F ）新增调整图层

1.按F7键打开图层面板

2.新增“调整”图层

3.双击图层缩览图

4.再次打开“调整”面板

5.仍然保持前一次的调整数据

调整图层的好处在于，完全不更改图像内容，并且能随时回到调整面板中修改相关的数据与参数。

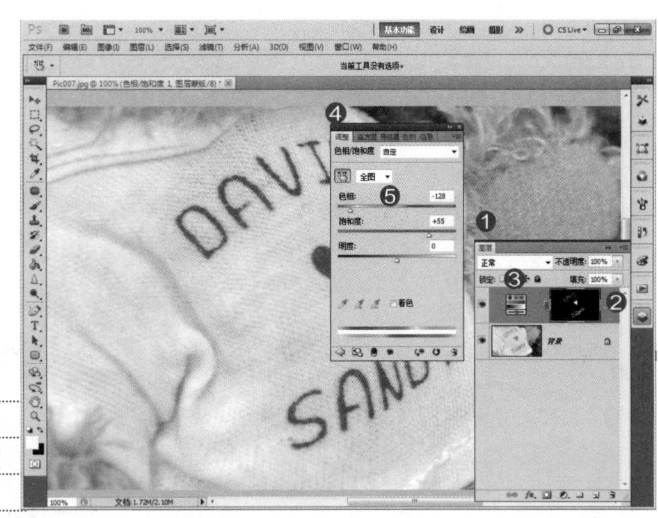

G ）关闭图层蒙版

1.在图层蒙版上单击鼠标右键

2.执行“停用图层蒙版”命令

3.关闭图层蒙版后，“色相/饱和度”的调整状态作用在全图中。

调整图层旁的蒙版，用来控制调整图层的作用仅止于白色区域中，这样讲有些笼统，没关系，我们再来练习一个范例。

调整图层/图层蒙版

适用版本：Photoshop CS3/CS4/CS5

编辑一直提醒阿桑要专心写工具，阿桑不是不专心，而是担心，“调整图层”与“图层蒙版”是Photoshop灵魂功能之一，如果没弄清楚，学再多工具也派不上用场，我们继续。

看到照片中的“橡实”，同学们想到谁了？TOTORO，阿桑特别喜爱片中的爸爸，积极乐观，带着孩子一起玩乐。

A）打开范例文件

1.打开范例Pic008.JPG

2.按F7键打开图层面板

3.双击“缩放工具”

双击“缩放工具”以原图比例100%查看图像内容。

参考范例 素材和结果源文件\第3章\Pic008.JPG
素材和结果源文件\第3章\Pic008_OK.PSD

B）调整图像为灰阶

1.菜单“图像”

2.选择“调整”

3.执行“黑白”命令

4.打开“黑白”面板

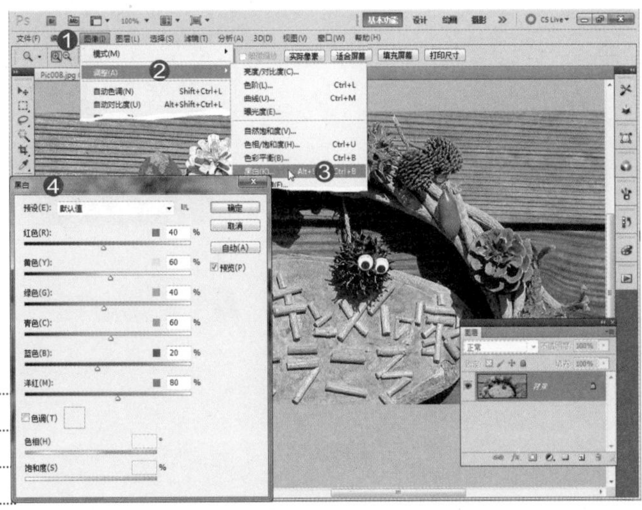

“黑白”命令能将彩色图像转换为不同浓淡的灰阶图像，这是目前最新的灰阶命令，同学可以多多利用。

C）调整灰阶图像

1.拖曳“黄色”滑杆向右调

2.含黄色的图像逐渐变亮

3.单击“确定”按钮

虽然转为灰阶，仍能通过调整“黑白”中各个通道改变灰阶的深浅与层次。

D）恢复命令

1.单击“历史记录”面板按钮

2.打开“历史记录”面板

3.单击恢复到“打开”状态

执行“黑白”命令后，立刻应用到背景图层，改变图像的色调。那如果以后要修改灰阶或想改变为彩色图片，怎么办呢？看下面。

E）新增黑白调整图层

1.按F7键打开图层面板

2.单击“创建新的填充或调整图层”按钮

3.执行“黑白”命令

调整图层菜单，与菜单“图像/调整”内的命令相似，只是调整图层提供了比较大的弹性与修正空间。

F）启动调整面板

1.显示“调整”面板

2.提供相同的黑白选项

3.编辑区中图像变为灰阶

再次提醒使用CS3版本的同学，CS3版本没有“调整”面板，所以这个步骤会看到“黑白”对话框，但操作完全相同。

G）新增调整图层

1.按F7键打开图层面板

2.新增调整图层

由于我们建立调整图层前，没有建立选取范围，所以调整图层右侧的“图层蒙版”显示为白色。白色的图层蒙版没有任何作用，所以调整图层作用在背景图层中。

H）遮掉一点地方

1.单击“图层蒙版”

2.单击“画笔工具”

3.单击默认值按钮

4.前景色为“黑色”

5.打开画笔预设选取器

6.选择笔触

7.调整笔触大小

8.涂抹图像中的橡实

I） 黑色画笔建立蒙版范围

1.单击“图层蒙版”

2.拖曳黑色画笔涂抹

3.图层蒙版上显示黑色

4.随时单击鼠标右键调整笔触大小

黑色就是遮住目前调整图层的作用，像是挖了一个洞，显示出下方背景图层的内容。

J）黑色蒙版范围

1.使用黑色画笔继续涂抹

2.图层蒙版同步显示蒙版区

白色图层蒙版，能完全显示调整图层的调整状态；黑色图层蒙版，则完全遮住调整图层。

K）白色画笔

1.单击“切换前景色和背景色”按钮

2.前景色为“白色”

3.拖曳涂抹擦拭黑色范围

白色显示调整图层内容；黑色遮住调整图层内容。加入调整图层后，如果觉得调色状态不理想，可直接拖曳调整图层缩览图到“垃圾桶”上删除。

快捷键）W

快速选择工具

适用版本：Photoshop CS3/CS4/CS5

Photoshop CS3新增的“快速选择工具”刚推出时，很多人推测“魔棒工具”会被打入冷宫。其实不然，“快速选择工具”虽然能迅速检测图像边缘，但是对于色彩范围的掌握程度，“魔棒工具”还是技高一筹。

装饰在院子中的两只陶土青蛙，脸上满是刻痕。皮蛋妹在一旁补充着“青蛙，两栖类，幼时用鳃，长大用肺，体外受精”……谁家的女儿呀？太理性，好煞风景呀。

TIPs 工具使用重点

“快速选择工具”可以搭配以下功能键：

Shift键：增加选取范围

Alt键：减少选取范围

Ctrl键：剪下选取范围

快速选择工具是以画笔方式描绘图像，并通过某种逻辑不明的方式检测图像边缘。同学别觉得阿桑写的不负责任，快速选择工具的确如此，试过就知道。

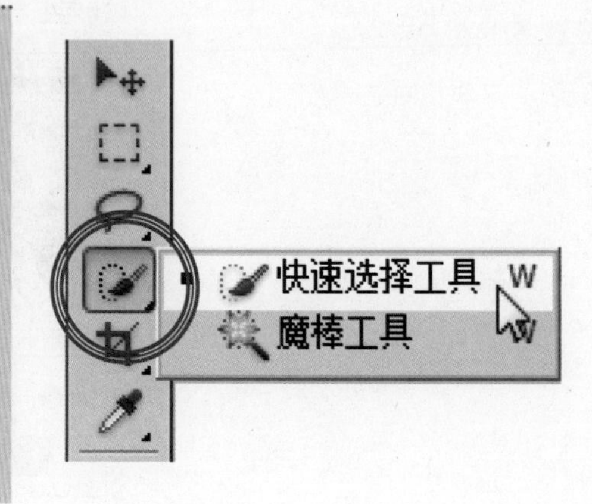

参考范例 素材和结果源文件\第3章\Pic009.JPG
素材和结果源文件\第3章\Pic009_OK.PSD

A）快速选择工具 快捷键）W

1.按F7键打开图层面板

2.单击“快速选择工具”

3.单击“添加到选区”模式

4.打开画笔选取器

5.调整笔触大小为“80px”

Windows操作系统一直更新很快，对于手写与笔触的需求更多了，建议同学们添购一个绘图板，对于后续修图有很大的帮助。

B）建立选取范围

1.单击蛙眼

2.建立选取范围

就这样莫名其妙地立刻抓到小青蛙的眼睛，连两条笑眯眯的眼线都选到了，看起来不像是以颜色为识别范围，有点摸不着头绪，这就是“快速选择工具”。

C）检测选取范围

1.向下拖曳

2.选中青蛙

3.按Ctrl+J键拷贝到新图层

按Ctrl+J键将选取范围拷贝到新图层。

D）原来直接复制不是好方法

1.单击眼睛图标关闭“背景”图层

2.编辑区仅剩孤伶伶的青蛙

3.单击“历史记录”面板

4.恢复到“打开”状态

“图层1”上的蛙眼旁多了一块黑色，用橡皮擦工具将其擦拭，但是嘴边少了一小块，需要从背景补起来。这太麻烦了，我们换一招。

E）复制图层

1.拖曳“背景”图层

2.到“创建新图层”按钮上

3.复制出相同的图层

创建选区、移除背景，图层蒙版是最好的方式。由于“背景”图层不能建立“图层蒙版”，所以我们需要先复制一层。

F）快速选择工具 快捷键）W

1.单击新增“背景副本”图层

2.单击“快速选择工具”

3.从上向下拖曳

4.建立选区

“快速选择工具”的笔触大小与拖曳路径都相同，但是这次选取区域与前一次有点不同，我们修改一下。

G）减去多余的区域

1.单击“从选区减去”模式

2.单击多余的选取范围

阿桑知道有些地方不够细致，但是“精细”不属于“快速选择工具”的管辖区，我们需要靠“图层蒙版”来进行细部调整。

H）选取范围转为图层蒙版

1.单击“添加图层蒙版”按钮

2.选取范围转为图层蒙版

图层蒙版中“白色”为选取区域，“黑色”为遮盖区域。因为有背景图层的影响，同学们看不清楚，我们继续。

I）关闭背景图层

1.单击眼睛图标关闭背景图层

2.灰白方格显示透明区域

其实目前图层中并不是只有一只青蛙，而是完整的一张图片，只是我们以黑色遮住了一部分，现在只要适度地运用黑、白画笔，便能增/减图像显示的范围。

J）增/减图层蒙版范围

1.单击图层蒙版

2.单击“画笔工具”

3.调整笔触大小

前景色：白色增加显示范围

前景色：黑色减少显示范围

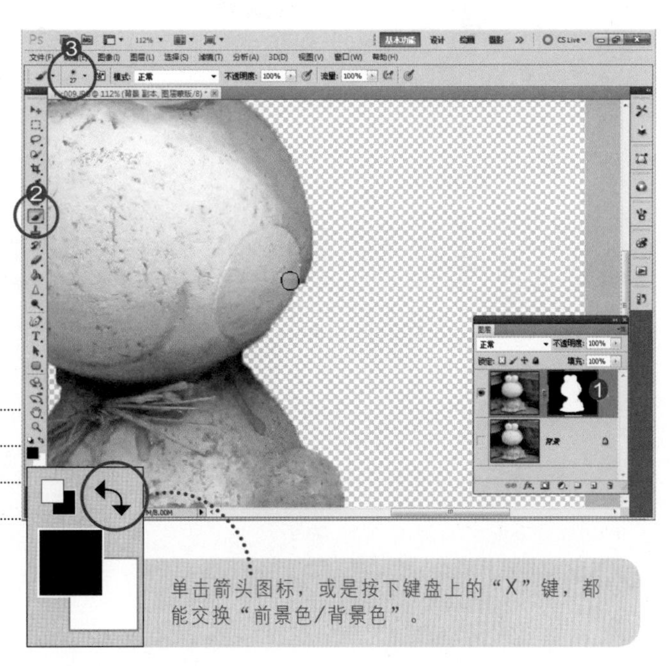

工具箱中的“前景色/背景色”可以使用快捷键“X”来进行切换，这在我们增/减图层蒙版时非常好用，大家试试。

选取范围调整命令

适用版本：Photoshop CS3/CS4/CS5

下面五个练习，虽然简略了图标，但是经过前面多个范例的练习，相信同学们可以掌握工具用法，并了解命令位置。现在，请同学们先打开范例文件，依据下图的指示，逐一建立选取范围，并通过选取修改命令，调整选取区域。

执行以下命令前，必须先使用选取工具建立选取范围

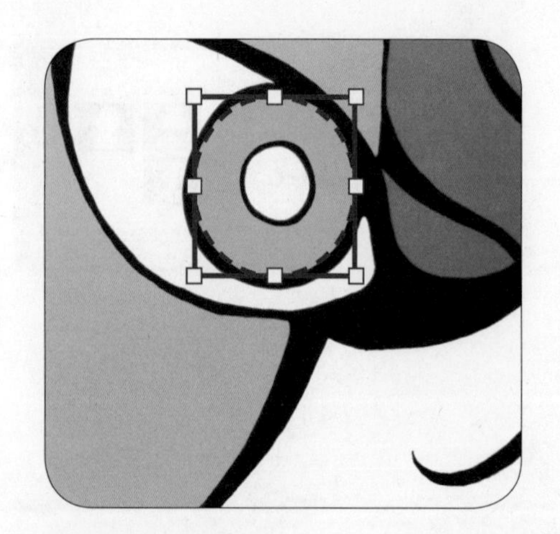

变换选区

命令位置：选择/变换选区

打开范例文件后，同学可以使用“椭圆选框工具”建立如上图选区。

当选取范围不符合需求时，可执行：

1.菜单“选择”

2.执行“变换选区”命令

3.拖曳控制点调整选取范围

4.Ctrl键+拖曳控制点可扭曲变形

5.完成后单击选项栏上的“✓”按钮

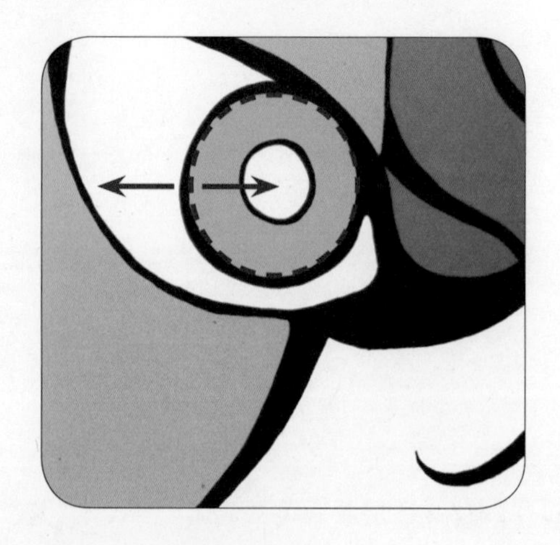

扩展/收缩选区

命令位置：选择/修改/扩展/收缩

当选取范围需要向内收缩或是向外扩展时，可执行：

1.菜单“选取/修改”

2.执行“收缩”或“扩展”命令

3.对话框中输入调整像素值

参考范例 素材和结果源文件\第3章\Pic010.JPG
素材和结果源文件\第3章\Pic011.JPG

下图拍摄地点为文化大学城区部中庭公共艺术，同学们有时间可以去逛逛。

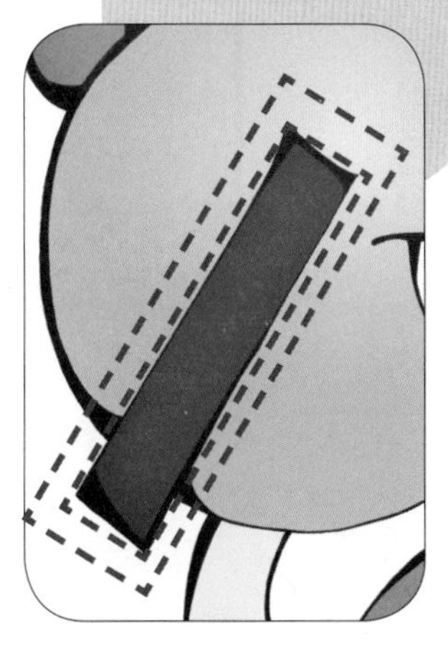

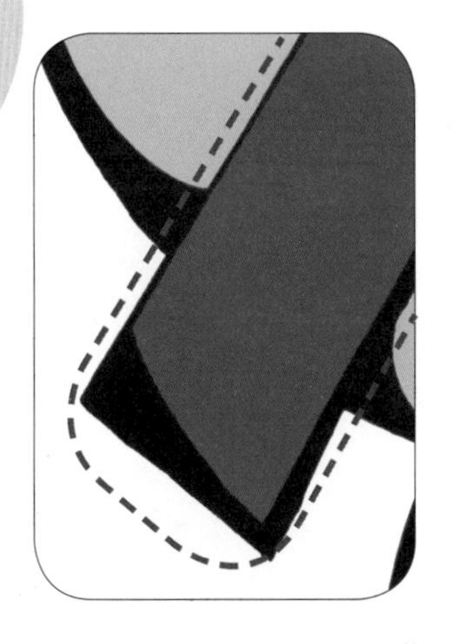

边界选区

命令位置：选择/修改/边界

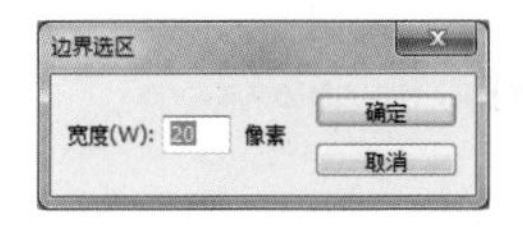

以当前的选取范围为中心，向内外增加宽度：

1.菜单“选择/修改”

2.执行“边界”命令

3.在对话框中输入宽度值

平滑选区

命令位置：选择/修改/平滑

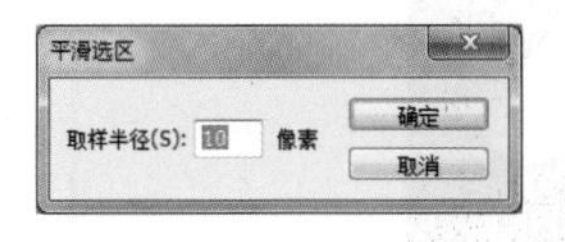

将当前选取范围的直角转为平滑圆角：

1.菜单“选择/修改”

2.执行“平滑”命令

3.在对话框中输入取样半径值

羽化选区

命令位置：选择/修改/羽化

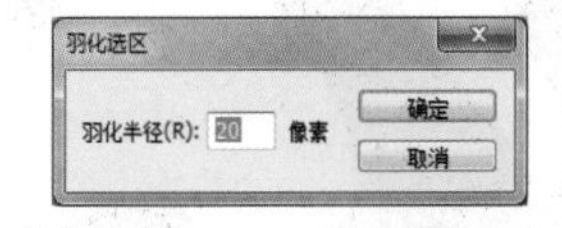

柔化或模糊当前选取范围的边界：

1.菜单“选择/修改”

2.执行“羽化”命令

3.在对话框中输入羽化半径值

调整边缘

适用版本：Photoshop CS3/CS4/CS5

Photoshop CS3在所有的选取工具选项栏上增加了一个“调整边缘”按钮。两年过去了，使用率几乎为零，难用吗？也不是，因为“调整边缘”命令，只是将“扩展”、“收缩”、“平滑”、“羽化”等修改边缘的命令整合在一起，对于用惯了旧命令的老用户而言，没有新意，也就减少了使用的意愿。

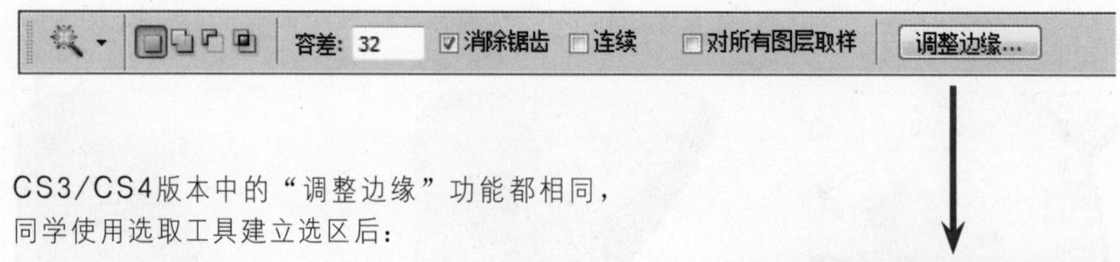

CS3/CS4版本中的“调整边缘”功能都相同，同学使用选取工具建立选区后：

1.单击工具选项栏上的“调整边缘”按钮

2.选择调整边缘查看模式

3.调整“对比度”

4.提高“半径”值以增加边缘清晰度

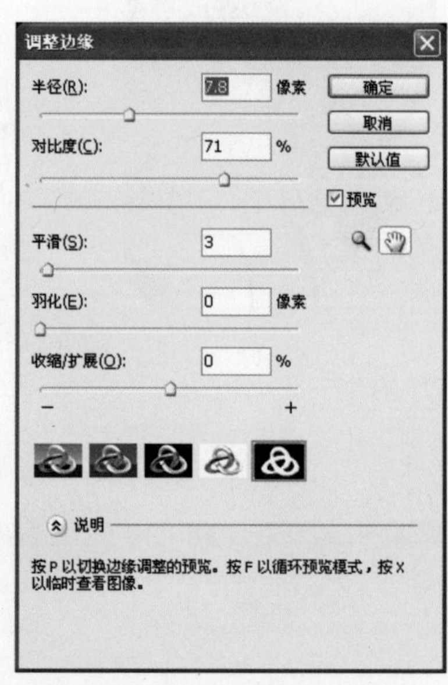

▲ 此为CS3/CS4的“调整边缘”对话框

对比度

“调整边缘”对话框内的“对比度”，主要用于加强选取边缘的清晰度，可移除选取区域中细小的杂色。这项功能对以“魔棒工具”或“快速选择工具”所建立的范围，极为有帮助。一起来看看完整的练习。

参考范例 素材和结果源文件\第3章\Pic012.PSD
素材和结果源文件\第3章\Pic012_OK.PSD

A）载入选区

1.打开“通道”面板

2.Ctrl键+单击Alpha1通道

3.载入选区

为了能顺利记录选取范围，阿桑特地将文件以PSD格式存储。PSD格式能保留记录在“通道”中的选取范围，方便我们重复加载，编辑选取区域。

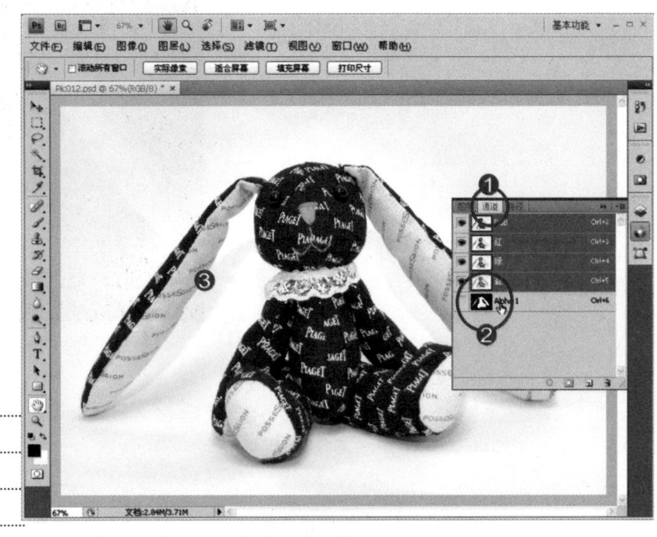

▲ 通道启动位置：菜单“窗口/通道”

B）调整边缘

1.单击任意一款选取工具

2.单击选项栏上“调整边缘”

3.打开“调整边缘”对话框

使用CS5版本的同学可以略过“调整边缘”的过程。阿桑会另外设计范例，对CS5版本的“调整边缘”进行说明。

C) 调整边缘清晰度

1.指定预览方式

2.拖曳滑杆调整“半径”

3.拖曳滑杆提高“对比度”

4.小兔子少了一些白边

5.单击“确定”按钮

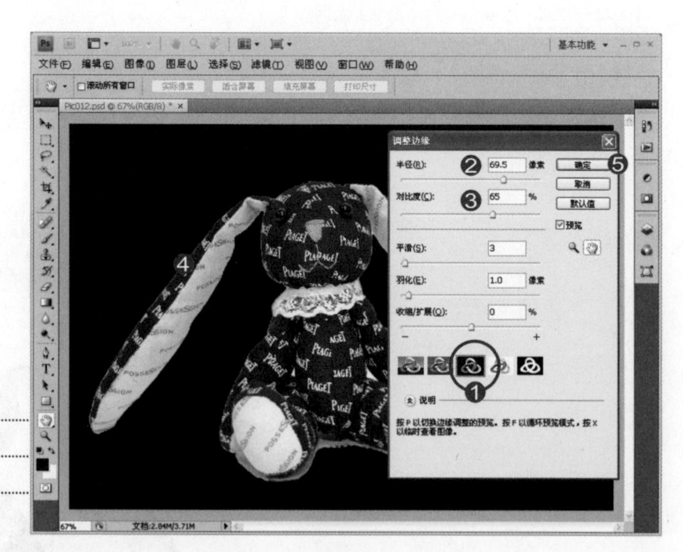

调整的效果并不明显，所以“调整边缘”的使用率并不高。但是到了CS5就不一样了。

D) 观察选取范围

其实学软件，还是要一步步跟着步骤来，全画面显示，搭配文字解说，才能学得会，看得懂。希望同学都喜欢阿桑的教学方式。

来看一下选取范围，选得并不好（阿桑故意的），如右耳、脚边的阴影区，都不够细致。没关系，我们再来学一招。

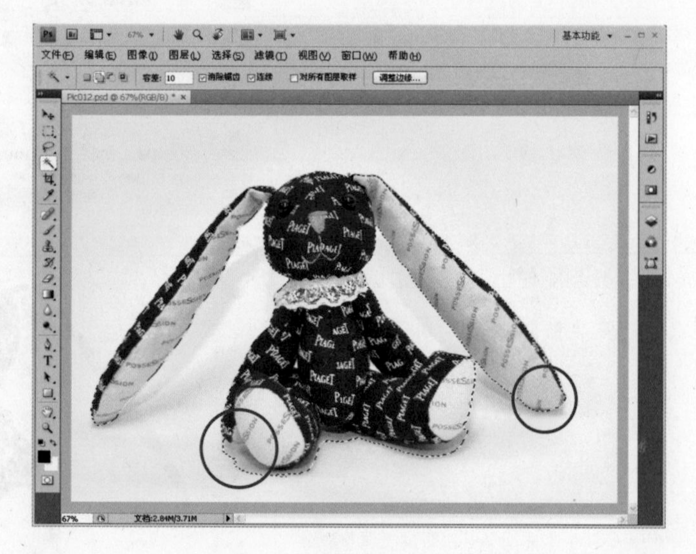

E ）启动快速蒙版模式 快捷键）Q

1.单击“以快蒙版模式编辑”按钮

2.单击“画笔工具”

3.指定笔触大小

4.拖曳画笔增/减蒙版范围

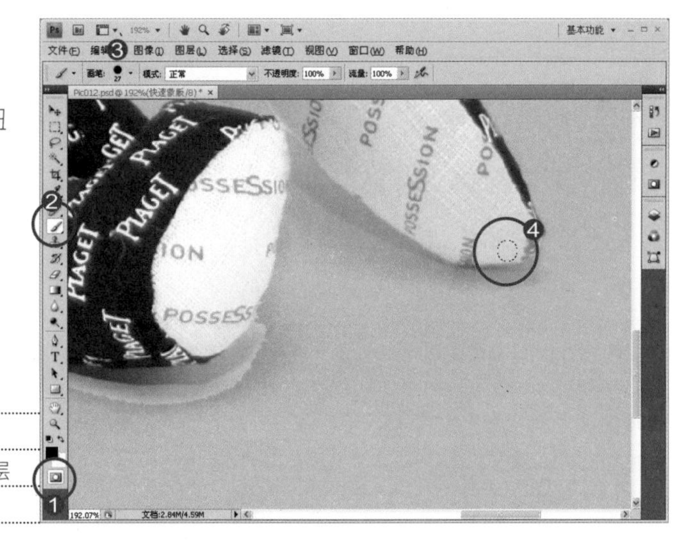

前景色为“黑”：拖曳画笔涂抹蒙版区

前景色为“白”：拖曳画笔减少蒙版区

快速蒙版模式选取范围的增/减方式与“图层蒙版”相同，应该很容易理解。

F ）结束快速蒙版模式 快捷键）Q

1.单击“以标准模式编辑”按钮

2.关闭蒙版回到编辑状态

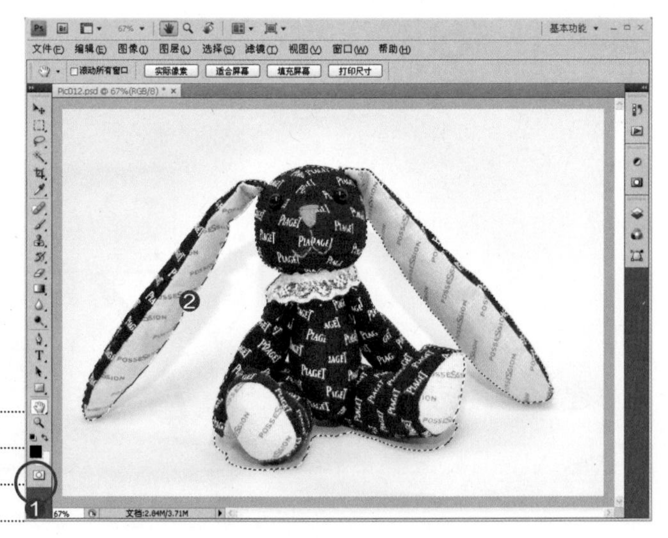

快速蒙版以“画笔工具”来增/减蒙版范围。虽然我们还没正式进入画笔工具的说明，但是相信同学可以感受到，画笔对于建立精细的选取范围是非常重要的工具。

G）存储选区

1.打开“通道”面板

2.单击“将选区存储为通道”按钮

3.新增Alpha2

色版会自动以Alpha1、2、3……来定义存储的选取范围。同学可以双击“Alpha2”修改存储范围的名称。

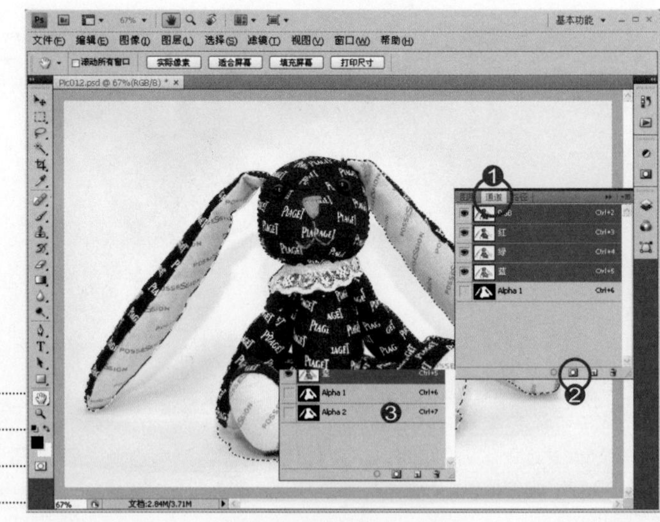

▲ 色版启动位置：菜单“窗口/色版”

H）改变背景图层属性

1.双击“背景”图层

2.显示“新建图层”对话框

3.单击“确定”按钮

现在需要移除背景，并且以PNG格式放置在PowerPoint简报文件中。“背景”图层不能删除图像，所以我们将“背景”图层转换为一般图层。

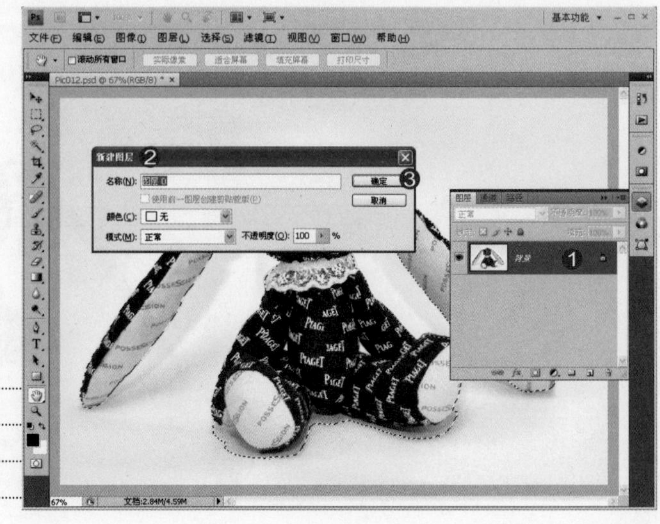

I) 删除选区

1.转换为一般图层“图层0”

2.按下键盘上“Del”键删除

3.删错了

4.单击“历史记录”面板

5.恢复删除命令

删错范围的情况常常发生，同学不用放在心上，反正有“历史记录”面板，动作出错，可以随时恢复。

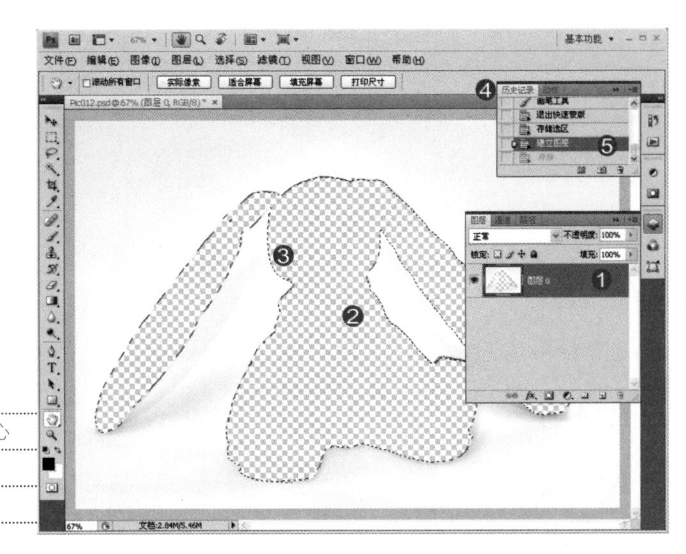

J) 反向选区

1.菜单“选择”

2.执行“反向”命令

3.按下键盘上“Del”键

4.删除背景

为了保留“通道”中的选取范围，请同学存储一份PSD格式。另外再存储一份能记录透明背景的PNG格式以供其他工具软件使用。

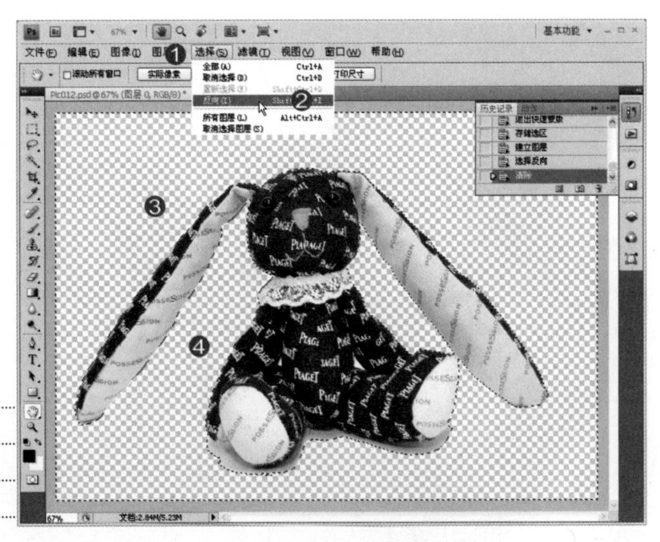

CS5 专用

调整边缘

适用版本：CS5

在进行移除背景的操作中，最麻烦的就是“毛发”，即使背景干净，对焦清晰，要撷取出一根根清楚的发丝，还是要运用通道、对比度、创建图层蒙版等，非常繁锁。如果不想这么麻烦，那就跟阿桑一起动手吧。

参考范例 素材和结果源文件\第3章\Pic013.PSD
素材和结果源文件\第3章\Pic013_OK.PSD

A) 复制背景图层

1.双击“抓手工具”

2.按F7键打开图层面板

3.拖曳背景图层

4.到“创建新图层”按钮上

5.复制出副本图层

白色背景、聚焦清晰，所有的前制工作，都尽量在拍摄时处理好。接下来，就看CS5发挥作用了。

B) 填充图案到背景图层

1.单击眼睛图标关闭背景副本层

2.单击“背景”图层

3.菜单“编辑”

4.执行“填充”命令

5.使用为“图案”

6.单击自定图案

7.选择图案

8.单击“确定”按钮

C）完成图案填充动作

1.图案填充“背景”图层

2.单击眼睛图标打开“背景副本”层

为了让同学们看得清楚，阿桑特意选择了一个颜色比较深的图案，填充“背景”图层，方便我们识别去背后的状态。

D）魔棒工具 快捷键）W

1.单击“背景副本”图层

2.单击“魔棒工具” 快捷键）W

3.单击“添加到选区”模式

4.容差为“30”

5.勾选“连续”选项

6.单击白色背景

7.还有部分区域没选到

8.这里选的太多

E）增加选取范围

1.使用“缩放工具”放大图像

2.单击“魔棒工具”

3.选取“添加到选区”模式

4.降低容差为“10”

5.勾选“连续”选项

6.单击白色背景

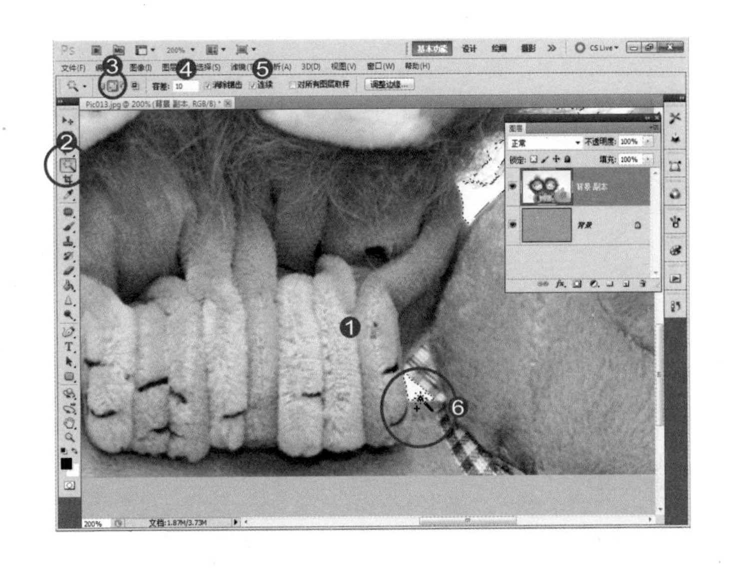

F）减少选取范围

1.双击“抓手工具”

2.继续单击“魔棒工具”

3.选取“从选区中减去”模式

4.容差为“10”

5.勾选“连续”

6.单击灰色标签

G）观察选取范围

对于CS3/CS4来说，通过“魔棒工具”加减选取范围后，应该就是这样了。

“阿桑，还有图层蒙版”。对，以前都是通过图层蒙版一根根挑选毛发的。

CS5终于露出一线曙光，同学们看下面。

H）调整边缘

1.魔棒工具选项栏

2.单击“调整边缘”按钮

3.显示调整边缘模式

4.单击“取消”按钮

现在的选取范围是“白色背景”，先退出，再进行反向。

I）反向选区 快捷键）Shift+Ctrl+I

1.菜单“选择”

2.执行“反向”命令

3.选取狮子

展示错误的步骤，除了有提醒的作用外，还能让大家看到，像阿桑这样的老用户都会犯错，心里应该很平衡吧。

J）重新启动调整边缘

1.单击任何一款选取工具

2.单击“调整边缘”按钮

3.弹出“调整边缘”对话框

现在可以仔细的观察“调整边缘”对话框，实与CS3/CS4有很大的不同，增加了“边缘检测”与“输出”控制。

K）设置调整边缘参数

1.调整“视图”为黑底

2.勾选“智能半径”选项

3.勾选“净化颜色”选项

4.调整净化数量为“72%”

5.指定输出到新建带有图层蒙版的新图层中

6.调整边缘检测画笔的大小

L）建立检测范围

1.拖曳检测画笔涂抹鬃毛

2.随时可以调整画笔大小

先涂抹一小块鬃毛与白色背景共同存在的区域，释放鼠标左键。

M）继续检测边缘

1.使用检测画笔涂抹鬃毛

2.非常干净的鬃毛

注意，“调整边缘”对话框还是存在于目前窗口中的，阿桑为了让同学将注意力集中在狮子的鬃毛上，所以刻意将“调整边缘”对话框移开。

N）检测结束

1.使用检测画笔处理完毕

2.提高净化颜色数量为“100%”

3.单击“确定”按钮

“调整边缘”对话框左侧提供了“缩放”与“抓手”工具，可随时调整查看范围。查看范围调整完成后，记得再次单击“检测画笔”按钮，继续进行检测。

O) 去背完毕

1.新增含图层蒙版的新图层

2.原有图层被关闭

3.编辑区显示调整边缘后结果

效果不错吧，相信所有的Photoshop用户，会为了这个检测功能更新版本。

P) 删除多余图层

1.拖曳“背景副本”图层

2.到“垃圾桶”按钮上

3.目前图层状态

同学可以选择关闭“背景”图层，将文件以支持透明色彩的PNG格式存储下来，或者以PSD格式保留完整图层内容，方便下次再进行编辑。

恶补课程·选取功能

适用版本：CS3/CS4/CS5

选取工具终于结束了（挥汗），还记得阿桑所讲的内容吗？同学们都记住了吗？这里我们将相关的快捷键整理一下，方便同学记忆。

选择(S)
全部(A) Ctrl+A
取消选择(D) Ctrl+D
重新选择(E) Shift+Ctrl+D
反向(I) Shift+Ctrl+I
所有图层(L) Alt+Ctrl+A
取消选择图层(S)
相似图层(Y)
色彩范围(C)...
调整边缘(F)... Alt+Ctrl+R
修改(M)
扩大选取(G)
选取相似(R)
变换选区(T)
在快速蒙版模式下编辑(Q)
载入选区(O)...
存储选区(V)...

除了选取工具之外，所有的选择功能都放在菜单“选择”中。菜单中有些命令是我们常用的，如“取消选择”命令，也有几个则从来没用过。

其实“选择”菜单中的功能，多数都被工具选项栏中的选项代替了，如“相似图层”与“选取相近”就相当于“魔棒工具”选项栏上“连续”功能。

另外，选取范围的存储也很重要，同学还记得吧。选取范围的存储与载入都可以在“通道”面板中完成，不一定利用“选择”菜单来执行。

命令名称	菜单	快捷键	命令作用
选择全部	选择	Ctrl+A	选择编辑区中所有的图像范围
取消选择	选择	Ctrl+D	取消目前的选取范围
反向	选择	Shift+Ctrl+I	反向目前的选取范围
调整选取范围	选择	无	通过控制框调整选取范围 Ctrl键+拖曳控制框：扭曲调整变换范围
自由变换	编辑	Ctrl+T	Ctrl+T键变换当前图层中的图像大小

第4章
CS5
CS4
CS3

04 修饰美化工具

昨晚，无意间在Youtube中发现姜育恒与梁弘志的歌曲，温柔的歌声中传达出词曲内敛深刻的意境，多年后还是打动阿桑的心……

皮妹靠过来："这是谁？"

"姜育恒如何？很棒吧！"阿桑脸上满是得意的表情

皮妹盯了画面几分钟……

"你知道周杰伦出新专辑了吗？很好听喔……"

同学，阿桑好歹也陪着大家学习Photoshop一段日子，帮忙讲讲话吧！姜育恒、梁弘志，同学们还记得"驿动的心"吗？开始那一段苍凉的口琴……不会吧！大家怎么一脸茫然，没听过姜育恒、梁弘志吗？那……当我没说，不好意思，我们上课吧。

修饰工具整理

适用版本：Photoshop CS3/CS4/CS5

本章要学习的工具不少，我们还是先来看个大概，了解这些工具的作用，才容易找到方向。Photoshop中的工具多，命令杂，就靠一两个工具，很难完成一份设计，所以阿桑才挖空心思，设计不同的范例，让同学们从范例中练习工具、命令、滤镜与图层。同学们要加油。

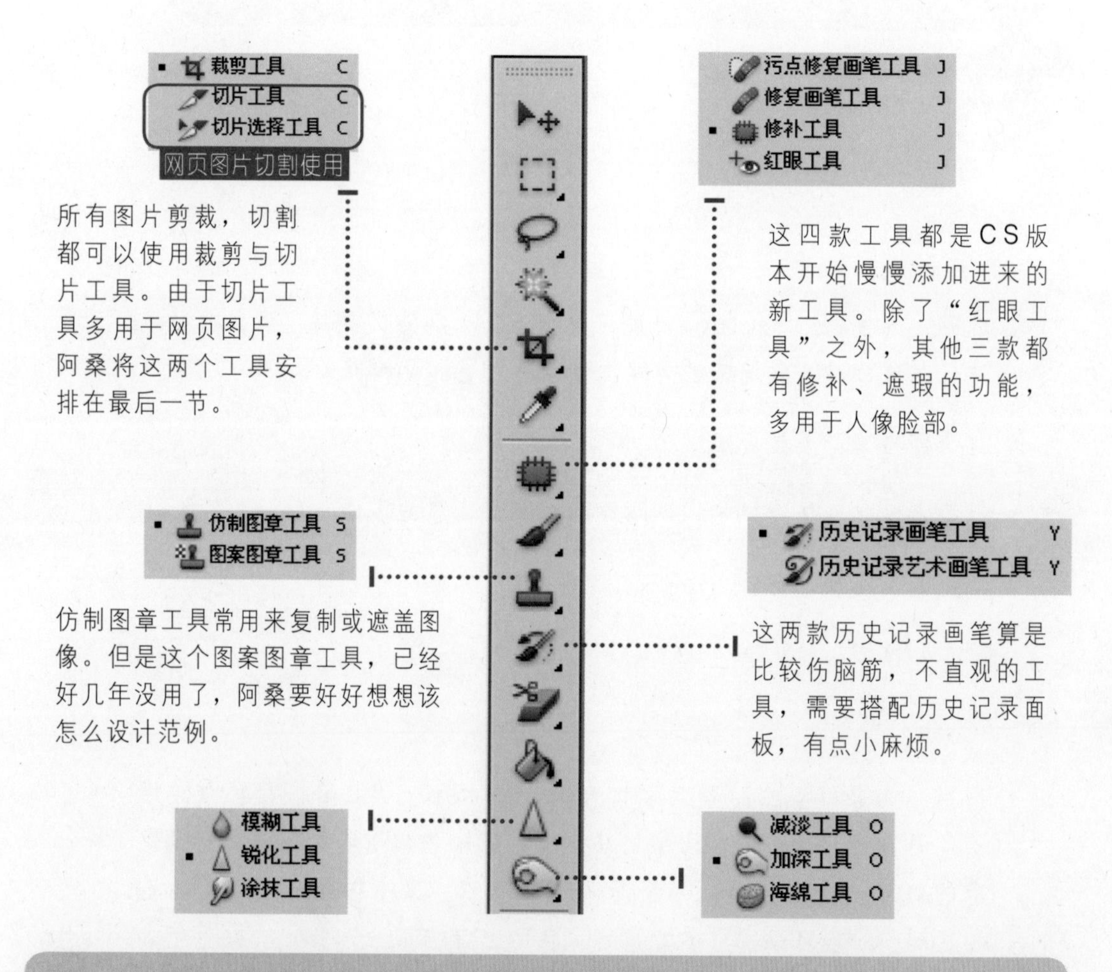

模糊、锐化、涂抹、减淡、加深及海绵这六项工具，通过名称就很容易了解其用途，看不懂的应该只有“海绵工具”，这是用来增加与减少图像色彩饱和度的工具。这六款都是简单又容易上手的工具，多数用来进行图像局部，也就是小范围的修改。

为什么要修饰图像

很多摄影高手，保持照片原貌，不对其进行修改。其实早在底片时代就开始修片了，除了路边拍摄大头照的机器不修片之外，每一个摄影师在照片冲洗前都会在底片上涂涂抹抹，就是希望让观赏者开心。

原图

使用“锐化工具”将眼睛调整清晰。鼻头有一根看起来好痒的棉絮，运用“仿制图章工具”与“修补工具”将鼻子上的棉清除干净。现在小熊看起来清爽多了吧。

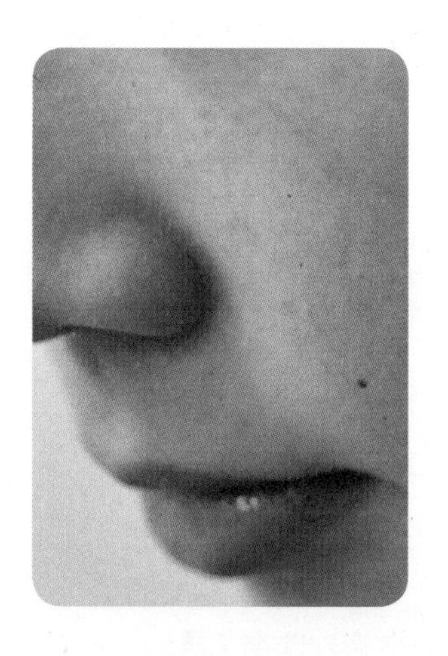

脸上的斑点、Lucy的红眼（阿桑已经修补了一个以免太恐怖）、淡水河口的照片，都可以通过修饰工具，逐步去除、修复、裁切。同学们准备好，我们就开工了。

快捷键）C

裁剪工具

适用版本：Photoshop CS3/CS4/CS5

随着图像内容与处理方式的不断变化，“裁剪工具”也从以往的简单剪裁，逐渐晋升到能协助我们重新进行图像的构图。最值得一提的是，CS5 版本终于在“裁剪工具”选项栏中加入了摄影三分法的构图线。

每次写书，牛麻（阿桑的好朋友）总是热心肠的送上照片。牛麻拍照属于乱枪打鸟那一类，从不按常理出牌，拍的很乱，嘿嘿。最爱牛麻的照片，编修的空间很大。

TIPS 工具使用重点

裁剪工具主要是对图像剪裁与构图

剪裁指定的冲印尺寸（如6"x4"）

剪裁成矩形的图像范围

剪裁透视角度的图像范围

以往裁切图像时，只能肉眼进行构图切分判断。现在，CS5版本增加三等分构图线，让“裁剪工具”变得更好用。阿桑建议大家将软件升级到CS5。

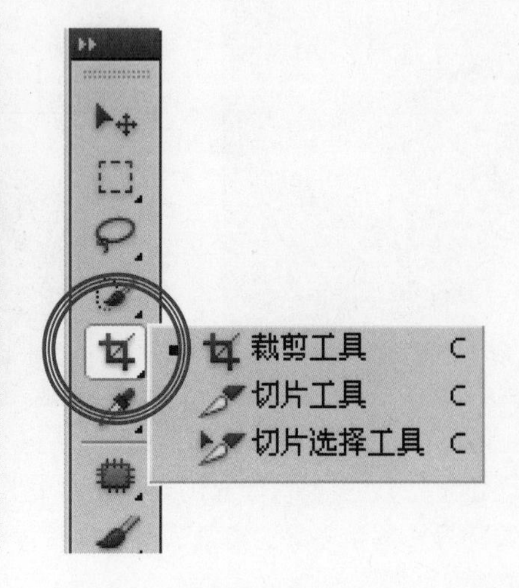

参考范例 素材和结果源文件\Chapter4\Pic001.JPG
素材和结果源文件\第4章\Pic001_OK.JPG

A）放大镜

快捷键）Z

1.打开范例文件Pic001.JPG

2.按F7键打开图层面板

3.JPG格式只有背景图层

4.双击“缩放工具”

5.原图显示为100%

在“缩放工具”状态下，按住键盘上的“空格键”不放，能立即切换到“抓手工具”拖曳查看图像。

B）文件简介

1.菜单“文件”

2.执行“文件简介”命令

相机的ISO（感光度）值高，能在较暗的环境中感受光线。但是，高ISO的代价就是目前看到的颗粒与杂点。现在让我们一起通过“文件简介”命令，了解拍摄当时的相机设置与相关参数。

C）查看照片拍摄信息

1.打开Pic001.JPG文件简介

2.单击“相机数据”标签

3.拍摄时间为19:21

4.ISO感光度为1000

5.单击“确定”按钮

首先，闪光灯没打开，（户外开闪光灯也没用），所以ISO感光度调到1000后，图像产生杂点。

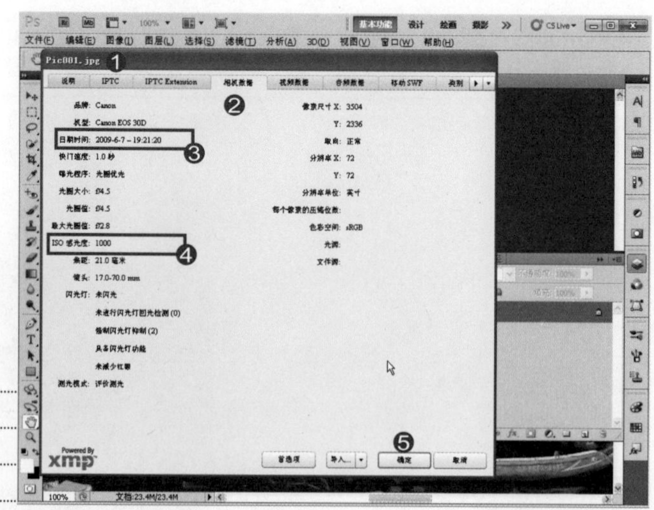

D）移除图像杂点

1.菜单“滤镜”

2.选择“杂色”

3.执行“减少杂色”命令

高ISO所产生的杂点有两种，一种为彩色杂点，一种为明度杂点（就是灰色的杂点），利用“减少杂色”滤镜可以去掉一些杂点。

E) 减少杂色

1.拖曳预览区查看杂点

2.减少杂色为“100%”

3.单击“确定”按钮

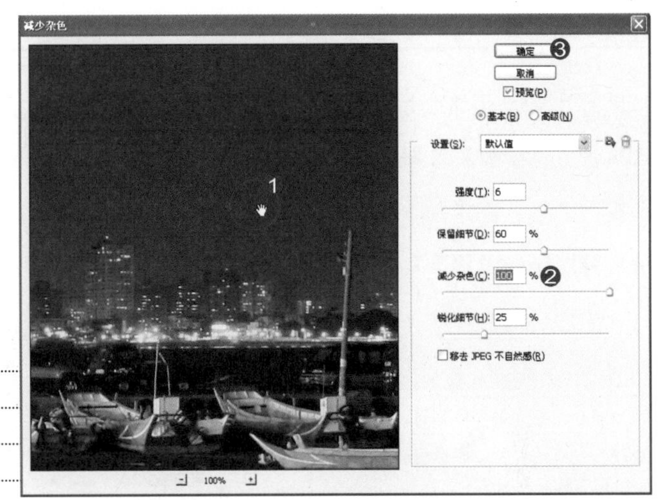

杂点减少了，图像也相对模糊了。简单地说，移除杂点就是一种变相的图像模糊，图像会因为杂点移除所产生的模糊而失去细节与部分锐利度。

F) 柔和增加图像色彩层次

1.拖曳“背景”图层

2.到“创建新图层”按钮上

3.新增“背景 副本”图层

4.指定图层混合模式为“柔光”

同学可以试着单击“背景 副本”图层的眼睛图标，关闭图层。观察图层模式“柔光”混合前后的图像差异。

TIPS 图层混合模式

上方图层与下方图层融合的计算方式，同学可以多试试不同的混合模式，并观察混合后所产生的图像效果。

G）合并图层

1.单击“背景 副本”图层

2.单击图层面板菜单按钮

3.执行“向下合并”命令

4.合并后仅剩“背景”图层

PSD与TIF格式都可以记录图层内容，但是图层数量会大幅增加文件容量，所以同学们可以使用此方式，合并不再编辑的图层，借此帮文件“瘦身”。

H）指定裁剪为冲洗范围

1.单击“裁剪工具” 快捷键）C

2.打开工具预设集选取器

3.指定裁剪范围为英寸4X6英寸

4.单击按钮交换宽度与高度

冲洗照片，每英寸需要分辨率为300ppi，所以冲洗一张4"x6"的照片，照片像素至少大于1200x1800。

I）建立裁剪范围

1.拖曳拉出矩形裁剪范围

2.拖曳控制点能调整剪裁范围

3.显示三等分参考线 仅限CS5

4.单击“✓”按钮

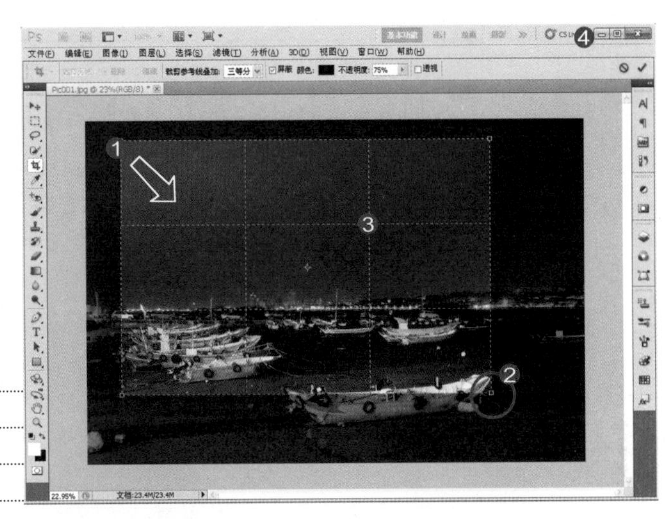

摄影常以三等分分割方式来进行构图，如右图中，以天空为主题，让天空占据了三分之二的位置，美丽的夜空会是片很干净的画布。

J）检查图像大小

1.打开“图像大小”对话框

2.文件大小为“英寸”

3.确认目前图像为4"x6"

4.单击“确定”按钮

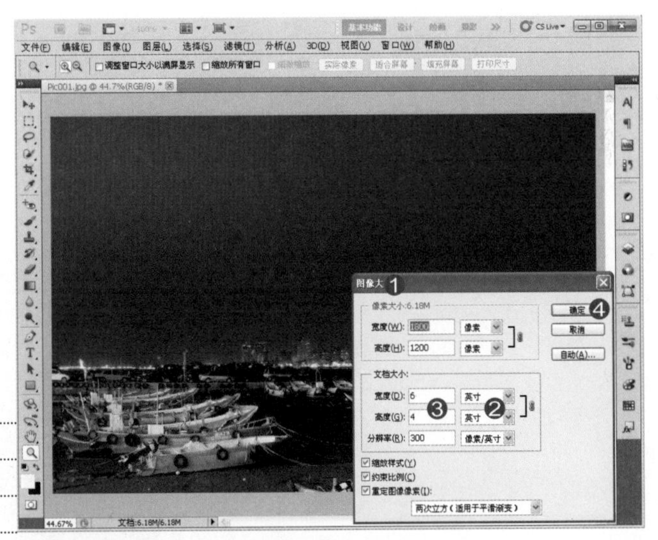

▲命令位置：菜单“图像/图像大小”

只要指定好裁切范围，不管剪裁范围是大或小，Photoshop都会自动将尺寸调整为我们所设置的数值。

裁剪工具（二）

裁切网页专用图片

适用版本：Photoshop CS3/CS4/CS5

网页或博客使用的图片没有冲印大小上的限制，可以采用比较自由的方式进行剪裁。但是考虑到频宽，所以图片尺寸不宜太大。如果图片尺寸小，由高ISO所带来的杂点才不会容易被发现。

A）裁剪工具

快捷键）C

1.按F7键打开图层面板

2.单击“裁剪工具”

3.选项栏中保留前一次数据

4.单击选项栏上的“清除”按钮

这里我们先缩小图像大小，再执行滤镜或应用效果。

B）建立裁剪范围

1.拖曳拉出裁剪范围

2.拖曳裁切框使三分线交点落在月亮上 仅限CS5

3.单击“✓”按钮

首先我们运用三分线，将画面切分为三等分，天空占三分之二，并将三分线的交点落在月亮上，使主题更明确，也更吸引目光。

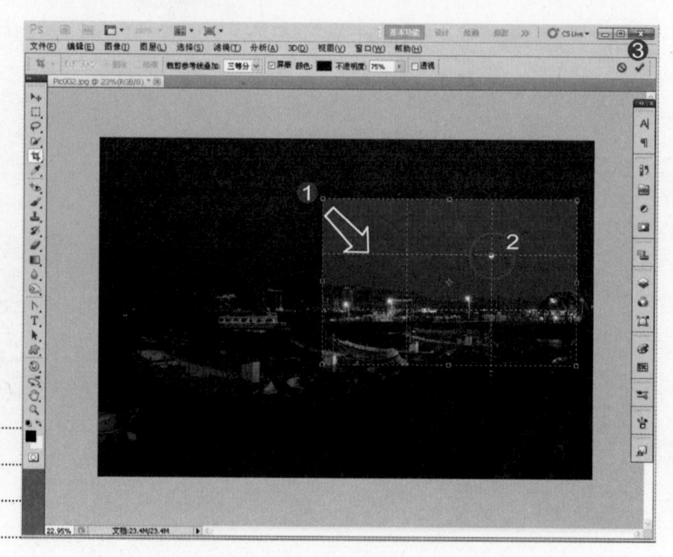

参考范例 素材和结果源文件\第4章\Pic002.JPG
素材和结果源文件\第4章\Pic002_OK.JPG

C）图像大小 快捷键）Alt+Ctrl+I

1.菜单“图像”

2.执行“图像大小”命令

3.像素大小宽度为“600”像素

4.单击“确定”按钮

只要是在屏幕上显示，图像大小的控制范围就在“像素大小”这个区域。如果要输出印刷或冲洗照片，才会设置对话框下方的“文档大小”区域。

D）复制图层并混合

1.双击“缩放工具”

2.以原图比例显示为100%

3.拖曳背景图层

4.到“创建新图层”按钮上

5.新增“背景 副本”图层

6.混合模式为“柔光”

7.降低不透明度缓和柔光强度

E）合并图层

1.单击“背景 副本”图层

2.单击图层面板菜单按钮

3.执行“拼合图像”命令

4.拼合后仅剩背景图层

不管图层面板有多少图层，“拼合图像”命令都能将所有图层合并到背景图层中，快速减少图层数量。

F）锐化图像

1.菜单“滤镜”

2.选择“锐化”

3.执行“锐化”命令

图片经过在“图像大小”对话框中设置后，或多或少会影响图片的清晰程度，所以阿桑习惯在存盘前执行一次“锐化”命令。

G) 存储为JPG格式

1.菜单“文件”

2.执行“存储为”命令

3.指定存储文件夹

4.输入文件名称

5.指定文件格式为“JPEG”

6.单击“保存”按钮

JPEG（与JPG相同）是冲印照片或网页常用的图像格式，具有高压缩性。

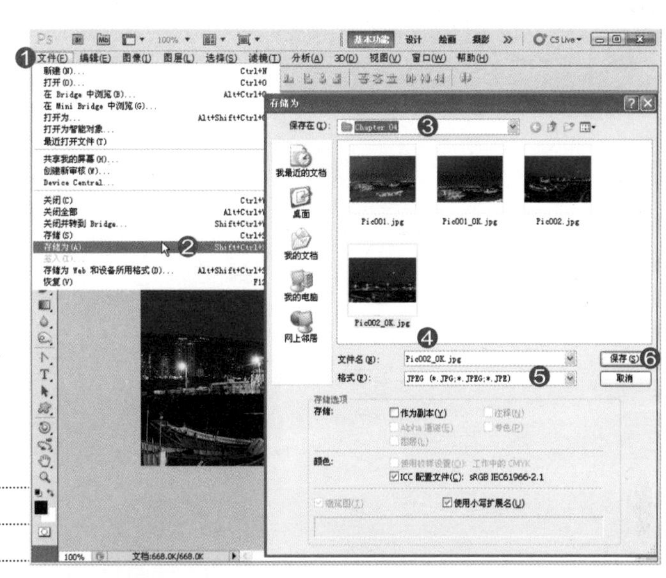

H) JPEG压缩品质

1.指定压缩品质为“8”

2.单击“确定”按钮

放在网页或博客上的图片，为了能快速显示，同学可以将JPG格式压缩品质设置为“8”，既能保留不错的图像质量，又能大幅减少文件容量。

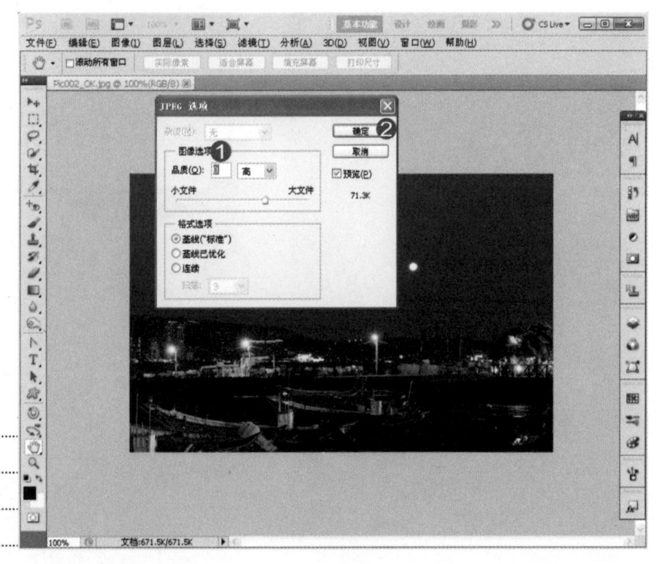

裁剪工具（三）

不规则透视裁剪

适用版本：Photoshop CS3/CS4/CS5

阿桑有几个经营网店的学生，非常喜欢透视裁剪功能。拍卖网站上二手DVD、书籍，或者是临时拍下的海报，都可以通过“裁剪工具”中的“透视”功能，顺利剪裁出需要的范围，最棒的是，Photoshop还会帮我们自动转正。

A）局部放大图像 快捷键）Z

1.按F7键打开图层面板

2.按下Z键启动“缩放工具”

3.拖曳放大牛肉面挂牌

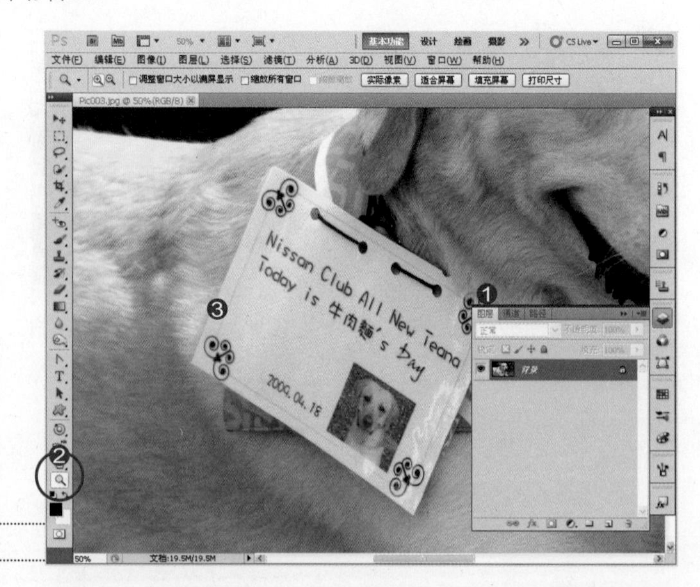

非常可爱的拉不拉多犬。

B）裁剪工具 ）快捷键）C

1.单击“裁剪工具”

2.确认清除文本框中的数值

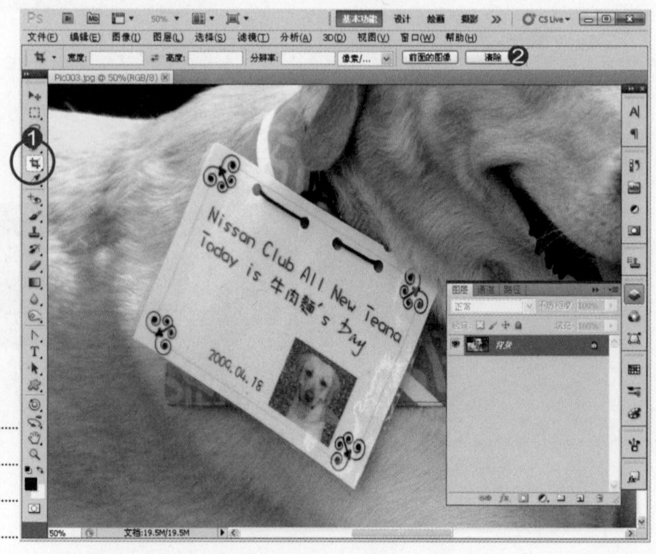

单击工具选项栏上“清除”按钮，便能清空文本框中的数据。单击“前面的图像”按钮，则能将前一个裁切数据显示在工具选项栏的宽度与高度的文本框中。

参考范例 素材和结果源文件\第4章\Pic003.JPG
素材和结果源文件\第4章\Pic003_OK.JPG

C) 建立透视裁剪范围

1.拖曳拉出矩形裁剪范围

2.勾选“透视”选项

3.拖曳控制点对齐挂牌边缘

4.单击“√”按钮

启动“透视”模式后，便可以任意拖动裁剪控制框到想裁剪的位置。现在裁剪范围调整好了，我们来看看结果

D) 转正

明明歪斜的裁剪范围，单击“√”按钮后，立刻转为方正的矩形范围。

这是牛肉面参加Nissan活动所挂的牌子。照片上的面面还是满脸笑意，惹人喜爱，真是个招揽客源的好招牌。（这纯粹是练习，阿桑跟Nissan不熟）

自动裁剪白边

适用版本：Photoshop CS3/CS4/CS5

接下来的练习与“裁剪工具”一点关系都没有，但却是个非常好用的裁剪命令。

A) 矩形选框工具

快捷键）M

1.单击“矩形选框工具”

2.单击“新选区”按钮

3.羽化为“0px”

4.拖曳拉出矩形范围

拍摄商品时，可以在物品后方垫张白纸，背景干净，不仅容易去背，也能凸显主题。现在来看看如何截剪矩形范围。

B) 裁剪命令

1.菜单“图像”

2.执行“裁剪”命令

3.按Ctrl+D键取消选区

只要拉出矩形选取范围，就能使用“裁剪”命令，裁剪出需要的范围。这个方法是阿桑自定的，不需要花时间记，使用率不是太高。

参考范例 素材和结果源文件\第4章\Pic004.JPG
素材和结果源文件\第4章\Pic004_OK.JPG

C）自动修剪多余的白边

1.菜单“图像”

2.执行“剪切”命令

3.保留默认值

4.单击“确定”按钮

画面中还有一些多余的白边，想要剪裁干净，需要花上一些时间调整。但是这个“剪切”命令，真的很好用，一起来看结果。

D）白边都修掉

上下左右，切的很干净，所有多余的白边都能裁剪，是个非常好用的命令。

谢谢同学带来的商品，让阿桑有这么多的素材可以使用，裁切功能结束，我们来学下一个新的工具。

快捷键）S

仿制/图案图章工具

适用版本：Photoshop CS3/CS4/CS5

自从CS版本推出各种修补工具后，“仿制图章工具”与“图案图章工具”这两款工具使用的机会就减少了。下面我们就将使用“仿制图章工具”修补小熊脸上的棉絮等。

TIPS 工具使用重点

“仿制图章工具”使用方式为：
〔Alt+仿制图章工具〕指定仿制点
拖曳仿制图章建立与仿制点相同的图像

“图案图章工具”使用方式为：
先指定或定义图案
拖曳图案图章涂抹需要添加图案的区域

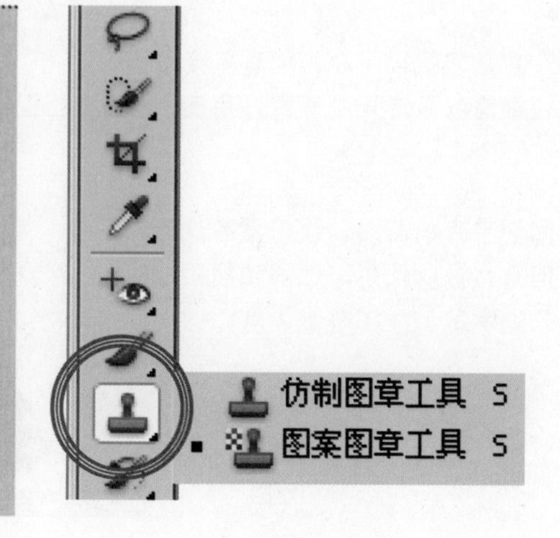

参考范例　素材和结果源文件\第4章\Pic005.JPG
素材和结果源文件\第4章\Pic005_1.JPG
素材和结果源文件\第4章\Pic005_OK.PSD

A）原图显示图像

1.打开范例文件Pic005.JPG

2.按F7键打开图层面板

3.双击“缩放工具”　快捷键）Z

4.原图显示为100%

在“缩放工具”状态下，按住键盘上的“空格键”不放，可立即切换到“抓手工具”查看小熊鼻头，很明显的棉絮。

B）指定仿制来源点　快捷键）S

1.单击“仿制图章工具”

2.调整笔触大小

3.按Alt键+单击指定仿制点

使用“仿制图章工具”时，可以随时按下键盘上的Alt键，单击图像，重新指定仿制点，以吻合需要遮盖的图像。

C) 仿制来源图像

1.拖曳“仿制图章”画笔

2.遮盖小熊脸上的棉絮

由于小熊身上的纹路很明显，使用仿制图章时，需要随时留心仿制来源与遮盖区域间的协调性。

D) 继续使用仿制图章

同学可继续使用仿制图章遮盖鼻头上的长棉絮。为了搭配纹路，需要不断重新指定来源点（按Alt键+单击图像），让遮盖区完美无缺。

E ）建立矩形选取范围

1.打开范例文件Pic005_1.JPG

2.单击“矩形选框工具” 快捷键）M

3.羽化为“0px”

4.拖曳拉出矩形范围

矩形范围是为了下一个步骤“定义图案”所准备的。“定义图案”不像定义画笔那么随意，图案范围一定要矩形，而且不能有任何羽化效果。

F ）定义图案

1.菜单“编辑”

2.执行“定义图案”命令

3.输入图案名称

4.单击“确定”按钮

“图案”可以运用的范围很广，除了接下来的图案图章之外，油漆桶工具、填充命令，与图层样式都用得上。

G) 创建新图层

1.单击标签回到Pic005.JPG

2.按F7键打开图层面板

3.单击“创建新图层”按钮

4.新增空白透明“图层1”

课程进行到这里，阿桑要提醒同学们，记得使用“抓手工具”与“缩放工具”来调整编辑区查看范围。

H) 图案图章工具 快捷键）S

1.单击“图案图章工具”

2.打开画笔预设选取器

3.选择笔触样式

4.调整笔触大小

5.单击图案按钮

6.拖曳滑杆

7.单击刚刚建立的图案

I）添加图案

1.单击“图层1”

2.拖曳图案图章画笔

尝试勾选工具选项栏上的“印象派效果”选项，或者使用不同的笔触样式，都能让图案图章有不一样的表现。

J）图案绘入

1.完成图案图章的绘制

2.绘制的结果在“图层1”中

3.单击眼睛图标关闭图层

如果绘画能力不强，可绘制在新图层中，如果效果不好，只要关闭图层，或者直接将图层拖曳到“垃圾桶”按钮上删除即可。

快捷键）Y

历史记录工具

适用版本：Photoshop CS3/CS4/CS5

“历史记录画笔”与“历史记录艺术画笔”两款“元老级”的工具，能将“历史记录”面板中执行过的命令，借助不同的笔触、压力与混合模式应用在图像中。现在我们就借助这两款工具来学习“历史记录”面板中的控制功能。

经过“照亮边缘”滤镜的处理，已经看不出照片的原貌。这是茼蒿菜的花，阿桑拍的不好，光圈不对，对焦点也有问题，不过，现在大家看不出来了吧。

TIPS 工具使用重点

“历史记录画笔工具”使用方式为：
指定历史记录面板上的步骤
拖曳历史记录画笔描绘命令

仅看上面的说明，确实有些含糊。“艺术历史记录画笔工具”的使用方式也是大同小异，必须先从历史记录面板中指定需要绘制的步骤，拖曳画笔涂抹出类似绘画的效果。操作过程有点麻烦，一起动手处理吧。

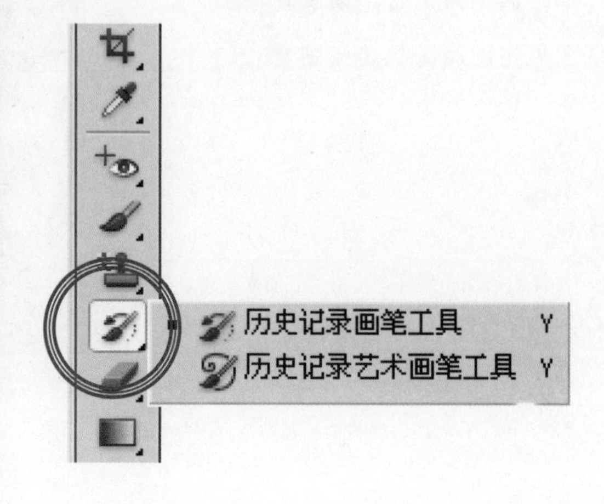

参考范例 素材和结果源文件\第4章\Pic006.JPG
素材和结果源文件\第4章\Pic006_OK.JPG

A）复制图层

1.打开范例文件Pic006.JPG

2.按F7键打开图层面板

3.拖曳“背景”图层

4.到“创建新图层”按钮上

5.复制“背景 副本”图层

打开图片文件后，记得双击“抓手工具”将图像放大到窗口能够显示的最大范围，不要让眼睛有太大的压力。

B）应用滤镜效果

1.单击“背景 副本”图层

2.菜单“滤镜”

3.执行“滤镜库”命令

一定要将“滤镜”应用在复制的图层中，不能直接应用在“背景”图层中。

C) 照亮边缘

1.单击“风格化”文件夹

2.单击“照亮边缘”缩览图

3.调整预览比例

4.指定照亮边缘宽度

5.调整边缘明亮度

6.调整边缘线条平滑度

7.单击“确定”按钮

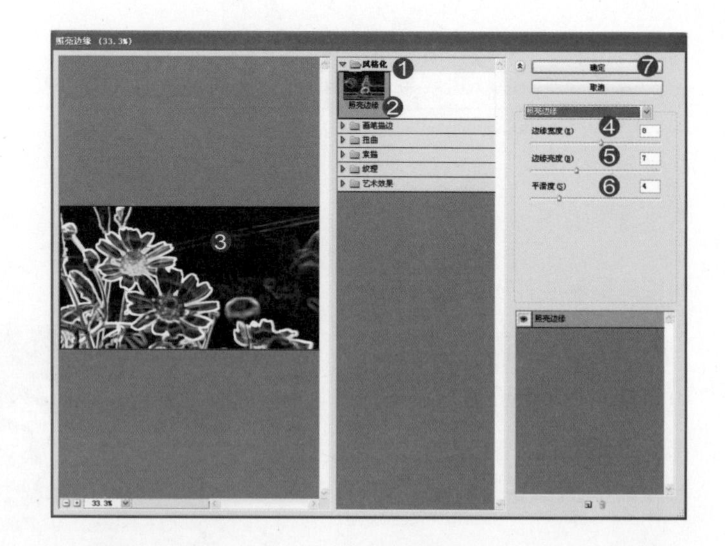

D) 创建新快照

1.单击“历史记录”按钮

2.打开“历史记录”面板

3.单击“创建新快照”按钮

4.建立“快照1”

“快照”相当于阶段性的存档。由于历史记录面板能记录下的步骤有限，所以我们可以将每个编辑阶段以“快照”方式保留下来，方便后面重复编辑。

E) 历史记录画笔　　快捷键）Y

1.单击“历史记录画笔工具”

2.打开“历史记录”面板

3.单击还原步骤位置

历史记录面板上所指定的还原点，就是“历史记录画笔”要恢复的状态，我们继续往下做。

F) 以历史记录画笔工具还原步骤

1.单击“背景 副本”图层

2.拖曳历史记录画笔

3.显示还没有执行滤镜库之前的图像内容

想象一下，如果我们在“背景 副本”图层上添加“图层蒙版”，以黑色画笔遮盖，便能显示出下方“背景”图层的内容。这与当前的结果有些类似喔。

G）更换CS5专用毛刷

1.保持使用历史记录画笔工具

2.打开画笔预设选取器

3.挑选毛刷 仅限CS5

4.拖曳涂抹编辑区

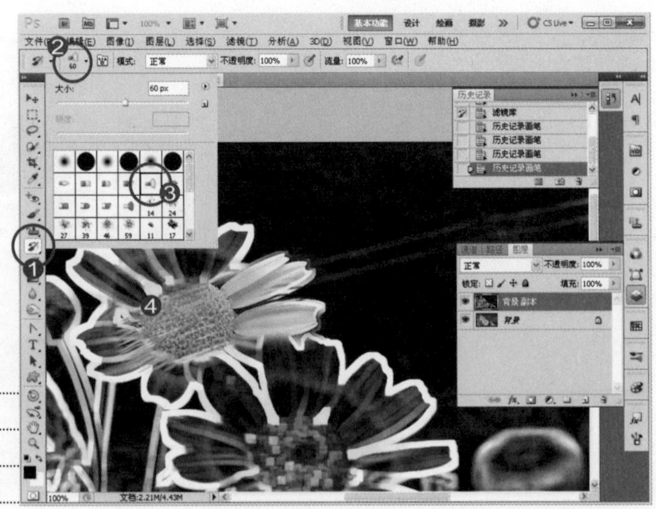

使用CS3/CS4版本的同学，也随之更换不同的笔触样式，让“历史记录画笔工具”还原的效果更多变、更有趣。

H）历史记录艺术画笔工具 快捷键）Y

1.维持原有恢复的记录点

2.单击“历史记录艺术画笔工具”

3.调整笔触大小

4.指定样式为“松散卷曲”

5.拖曳涂抹编辑区中的图像

I） 完成艺术记录笔触

同学可以随时更换工具选项栏上的画笔样式，继续拖曳使用“历史记录艺术画笔工具”完成图像的绘制。

阿桑喜欢记录艺术画笔工具选项栏上多款不同的笔触样式。但是，总是从“历史记录”面板中指定还原点有些麻烦，能不能简单一些呢。

J） 恢复快照1

1.打开“历史记录”面板

2.拖曳面板长度

3.单击“快照1”便能回到建立快照1当时的图像状态

默认状态下，历史记录面板只能记录20个动作。20个命令听起来很多，但实际上，像我们这样涂抹一番，马上就超过了，所以我们需要“快照”来协助记录。

▲调整历史记录数量：菜单“编辑/首选项/性能”

润饰工具整理概览

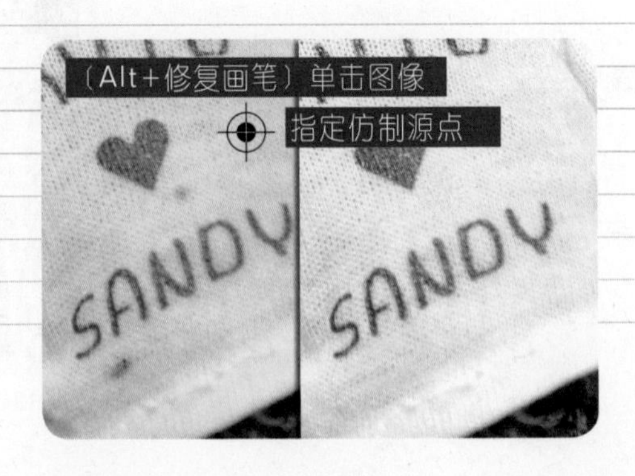

污点修复画笔工具

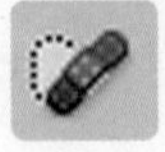

“污点修复画笔工具”能快速移除小范围、小面积的污点与刮痕，并且自动平衡明暗，混合图像材质。从CS3版本现身之后，方便的操控性，几乎代替了以前的“修复画笔工具”。

CS5版本中新增“内容识别”选项

修复画笔工具

“修复画笔工具”同样用来修复小区域的污点与刮痕。与污点修复画笔工具不同的是，“修复画笔工具”需要先指定来源点，修复时会依据来源图像，自动平衡混合污点附近的光线与明暗。

修复画笔需要先指定取样点

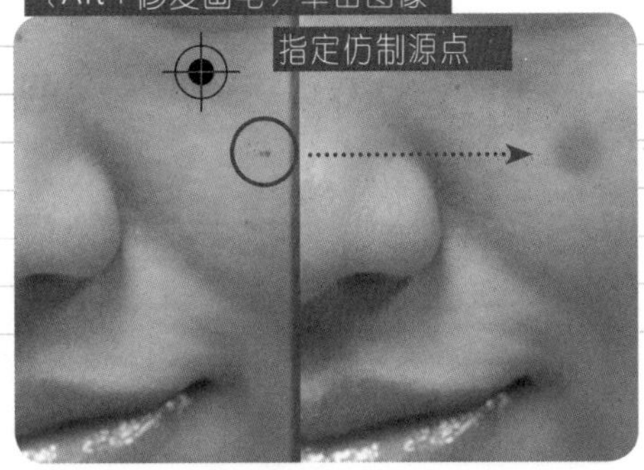

仿制图章工具

“仿制图章工具”是随Photoshop一同上场，算是相当资深的工具了。使用前必须先指定源点。

以前我们使用“仿制图章工具”来修复脸部的瑕疵，结果如上图所示，仿制图章会真实地反应取样点的内容，对于人像修复的效果不如左页可以平衡光线与明暗的两款修复工具。

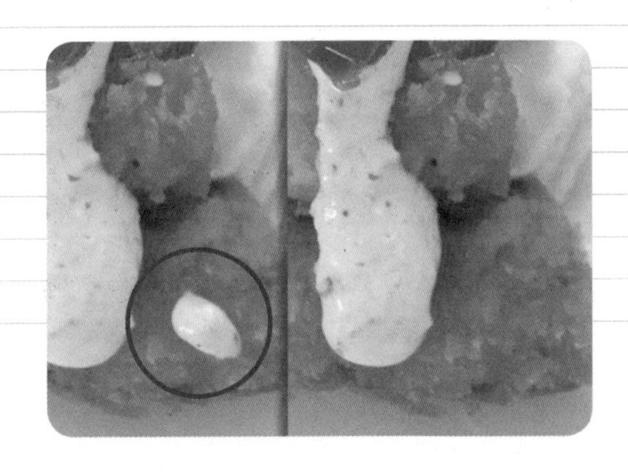

修补工具

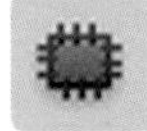

“修补工具”与污点修复画笔工具、修复画笔工具一样，都能自动平衡修补范围的光线与明暗，是修复人像必备的利器。

阿桑知道上图不是太好的例子，但是现阶段真的找不到有满脸雀斑的朋友（就算有，放到书上，连朋友也做不成了）。“修补工具”非常适合大面积、大区域的修补，是清除脸部雀斑最好的工具。

模糊工具

“模糊工具”是运用画笔模糊图像，也是早期模拟相机景深的工具。阿桑最喜欢用“模糊工具”来柔化肌肤，淡化细纹与毛细孔，一会一起来试试。

工具选项栏中可以调整模糊强度

锐化工具

“锐化工具”常用于强化眼神目光的锐利程度，有助于改善图像轻微晃动的状态。锐化工具与模糊工具都是拖曳画笔涂抹图像以建立模糊与清晰程度。

工具选项栏中可以调整锐化强度

涂抹工具

图上的Chow Chow（松狮犬）左侧被“涂抹工具”拖出好几条细毛，有趣吧。“涂抹工具”能拖曳延伸图像内容，就像是手指划过未干的颜料一般。

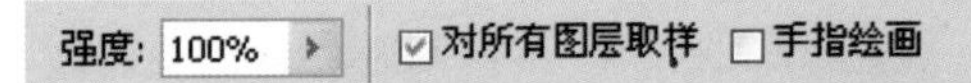

勾选“手指绘画”选项能搭配前景色进行描绘

红眼工具

“红眼工具”可以快速移除闪光灯所产生的红色反光，效果还真的不错。

工具选项栏中可以强化红眼变暗的程度

减淡工具

“减淡工具”属于局部处理工具，可运用画笔涂抹增加部分区域的亮度。非常适合用在人像瞳孔的反光点上，可以使眼睛看起来明亮有神。

加深工具

“加深工具”同样属于局部改善的润饰工具。拖曳加深画笔能在图像中混入深色。如果是人像修复，可以运用在瞳孔颜色上，使眼睛看起来更深邃。

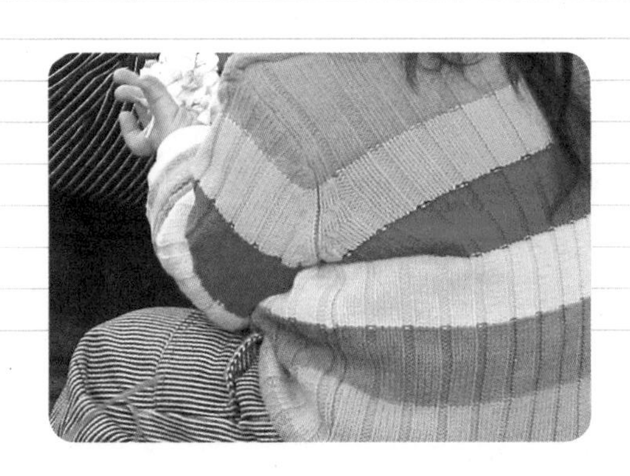

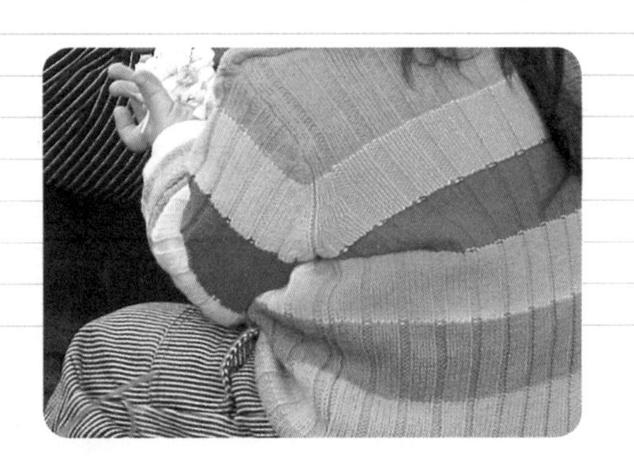

海绵工具·增加饱和度

“海绵工具”主要用于增加或移除图像色彩饱和度。拖曳海绵工具画笔，并指定模式为“饱和”，便能提高色彩饱和度，使局部图像鲜艳。

海绵工具·去除饱和度

“海绵工具”去除饱和度功能常用来修饰动物的胡子。养过宠物就知道，狗狗身上的毛常因感染霉菌而变色。这时候，就可以利用“海绵工具”进行修饰。

CS4/CS5增加“自然饱和度”选项

快捷键）J

污点修复画笔工具

适用版本：Photoshop CS3/CS4/CS5

“污点修复画笔工具”能遮盖图像中小区域的刮痕与斑点，不需要设置取样位置，拖曳画笔涂抹污点，便能自动复制周围图像，调整明暗与透明度，让修补区域完好无暇，还能保留图像纹理，是一款使用率很高的工具。

A）污点修复画笔工具 快捷键）J

1.打开范例文件Pic007.JPG

2.单击“污点修复画笔工具”

3.类型为“近似匹配”

“污点修复画笔工具”是CS3版本新增的工具，能运用周围的图像，遮盖刮痕与斑点，不需设置，拖曳画笔就能使用。

B）设置笔触大小

1.打开画笔选取器

2.调整笔触大小

3.柔化笔触硬度为“0%”

修复画笔工具的笔触多半设置为圆形，有时为了配合修补范围，我们会调整笔触“圆度”，让笔触由圆形变为椭圆形。

参考范例　素材和结果源文件\第4章\Pic007.JPG
素材和结果源文件\第4章\Pic007_OK.JPG

C) 遮盖污点

1.拖曳画笔遮盖污点

2.放开画笔便能看到修复结果

拖曳画笔时会显示黑色遮盖痕迹，拖曳结束，放开鼠标左键后便能看到修复完成的结果。试着运用“污点修复画笔工具”，将小熊衣服上的小斑点都移除。

D) 试着遮盖字母

1.单击“污点修复画笔工具”

2.拖曳画笔涂抹字母

“污点修复画笔工具”是运用周围图像来遮盖污点或刮痕。如果遮盖范围旁有其他色差较大的图像，那效果就会大打折扣了，我们来看下一款“修复画笔”工具。

快捷键）J

修复画笔工具

适用版本：Photoshop CS3/CS4/CS5

“修复画笔工具”需要先建立取样点，然后拖曳画笔涂抹遮盖图像。由于“修复画笔工具”的复制来源为指定的取样区域，所以不容易受到周围图像的影响。

A ）修复画笔工具　快捷键）J

1.打开范例文件Pic008.JPG

2.单击“修复画笔工具”

3.源为“取样”

可以在白色T恤上拉出一个矩形选取范围，并执行菜单“编辑/定义图案”命令，便能将“源”指定为“图案”，以小熊身上的白色纹理作为遮盖的取样区。

B ）指定取样点

1.按住Alt键不放

2.单击白色T恤指定取样点

“污点修复画笔工具”与“修复画笔工具”的差异就在取样点上。也因为取样点，让“修复画笔工具”有比较大的更新取样空间。

参考范例 素材和结果源文件\第4章\Pic008.JPG
素材和结果源文件\第4章\Pic008_OK.JPG

C) 遮盖污点

1.拖曳画笔遮盖污点

2.放开画笔便能看到修复结果

修复遮盖的过程可以看到取样点的纹理图案，同学可以慢慢拖曳画笔，一有问题立刻按住Alt键不放并单击图像，更新取样点，便能再次拖曳画笔，继续修复。

D) 调整笔触大小

1.拖曳修复画笔时单击鼠标右键

2.打开画笔选取器

Photoshop中所有需要调整笔触的工具，都可以在绘制过程中单击鼠标右键，在打开的画笔选取器调整笔触大小、笔触硬度与各项笔触参数。

快捷键）S

仿制图章工具

适用版本：Photoshop CS3/CS4/CS5

“仿制图章工具”可以接收“修复画笔工具”的取样点，继续遮盖图像。与“修复画笔工具”不同的是，“仿制图章工具”会完整地将取样范围复制到遮盖区域，不会自动平衡明暗与材质，同学可以试试以下步骤，比较两款工具的差异。

A) 仿制图章工具 快捷键）S

1.继续使用Pic008.JPG

2.单击“仿制图章工具”

3.移动仿制画笔到字母上

“仿制图章工具”与“修复画笔工具”可以共享同一个取样点，这表示我们可以运用两款不同的工具来遮盖图像。

B) 原汁原味仿制图章

1.仍然维持“仿制图章工具”

2.拖曳画笔继续遮盖字母

“仿制图章工具”是Photoshop中最早的图像修补工具。“仿制印章”可以完整地将取样点内容复制到遮盖范围中，不会自动平衡明暗，也不会调和阴影。

快捷键）J

修补工具

适用版本：Photoshop CS3/CS4/CS5

“修补工具”适合大范围、大面积的修补。使用时，千万不要太贪心，如果圈选的修补区域太大，很可能找不到适当的填补空间。“修补工具”同样能平衡修补区域周围的明暗与材质。

A）修补工具

快捷键）J

1.继续使用Pic008.JPG

2.单击“修补工具”

3.模式为“新选区”

4.修补为“源”

5.拖曳框选T恤上的文字

“修补工具”的使用方式与“套索工具”相同，需要先拖出一个选取范围。

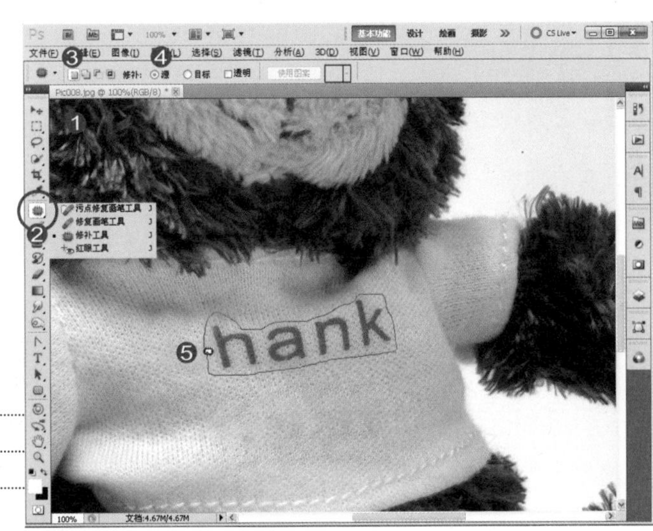

B）指定修补区域

1.拖曳修补范围

2.到可以遮盖的范围中

3.释放鼠标

释放鼠标左键后，选取范围会立刻取消，马上就可以感受到，这个修补区域大了一点，纹理与明暗融合的不够理想，应该逐个字母修补比较好。

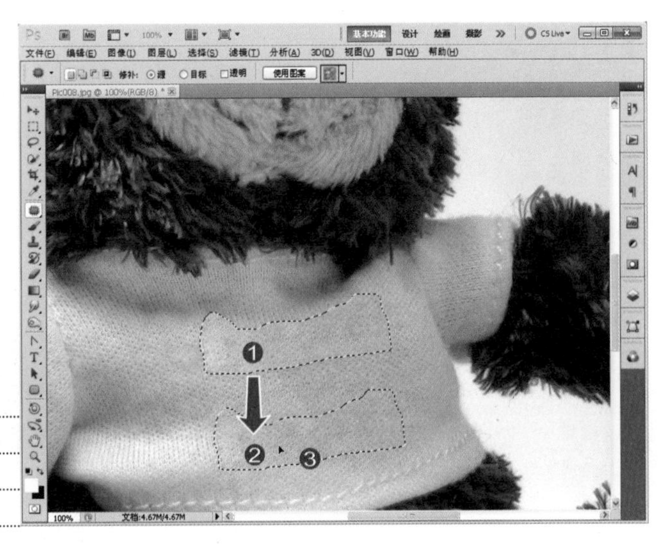

快捷键）J

红眼工具

适用版本：Photoshop CS3/CS4/CS5

参考范例　素材和结果源文件\第4章\Pic009.JPG
素材和结果源文件\第4章\Pic009_OK.JPG

A）红眼工具　　快捷键）J

1.在工具按钮上单击鼠标右键

2.单击“红眼工具”

3.瞳孔大小为“50%”

4.变暗量为“50%”

工具箱中多数工具内都包含工具菜单，同学可以按住工具按钮不放，或在工具按钮上单击鼠标右键，便能从菜单中选取工具。

B）移除红眼

1.利用红眼工具单击红眼处

2.继续单击另一只红眼

其实红眼工具就是移除红色的色彩饱和度，以相同浓度的灰阶来替换红色。

快捷键）O

模糊/锐化工具

适用版本：Photoshop CS3/CS4/CS5

参考范例 素材和结果源文件\第4章\Pic010.JPG
素材和结果源文件\第4章\Pic010_OK.JPG

A）模糊工具

1.单击“模糊工具”

2.调整笔触大小

3.提高强度为“100%”

4.拖曳画笔涂抹模糊图像

这卷底片是同学带来的，第一次看到这种新鲜东西。阿桑年轻的时候，似乎留白的太多，什么好玩的都没玩过。

B）锐化工具

1.单击“锐化工具”

2.调整笔触大小

3.控制强度为“100%”

4.拖曳涂抹底片边缘

同学可以依据实际需求，调整模糊或锐化工具的强度，尤其是锐化，强度太高，容易裂化色彩，要特别注意。

涂抹工具

适用版本：Photoshop CS3/CS4/CS5

试着挤上几滴颜料，然后用手指涂抹，拖出一条条粗细不等的痕迹，这就是“涂抹工具”所能展现的效果。使用“涂抹工具”涂抹绘制的好处是。使用后不用洗手，不用洗颜料盘，来玩玩吧。这个练习换上可爱的ChowChow（松狮犬）。

A）涂抹工具

1.单击“涂抹工具”

2.打开画笔预设选取器

3.调整笔触大小

4.拖曳图像拉出画笔痕迹

画笔痕迹的颜色，来自于笔触拖曳起点的颜色，从浅色位置拖曳，涂抹画笔拉出的毛就是浅色。另外，直接在背景图层中拖曳涂抹画笔，会破坏原图。

B）还原步骤

1.打开“历史记录”面板

2.单击缩览图回到起始状态

3.单击“创建新图层”按钮

4.新增“图层1”

我们将涂抹工具拖曳的痕迹全部放在新图层中，这样就不会影响背景原图了。

参考范例 素材和结果源文件\第4章\Pic011.JPG
素材和结果源文件\第4章\Pic011_OK.PSD

C) 对所有图层取样

1.单击"图层1"

2.勾选"对所有图层取样"

3.使用涂抹工具并调整笔触大小

4.拖曳拉出细毛发

5.调整笔触大小为70

6.使用涂抹工具拉出舌头

勾选"对所有图层取样"后，即使在空白图层中，也能以背景图层的图像为取样来源，涂抹工具拖曳的结果会放置在新图层中。

D) 使用前景色进行手指绘画

1.单击"图层1"

2.继续使用涂抹工具

3.勾选"手指绘画"

4.单击前景色

5.拖曳滑杆指定色相

6.指定颜色

7.单击"确定"按钮

8.拖曳笔尖工具涂抹图像

快捷键）O

减淡/加深工具

适用版本：Photoshop CS3/CS4/CS5

参考范例 素材和结果源文件\第4章\Pic012.JPG
素材和结果源文件\第4章\Pic012_OK.JPG

A）减淡工具 快捷键）O

1.单击“减淡工具”

2.范围为“中间调”

3.曝光度为“50%”

4.拖曳减淡画笔涂抹增加亮度

阿桑猜这是“牛拔”的手。牛拔是最好的生物老师，什么奇花异草、昆虫都难逃其法眼，更是个爱护地球的好人。

B）加深工具

1.单击“加深工具”

2.范围为“阴影”

3.曝光度为“80%”

4.拖曳画笔涂抹反光部分

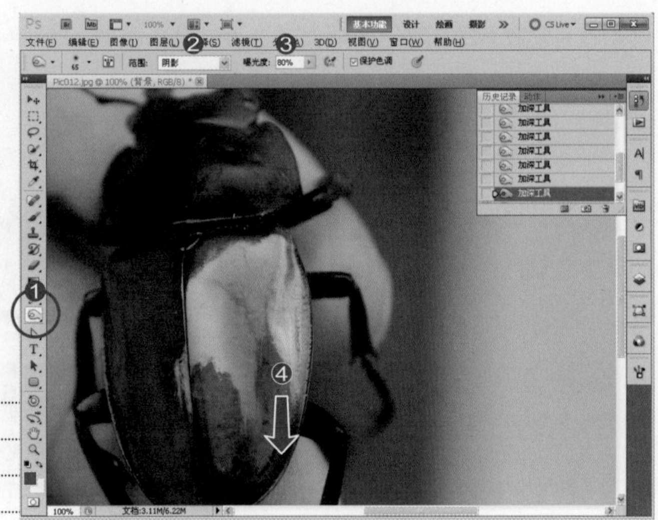

图像的明暗阶调可以简单分为“暗、中间、亮”。阴影属于“暗调”，即使是明亮的区域仍然能分为“暗、中间、亮”，现在就是要调整明亮区域中略暗的范围。

快捷键）O

海绵工具

适用版本：Photoshop CS3/CS4/CS5

参考范例 素材和结果源文件\第4章\Pic013.JPG
素材和结果源文件\第4章\Pic013_OK.JPG

A）增加饱和度

1.单击“海绵工具” 快捷键）S

2.模式为“饱和”

3.流量为“80%”

4.取消“自然饱和度”的勾选

5.拖曳画笔涂抹图像

CS4 /CS5新增的“自然饱和度”选项，用于保护图像色彩，以至颜色不会因提高饱和度而裂化。CS3没有这个选项。

B）降低饱和度

1.继续使用“海绵工具”

2.模式为“降低饱和度”

3.流量为“100%”

4.拖曳画笔降低色彩饱和度

连着几款与画笔有关的润饰工具，都提供局部图像的修调动作，并且具有重叠性，每涂抹一次，便加强一次。

非常幸运，这次配合的课程中有好多位热心的同学，愿意协助拍摄。阿桑非常感谢各位的参与。谢谢你们！

更美丽的人像处理技巧

在我们学过这么多的工具，了解Photoshop环境界面与图层控制之后，工具运用不再是难事，善用工具才是应该学习的重点。接下来这个练习，我们将运用“图层”、“滤镜”、“几款润饰修复工具”一起来修调甜美可爱的小羽妹妹。

TIPS 范例使用工具

污点修复画笔工具
不需设置直接以画笔涂抹瑕疵污点
用于遮盖肌肤上的小斑点与细纹

模糊工具
指定模糊强度便可以画笔涂抹模糊图像
用于柔化肌肤、缩小毛细孔

锐化工具
指定锐利强度便可以画笔涂抹使图像清晰
强化眼睛与睫毛的清晰度

减淡工具
拖曳画笔提高局部亮度
用于增加眼睛与唇蜜的反光程度

加深工具
拖曳画笔增加局部图像暗度
用于加深眼影、眼线与眉毛

海绵工具
拖曳画笔可以提高/降低图像色彩饱和度
用于增加口红的色彩浓度

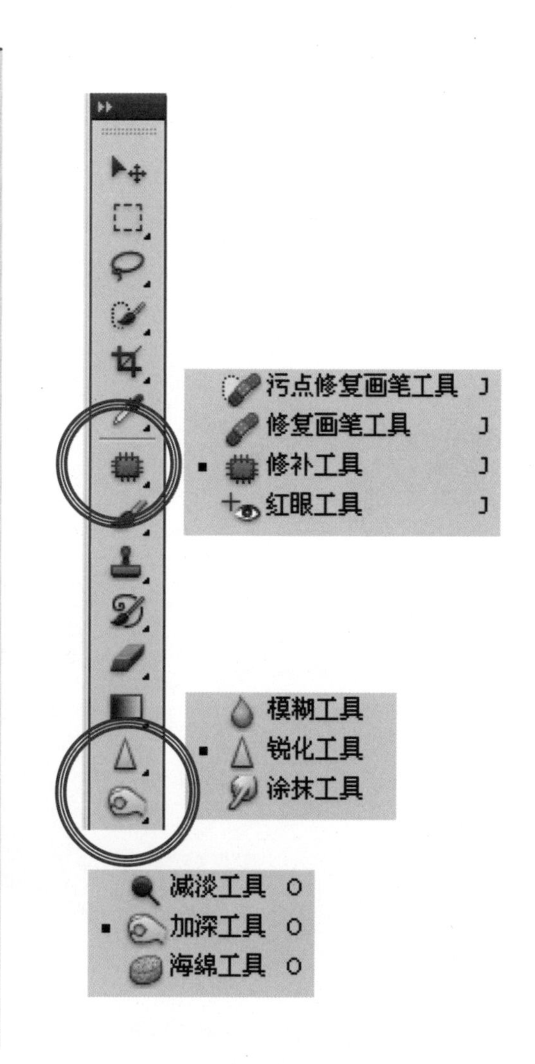

A) 打开文件

1.打开范例文件Pic014.JPG

2.按F7键打开图层面板

3.双击“抓手工具”

4.调整图像到最大的显示范围

从来没说自己很会拍照，但是，阿桑很会抓角度、表情，重要的是很会修片（拍胸脯）。

B) 裁剪范围

1.单击“裁剪工具” 快捷键）C

2.拖曳拉出裁剪范围

3.调整裁切控制点

4.单击“✓”按钮

现在我们把照片定义为在博客上使用，所以横向裁切，比较符合屏幕观看的比例。裁切后，图像尺寸仍然偏大，所以需要先缩小图像大小，方便后面的处理。

C) 图像大小　快捷键）Alt+Ctrl+I

1.菜单“图像”

2.执行“图像大小”命令

3.像素大小宽度为“600”

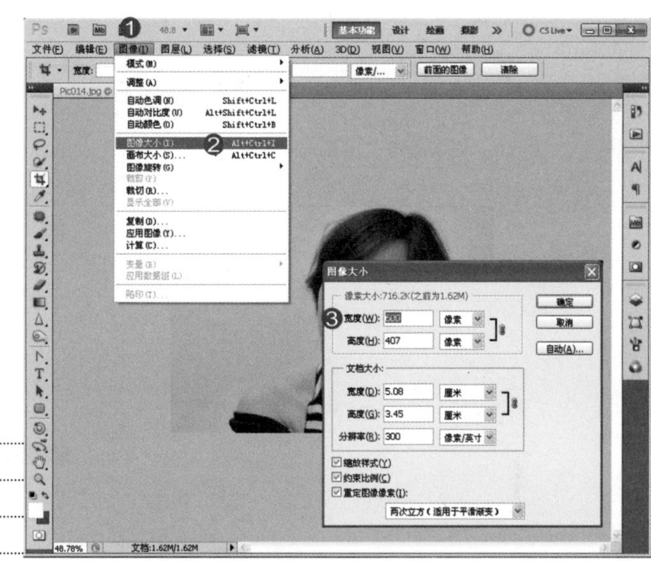

图像大小的控制，以输出方式为准。如果在屏幕上观看，则需要调整“像素大小”；如果是要冲印图像，则需要“文档大小”。命令还没结束，我们继续。

D) 先减三公斤

1.取消“约束比例”的勾选

2.像素大小宽度为“590”

3.单击“确定”按钮

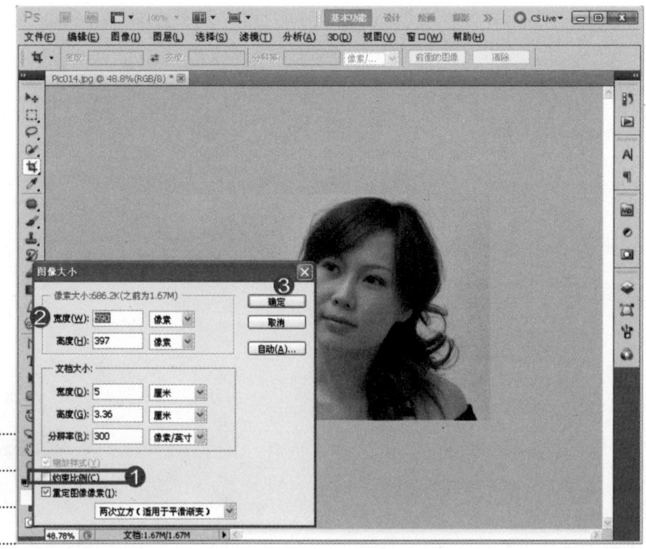

等比例调整宽高后，关闭等比例设置，在高度不变的情况下修改宽度，会让照片上的人物变得修长。

E）缩放工具

快捷键）Z

1.双击“缩放工具”

2.以原图比例（100%）显示

真喜欢小羽的表情，微扬的嘴角，带些笑意的眼神，如果光线再多一点就好了。

F）符合颜色

1.菜单“图像”

2.选择“调整”

3.执行“匹配颜色”命令

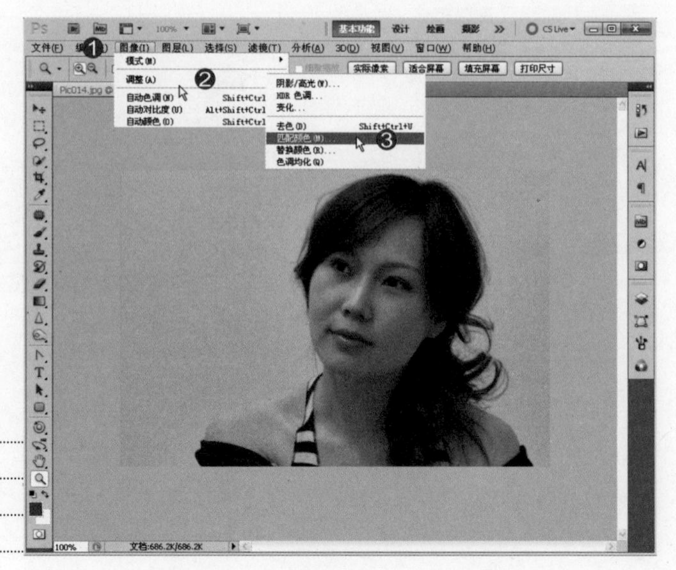

Photoshop中还是没有一个很好的白平衡命令。其实Camera RAW程序中有个不错的白平衡功能，为什么不将这个白平衡命令放到主程序中呢？

G）白平衡处理

1.勾选“中和”选项

2.向右拖曳“渐隐”滑杆

3.改善图像过度偏黄的色调

4.单击“确定”按钮

勾选“匹配颜色”对话框中的“中和”选项可以改善图像偏黄的色调。拖曳“渐隐”滑杆，能逐渐平衡图像色调。

H）污点修复画笔工具 快捷键）J

1.单击“缩放工具”

2.拖曳放大图像

3.单击“污点修复画笔工具”

4.缩小笔触大小

5.拖曳画笔涂抹斑点

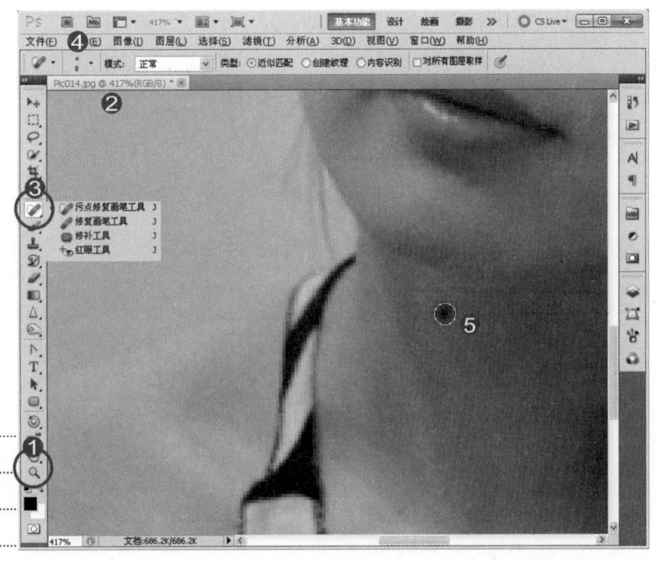

数字照片放大后，同学可以看明显的锯齿状边缘，如果再放大些，就能看到组成图像的最小单位：像素。

I）色阶

快捷键）Ctrl+L

1.打开“色阶”对话框

2.拖曳亮调三角形到色阶起点

3.图像变亮

4.单击“确定”按钮

运用“匹配颜色”调整色偏后，我们可发现照片偏暗了，当时应该要立刻调整“色阶”的，但是不忍心让斑点停留在画面中太久，所以先进行了移除斑点的操作。

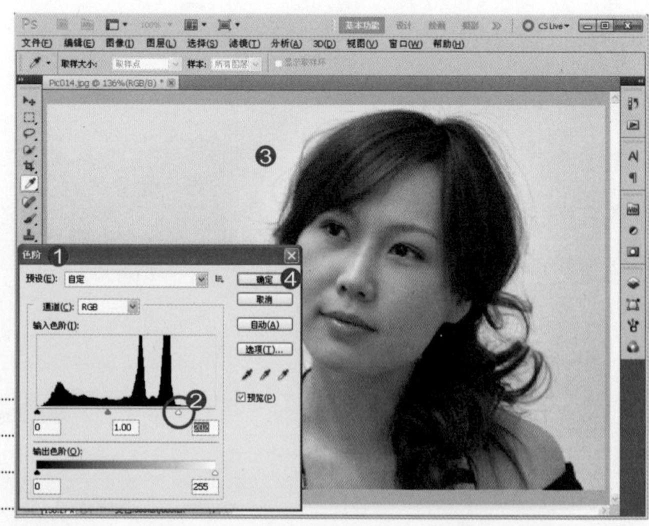

▲命令位置：菜单“图像/调整/色阶”

J）高斯模糊

1.拖曳“背景”图层

2.到“创建新图层”按钮上

3.复制相同内容的图层

4.执行“高斯模糊”命令

5.半径为“10”

6.单击“确定”按钮

高斯模糊可柔化肌肤，类似打了粉底，是处理人像必备的命令。

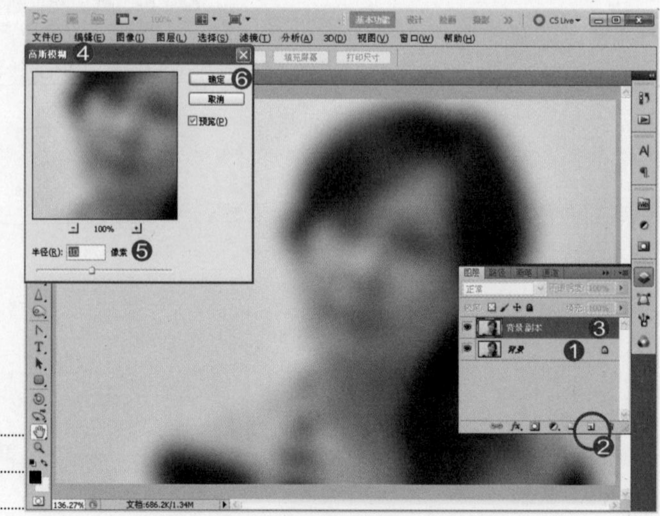

▲命令位置：菜单“滤镜/模糊/高斯模糊”

K）调整上粉程度

1.单击“背景 副本”图层

2.不透明度为“50%”

3.图像呈现半透明柔化效果

图层加入效果重叠后，如果觉得效果太强，可以降低图层“不透明度”来减缓效果，现在看起来好多了吧！

L）添加图层蒙版

1.单击“图层 副本”图层

2.单击“添加图层蒙版”按钮

3.新增白色蒙版

因为我们的操作只作用在“背景 副本”层，所以先将其他范围遮起来。

M) 添加蒙版范围

1.单击“画笔工具”

2.调整笔触大小

3.单击前/背景色默认按钮

4.指定前景色为黑色

5.拖曳黑色画笔涂抹建立蒙版

同学可以参考右图，图层蒙版内容。简单地说，只有皮肤部分需要上粉，其余的区域可用黑色画笔遮住。

▲先单击图层蒙版，才能在蒙版上涂抹黑色。

N) 锐化工具 增强双眼皮清晰度

1.单击“背景”图层

2.单击“锐化工具”

3.调整笔触大小

4.强度为“30%”

5.拖曳画笔增强眼皮清晰度

现在我们要开始进行脸部细修，回到“背景”图层。

▲请以缩放工具放大脸部，方便进行编修。

O ）使瞳孔与嘴唇反光更明亮

1.单击“背景”图层

2.单击“减淡工具” 快捷键）O

3.调整笔触大小

4.曝光度为“20%”

5.涂抹嘴唇反光

6.涂抹眼白增加明亮度

必要时可以按下键盘上的“空格键”切换到“抓手工具”，拖曳编辑区图像，找到最好的编辑位置。

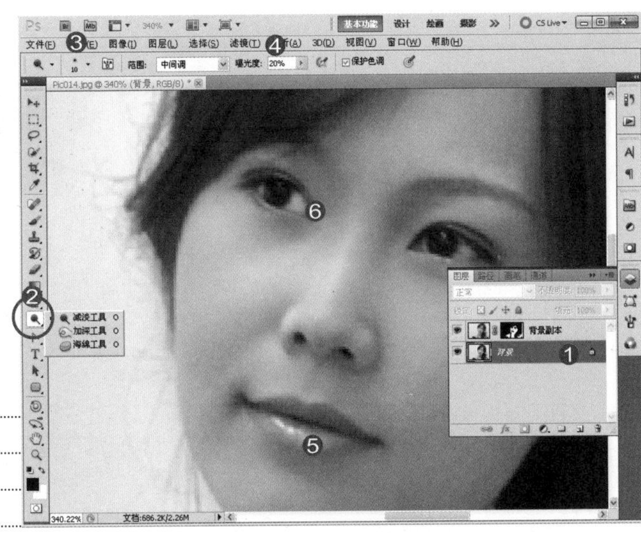

P ）增加唇膏鲜艳度

1.维持在“背景”图层上作业

2.单击“海绵工具” 快捷键）O

3.模式为“饱和”

4.流量为“10%”

5.拖曳画笔涂抹嘴唇

使用CS4/CS5版本的同学可以试着勾选“自然饱和度”选项，可适度地保护图像色彩，不会过度饱和。

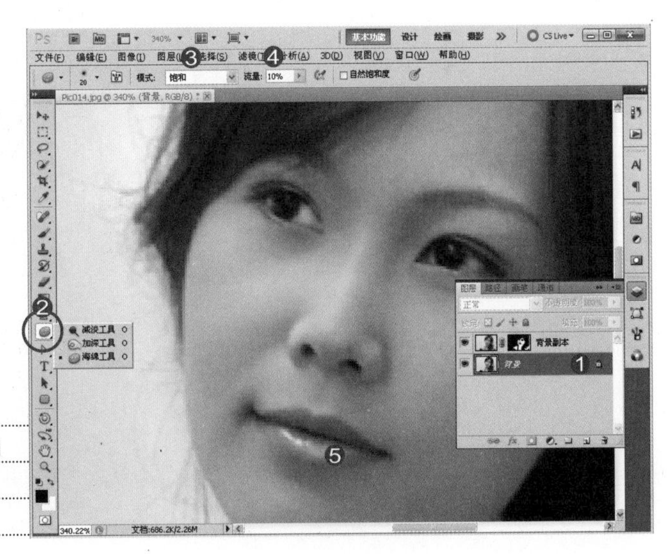

Q) 淡化细纹

1.单击“背景”图层

2.单击“模糊工具”

3.调整笔触大小为“30”

4.强度为“80%”

5.拖曳画笔模糊肌肤

运用模糊画笔柔化肌肤，淡化细纹的手法，就像是做脸部按摩，从内向外、从下向上，慢慢拖曳画笔。

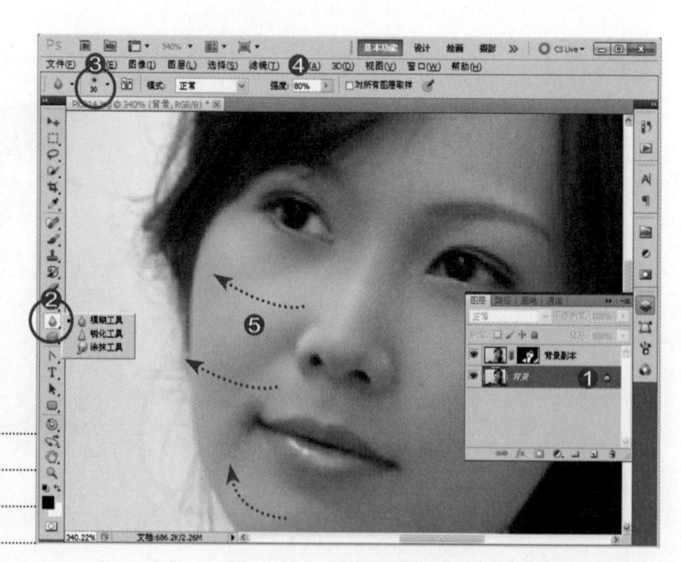

R) 淡化法令纹与眼袋

1.单击“背景”图层

2.单击“套索工具” 快捷键）L

3.羽化为“5px”

4.拖曳框选脸部明显的线条

“套索工具”能依据我们拖曳的路线建立选取范围。注意，选取范围边缘一定要指定羽化，否则边缘会很锐利，脸部看起来就不柔和。

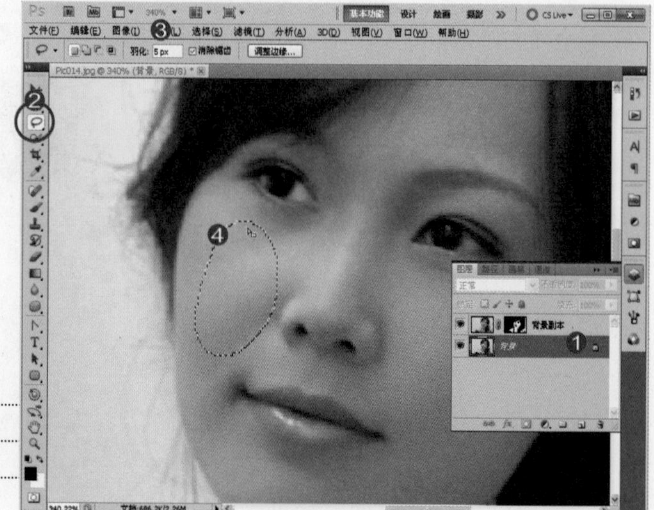

S) 柔化肌理

1.打开“高斯模糊”对话框

2.半径为“10”像素

3.单击“确定”按钮

4.选取范围内平滑无暇

高斯模糊是柔化脸部最常使用的滤镜，使用时要特别注意半径的控制，“10～15”是最常使用的数字区间，不要太强。

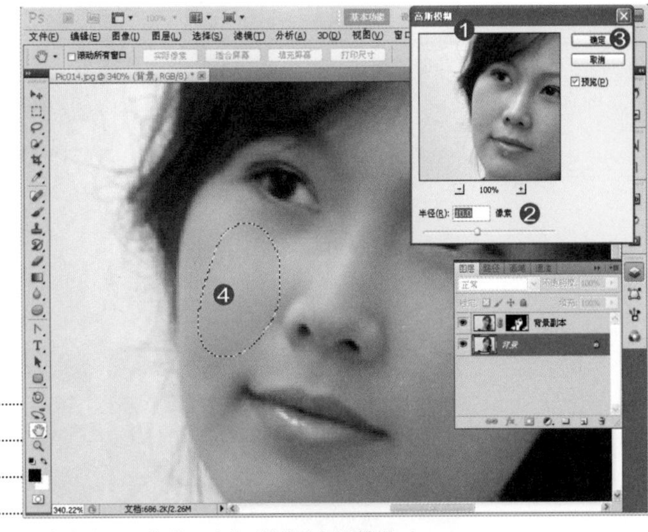

▲ 命令位置：菜单“滤镜/模糊/高斯模糊

T) 完成

1.按Ctrl+D键取消选取

2.双击“缩放工具”原尺寸查看

最后，同学可以存一份JPG格式文件，以供博客中使用。另外存一份PSD格式，方便自己日后反复编辑。

第5章
CS4
CS5
CS3

05 绘图画笔工具

"话很多"、"去罚站"从小这两句话就一直跟着我。阿桑不是个沉稳内敛的人，喜怒情绪都鲜明地挂在脸上，所有的感受需要立刻表达。对师长而言，算是让人头痛的学生。

"头发太长，读书会不专心"

国二时训导主任怒斥阿桑，这句话现今听来有些可笑，可是当年，在每个孩子都是"西瓜皮"的年代，这句话几乎是真理。年轻时的逻辑，孩子倔强的脾气，控制不住的情绪，话由口中说出……

"那你怎么不剃光头，头发太长，你也不能专心教导学生"

当年学校训导主任的地位，等同于明朝时期的锦衣卫，归类于目中无人，杀人不眨眼的恶魔，怎么能容忍一个小萝卜头这样顶撞他，当下喷了我一脸的口水，记了一次大过。

Hi，王主任，还记得我吗？阿桑现在是一个很努力的社会人喔！

需要画笔的工具有这么多

画笔分两种，可以画出图形与线条来的，称为“绘图画笔”，用来修复图像（斑点及细纹）及进行局部编辑的，称为“编修画笔”。

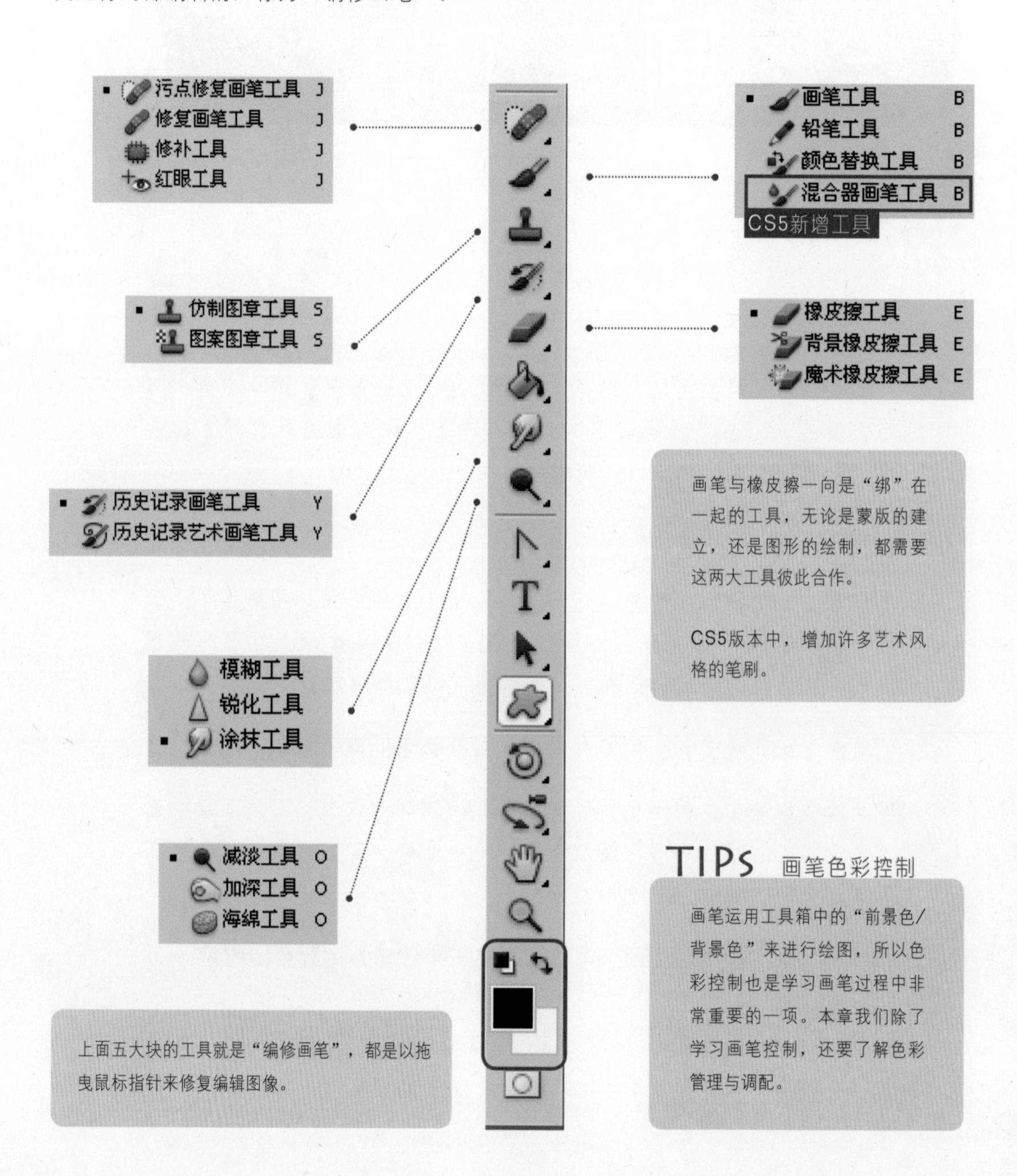

画笔与橡皮擦一向是“绑”在一起的工具，无论是蒙版的建立，还是图形的绘制，都需要这两大工具彼此合作。

CS5版本中，增加许多艺术风格的笔刷。

上面五大块的工具就是“编修画笔”，都是以拖曳鼠标指针来修复编辑图像。

TIPS 画笔色彩控制

画笔运用工具箱中的“前景色/背景色”来进行绘图，所以色彩控制也是学习画笔过程中非常重要的一项。本章我们除了学习画笔控制，还要了解色彩管理与调配。

编修工具的笔触控制

工具选项栏上的“画笔选取器”依据工具的属性提供两种不同的显示形式。先来看看“污点修复画笔工具”、“修复画笔工具”、“颜色替换工具”三款工具的画笔选取器。

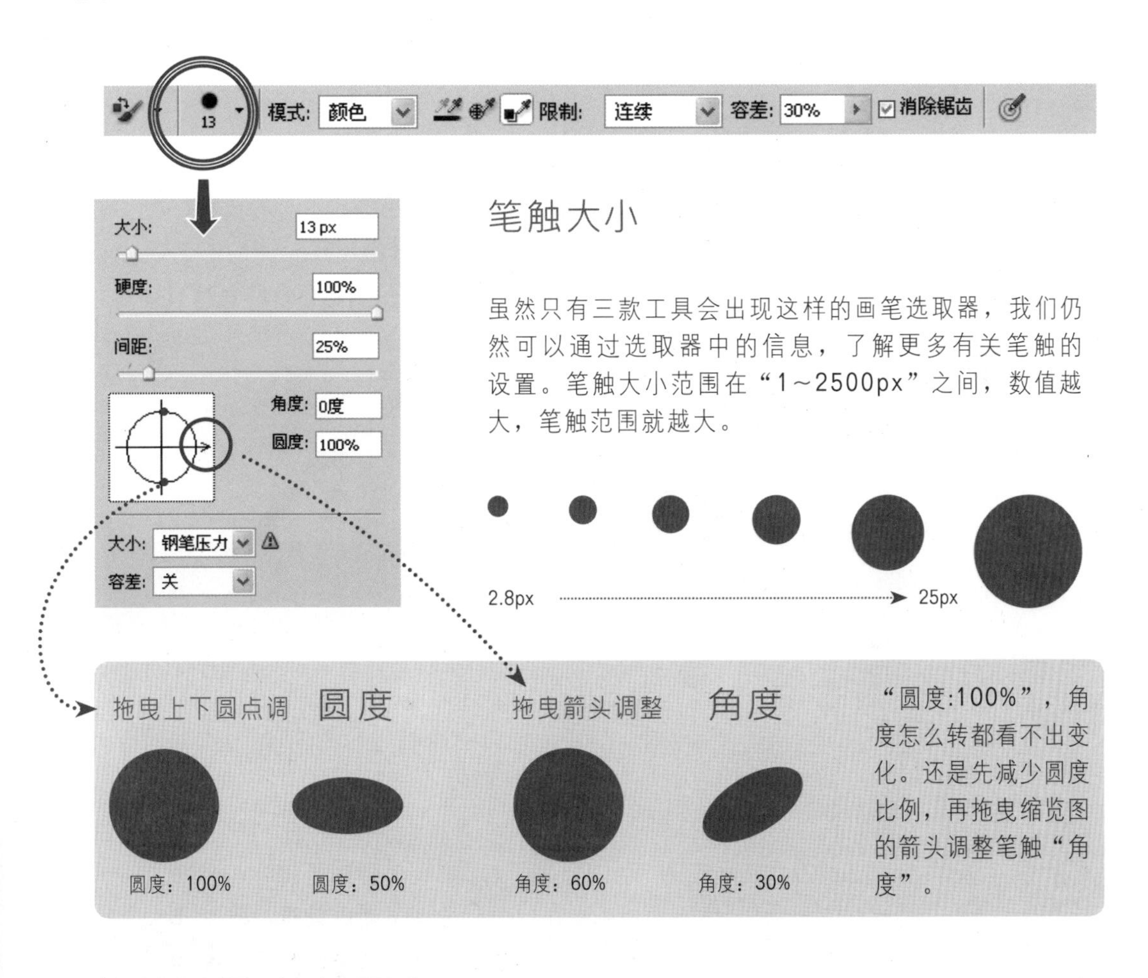

笔触大小

虽然只有三款工具会出现这样的画笔选取器，我们仍然可以通过选取器中的信息，了解更多有关笔触的设置。笔触大小范围在“1～2500px”之间，数值越大，笔触范围就越大。

“圆度:100%”，角度怎么转都看不出变化。还是先减少圆度比例，再拖曳缩览图的箭头调整笔触“角度”。

笔触间距/笔触硬度

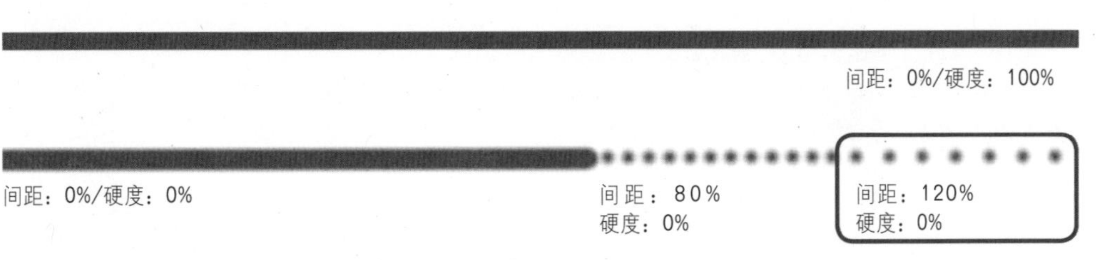

快捷键）B

颜色替换工具

适用版本：Photoshop CS3/CS4/CS5

只看工具说明很难了解工具的实际用法。跟着步骤作一次就懂了。现在我们来试试“颜色替换工具”，其可以依据取样色彩范围来更改颜色的工具。

赶上足球热，阿桑帮小兔子涂的花花绿绿，看起来挺热闹的。其实，阿桑不懂足球，但是我们家编辑很爱，什么运动他都喜欢，如棒球、羽毛球、撞球等可惜身体不给力，总是窝在电视机前，端着爆米花。

TIPs 工具使用重点

“颜色替换工具”使用三种取样方式

连续：在拖移时连续取样颜色。

一次：只替换第一次所选的颜色。

背景色板：替换包含目前背景色的区域。

“颜色替换工具”还提供“连续、非连续、查找边缘”三种取样限制，能依据设置限制取样区域的色彩，并维持替换色彩区域的边缘锐利度。

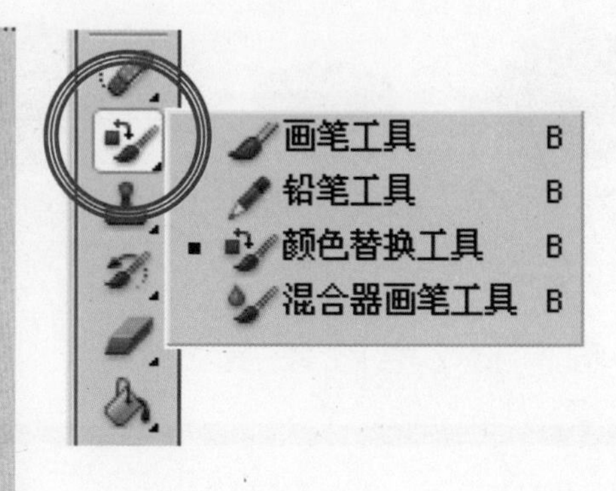

参考范例 素材和结果源文件\第5章\Pic001.JPG
素材和结果源文件\第5章\Pic001_OK.JPG

A) 开工第一步

1.双击“抓手工具”

2.放大到窗口最大显示范围

3.拖曳“背景”图层

4.到“创建新图层”按钮上

5.复制出“背景 副本”图层

工作开始时，阿桑习惯复制一份“背景”图层，像是作一道保险、防火墙。

B) 颜色替换工具 快捷键）B

1.单击“背景 副本”图层

2.单击“颜色替换工具”

颜色纯度越高、杂色越少，使用“颜色替换工具”更改色彩，效果非常好，就像这只兔子，均匀的蓝色，我们来试试。

C）调整笔触大小

1.打开画笔预设选取器

2.拖曳滑杆调整笔触大小

3.或者输入数值为“50”

Photoshop对于笔触的控制提供了非常大的空间，可以运用滑杆拖曳，也可以直接在文本框中输入数值（px不用打）。

D）调整笔触圆度

1.向下拖曳

2.圆度数值改变

阿桑常常将笔触设置为椭圆，对于处理细小的范围非常有帮助。

E）笔触角度

1.拖曳箭头调整笔触方向

2.角度数值同步改变

如果有个小斑点，刚好落在眼睫毛之间，我们就可以将“污点修复画笔工具”或“修复画笔工具”笔触调整成既扁又斜的形状，配合睫毛的角度来进行修复。

F）指定替换颜色

1.单击“前景色”

2.拖曳滑杆指定色相

3.单击选取颜色

4.单击“确定”按钮

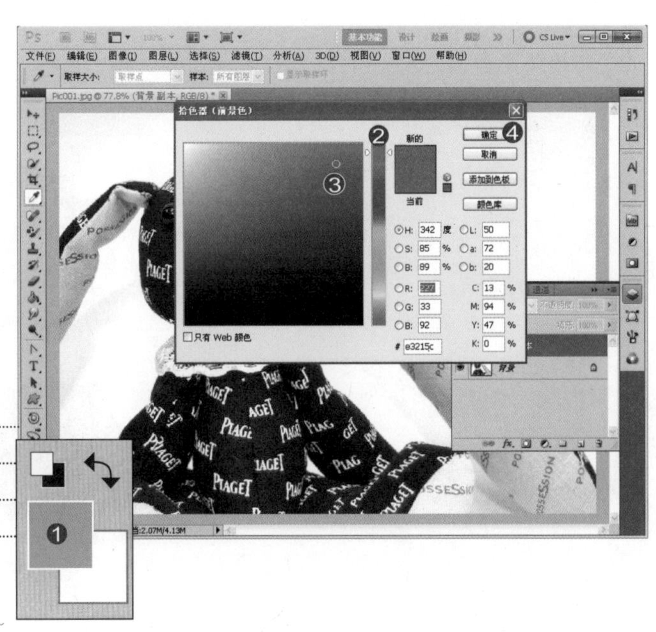

同学可以采用相同的方式来修改背景色彩。单击“背景色”，便能在“拾色器”对话框中指定背景颜色。

G）建立快照

1.单击“历史记录”按钮

2.打开“历史记录”面板

3.单击“创建新快照”按钮

4.新增“快照1”

“快照”属于阶段性存档。因为使用画笔处理图像，很容易就超出20个以上的历史记录，所以先拍下快照，随时可以恢复。

H）替换色彩容差

1.使用“颜色替换画笔工具”

2.模式为“颜色”

3.单击“取样：连续”按钮

4.容差为“30%”

“容差”值越高，能替换的颜色就越多。由于兔子的蓝色比较单纯，所以阿桑降低了容差。马上来试试效果如何。

I）红色替换蓝色

1.单击“背景 副本”图层

2.拖曳画笔涂抹蓝色区域

目前我们采用“取样：连续”模式，表示在拖曳画笔时，可以放开一下，然后再继续拖曳，“颜色替换画笔”能连续取样，持续的进行色彩替换操作。

J）擦拭多余的区域

1.单击“橡皮擦工具” 快捷键）E

2.调整笔触大小

3.拖曳橡皮擦擦拭眼球

由于深蓝色的布料与黑色眼球颜色相近，所以“眼睛”也被一起替换了。这里我们使用橡皮擦工具擦拭眼球。

前景/背景色控制

从第一章到现在，陆续在范例中提到修改工具箱中的前景色，来搭配工具运用，几乎每次都在“拾色器”对话框中进行色彩调整。现在，我们来了解一下“拾色器”对话框中一些有趣的细节。

〔打开拾色器〕

1.单击工具箱中的“前景色”或“背景色”方块

2.打开“拾色器”对话框

3.单击“颜色库”按钮，打开“颜色库”对话框

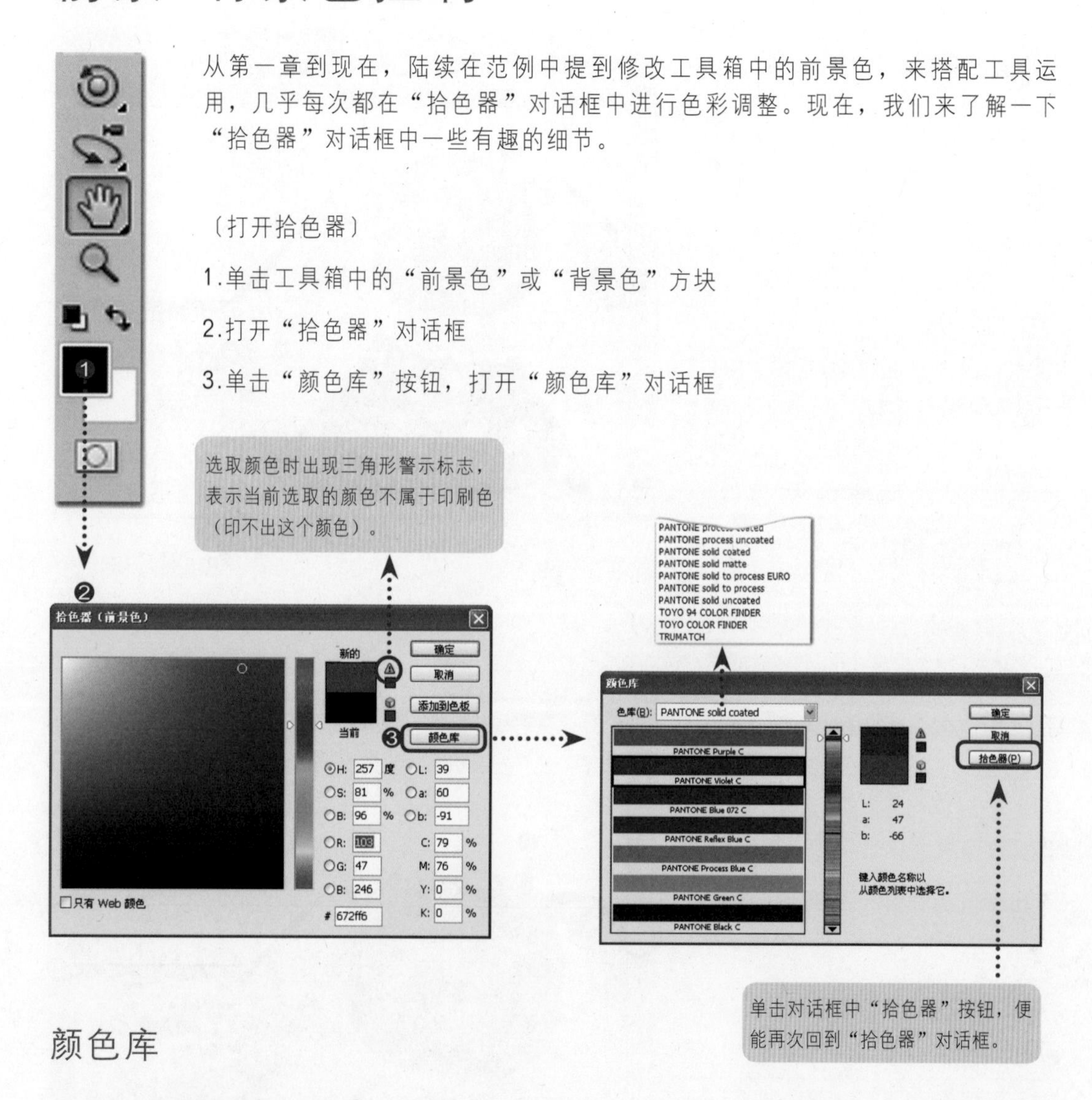

颜色库

拾色器与颜色库是两个相连的色彩控制设备。单击“颜色库”对话框中的“拾色器”按钮便能回到“拾色器”对话框中。“颜色库”对话框中提供了多种专业“色库（常称为：色板）”。工作时，可以通过色库指定特殊颜色。由于色库中每种色彩都有编号标示，我们与印刷厂沟通时，有相同的数据编号，非常方便。

色板/颜色面板控制

前面我们都是以“拾色器”对话框来修改工具箱中的“前景色”，这虽然是最好用、最方便的作法，但是有点单调，我们来认识一种新的方法，试试“色板”与“颜色”面板。

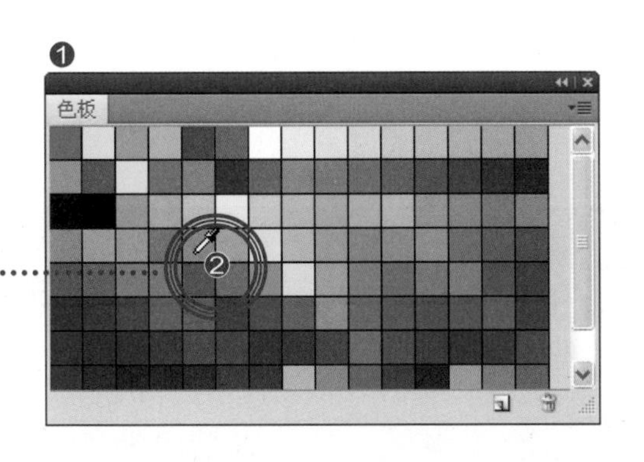

〔色板指定前/背景色〕

1.菜单“窗口/色板”

2.单击色块

3.改变前景色

利用鼠标右键单击“色板”面板中的色块，便能修改“背景色”。

单击颜色面板上的“前景色”或“背景色”色块，再拖动RGB滑杆便能调整工具箱中“前/背景”的颜色。

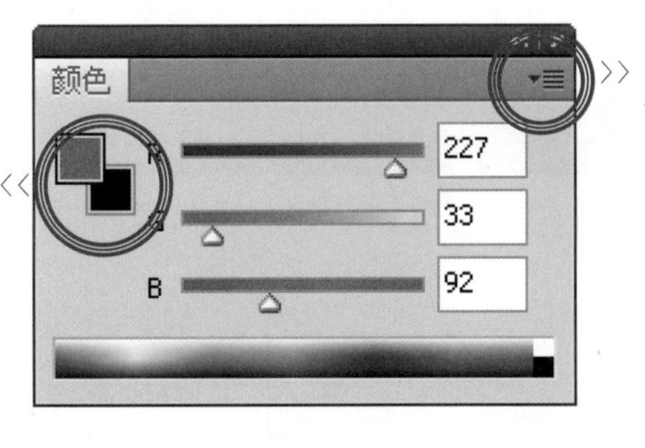

灰度滑块
✔ RGB 滑块
HSB 滑块
CMYK 滑块
Lab 滑块
Web 颜色滑块

将颜色拷贝为 HTML
拷贝颜色的十六进制代码

RGB 色谱
✔ CMYK 色谱
灰度色谱
当前颜色

建立 Web 安全曲线

关闭
关闭选项卡组

面板菜单

每一个面板的右上角都有一个“面板菜单”按钮，上图颜色面板右侧上方，用红圈框起来的位置。同学可以试着单击此按钮，可显示与面板相关的菜单选项。以“颜色”面板为例，菜单选项中提供多种调色方式，同学可以依据工作需求自行选择，马上来试试。

快捷键）G

油漆桶/渐变工具

适用版本：Photoshop CS3/CS4/CS5

鲜艳亮丽的颜色，在网页上也非常受欢迎，同学可以上网搜索“杨比比”，进入阿桑的博客，便能看到颜色带来的力量，就像下面的图一样，纯色的威力，It's so powerful！

如果没有这些字形，很多想法与概念便无法成形与落实。感激有这么多的人在网络上分享自己的学习心得与资源。

TIPs 工具使用重点

“油漆桶工具”能填充：

前景色

图案（内置图案或是自定义图案）

“渐变工具”能填充：

各种不同的渐变色彩到指定的范围中

提供五种渐变填充方式

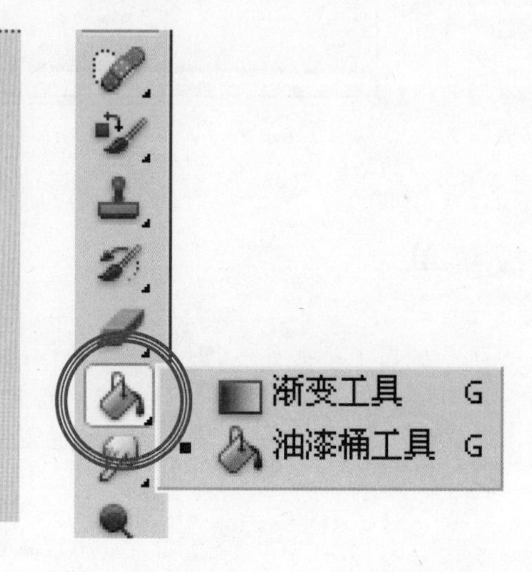

参考范例　素材和结果源文件\第5章\Pic002.JPG
素材和结果源文件\第5章\Pic002_OK.PSD

A）油漆桶工具　快捷键）G

1.打开范例文件Pic002.JPG

2.按F7键打开图层面板

3.所有黑色矩形都在“背景”图层中

4.单击“油漆桶工具”

5.指定填充“前景色”

“油漆桶”与“魔棒”工具选项栏非常相似，同样都以“容差”数值作为填充或选取的范围。

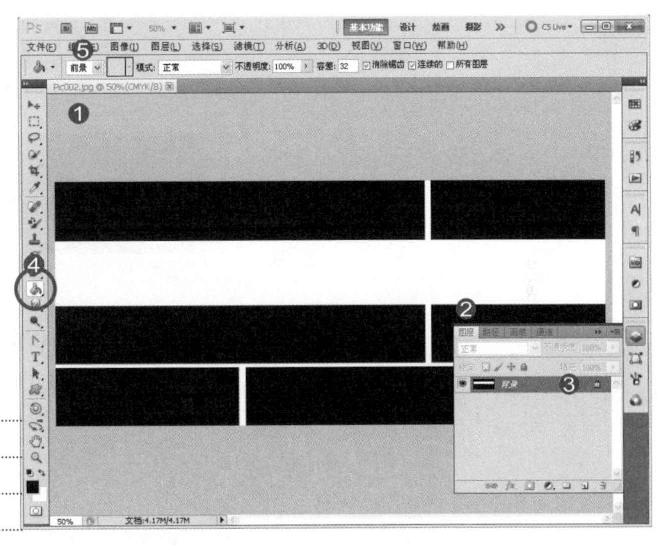

B）从色板面板指定前景色

1.单击色板按钮

2.打开“色板”面板

3.单击色块

4.改变前景色

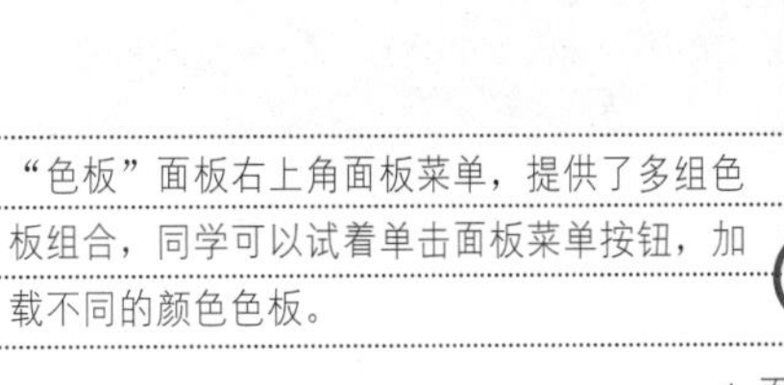

“色板”面板右上角面板菜单，提供了多组色板组合，同学可以试着单击面板菜单按钮，加载不同的颜色色板。

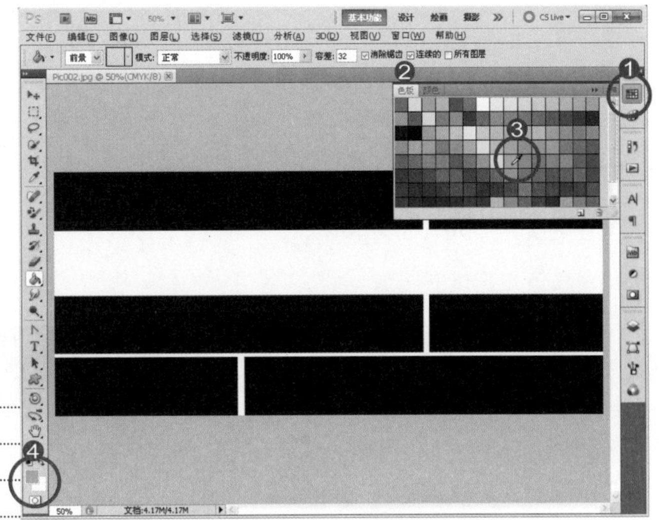

▲面板位置：菜单“窗口/色板”

C）填充前景色

1.确认选择“油漆桶工具”

2.填充“前景”

3.单击黑色色块

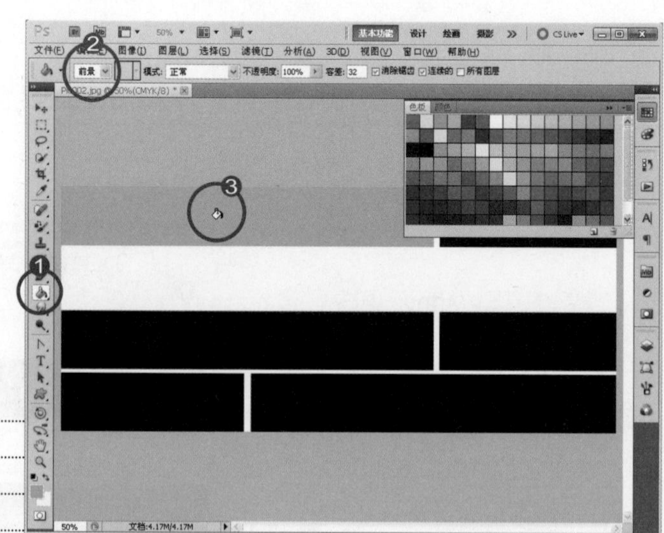

“油漆桶工具”以容差数值为填充范围，所以我们可以顺利地将前景色填入纯黑色矩形范围中，不会出界。

D）油漆桶填充图案

1.填充“图案”

2.打开图案拾色器

3.选取图案

4.混合模式为“正片叠底”

5.不透明度为“50%”

6.单击绿色矩形填充图案

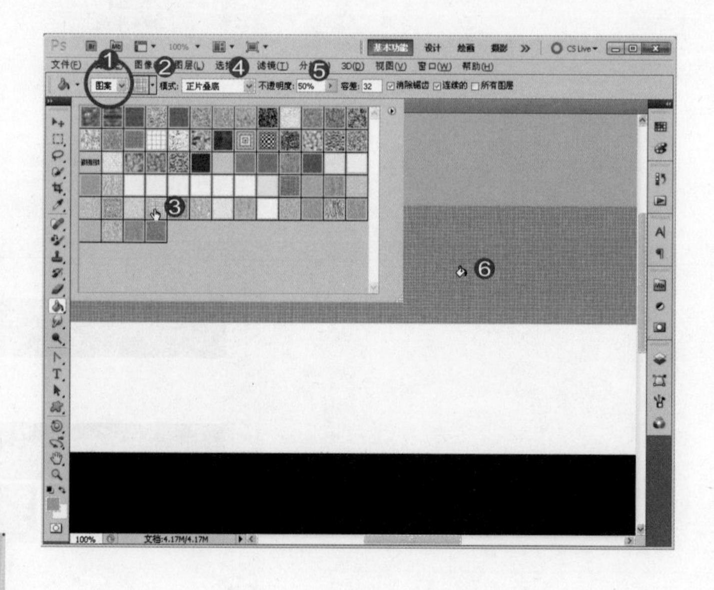

TIPS 混合模式

数字编辑环境中用于表示两种颜色或图案混合的状态。“正片叠底”类似画笔重复绘制，能混合出比较深的颜色。

E）渐变工具　　快捷键）G

1.单击“渐变工具”

2.选择“线性渐变”

3.拖曳拉出渐变方向

“渐变工具”会以工具箱中的前景/背景色彩为渐变内容。除了“线性渐变”之外，同学也可以试试不同的渐变方式。

F）渐变色彩填充背景图层

1.“背景”图层中显示渐变颜色

2.单击“历史记录”按钮

3.打开“历史记录”面板

4.恢复前一个步骤

“油漆桶工具”以容差来填充颜色，可是“渐变工具”却没有，所以我们先选择填充渐变的区域，再对其进行渐变填充。

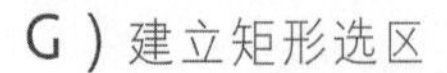

G) 建立矩形选区　　快捷键）M

1.单击“矩形选框工具”

2.拖曳矩形框选黑色区域

同学也可以使用“魔棒工具”选择编辑区中的黑色矩形。

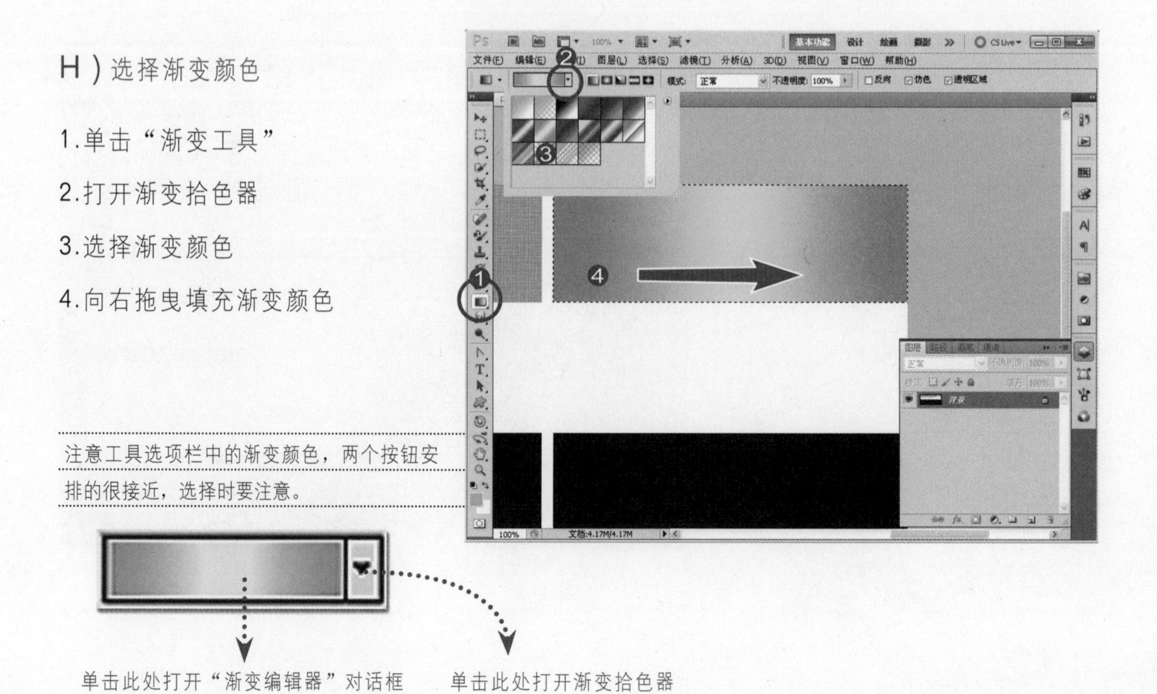

H) 选择渐变颜色

1.单击“渐变工具”

2.打开渐变拾色器

3.选择渐变颜色

4.向右拖曳填充渐变颜色

注意工具选项栏中的渐变颜色，两个按钮安排的很接近，选择时要注意。

I） 载入更多渐变颜色

1.打开渐变拾色器

2.单击圆形选项按钮

3.单击“杂色样本”渐变组合

4.单击“追加”按钮

5.拖曳拉大渐变色拾色器

6.选择渐变色

7.拖曳鼠标填充选区

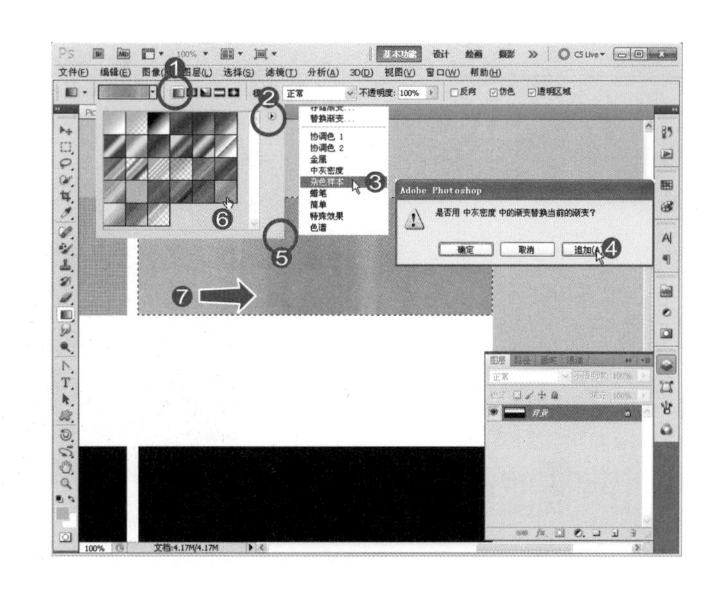

J） 简化渐变颜色

1.打开“色调分离”对话框

2.简化选取范围的颜色为“4”个色彩阶层

3.单击“确定”按钮

阿桑很喜欢在渐变颜色填充后，使用“色调分离”命令简化渐变颜色，使色彩纯度提高。

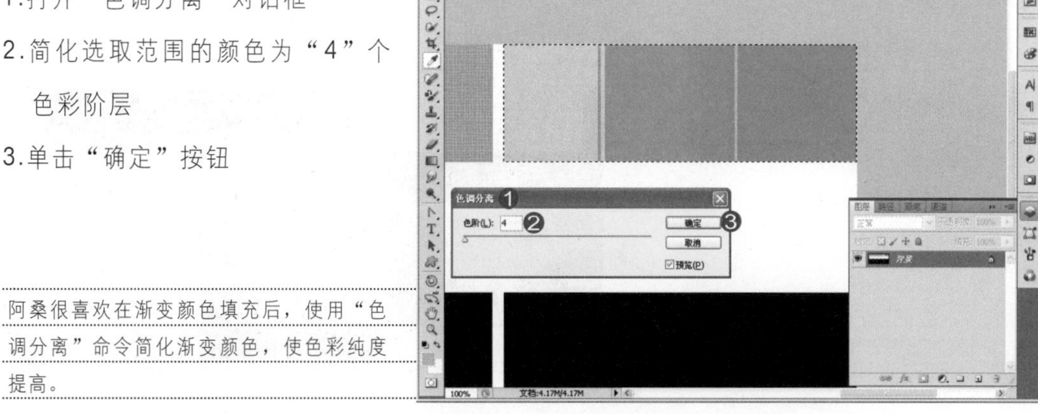

▲命令位置：菜单“图像/调整/色调分离”

K）魔棒工具　　快捷键）W

1.单击“魔棒工具”

2.调整容差值

3.单击黑色色块

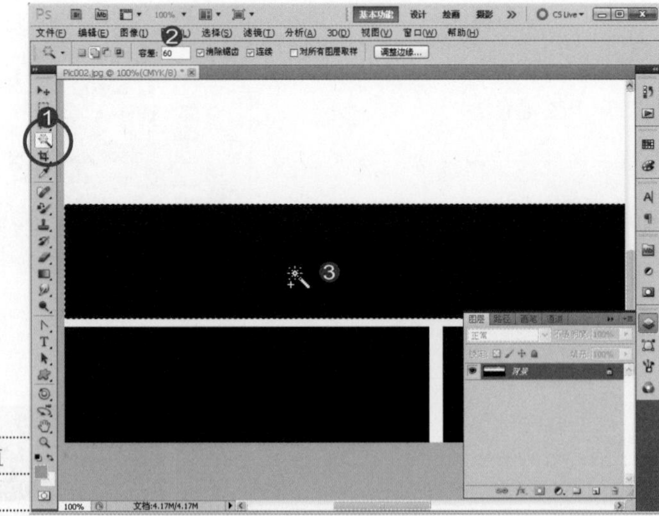

由于我们的黑色色彩单纯，使用魔棒工具直接选取，更方便。

L）填充　　快捷键）Shift+F5

1.执行“填充”命令

2.使用为“颜色...”

3.单击“颜色库”按钮

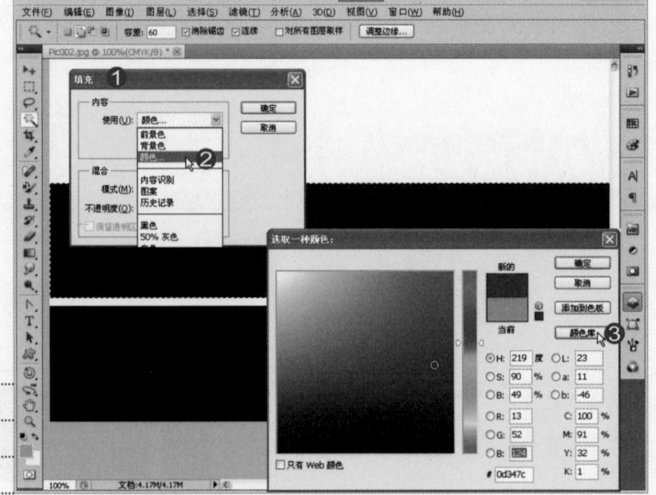

▲ 命令位置：菜单“编辑/填充”

“填充”命令与油漆桶工具非常类似，但是功能与选用的范围比油漆桶的空间更大，我们先来看看填充部分。

M）填充指定色板

1.指定“色库”

2.拖曳滑杆寻找色相

3.单击指定色板

4.单击“确定”按钮

5.单击“确定”结束填充

颜色库中提供多种常用的色板，同学可以依据客户需求，从颜色库中指定色板。

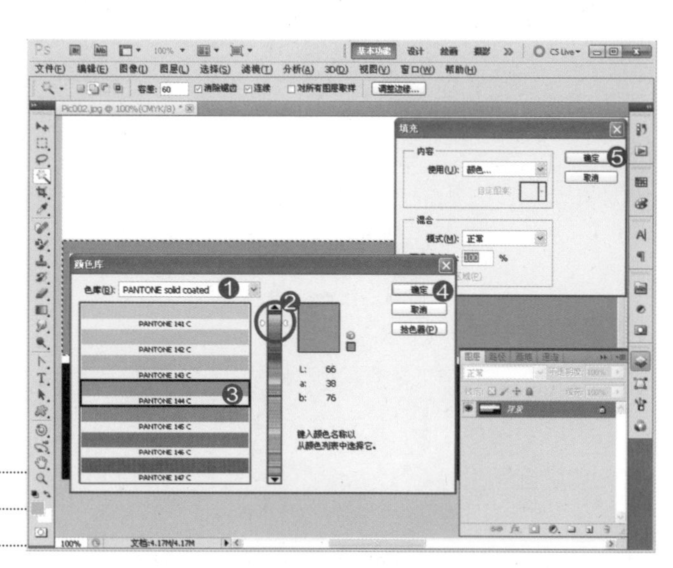

N）颜色面板

1.单击“颜色”按钮

2.单击“背景色”色块

3.拖曳调整颜色

4.工具箱中背景色同步改变

5.单击“橡皮擦工具”

6.拖曳橡皮擦擦出背景色

同学记得要在“颜色”面板中单击一下“前景色”色块。否则以后修改的颜色内容都会填充到“背景色”中。

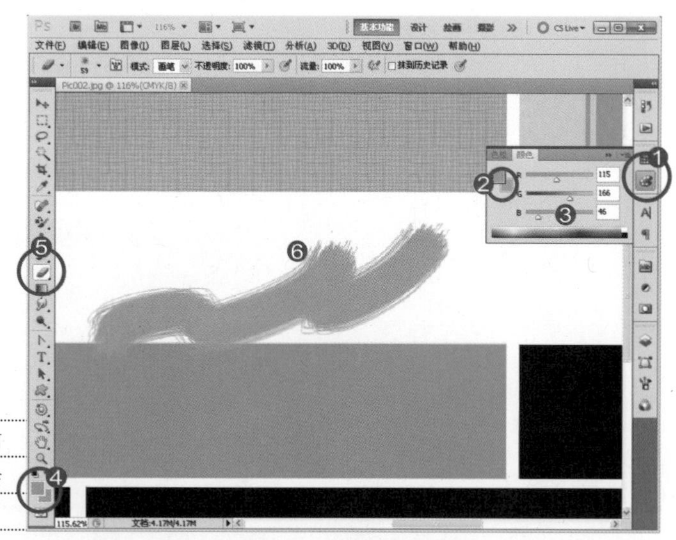

▲命令位置：菜单“图像/调整/色调分离”

快捷键）G

内容识别填充

适用版本：Photoshop CS5

“内容识别填充”是CS5版本新增的功能，阿桑已试验过，功能很强大，同学一定要试试。

阿桑的设计很简单，饱和的颜色、具有特殊的字体样式，明确的传达出想展现的意念，不用太多复杂的图案，就能让画面利落好看。希望同学喜欢这张照片的处理方式。

A）复习一下

1.原汁原味完全没修过

2.单击“裁剪工具” 快捷键）C

3.单击“清除”按钮

这个练习，阿桑特别挑出“牛麻”拍的照片，让各位练习裁切与色阶处理。

参考范例 素材和结果源文件\第5章\Pic003.JPG
素材和结果源文件\第5章\Pic004.JPG

B) 建立裁剪范围

1.拖曳拉出矩形裁剪范围

2.拖曳控制点调整裁剪范围

裁切范围不是很好，左侧的娃娃少了一段，右侧的娃娃脑门上边少了一块。

C) 启动透视裁剪

1.勾选“透视”选项

2.拖曳调整控制点

3.单击“√”按钮

效果好多了。同学的眼神怪怪的，忘记透视裁切了，没关系，阿桑会陪着大家反复练习。

D）提高图像亮度

1.执行“色阶”命令　快捷键）Ctrl+L

2.拖曳亮调到色阶底部

3.单击“确定”按钮

4.照片变亮

阿桑觉得跟大家越来越熟，写稿的心情也都high起来了。

▲ 命令位置：菜单“图像/调整/色阶”

E） 修复斑点

1.单击“修补工具”　快捷键）J

2.拖曳框选斑点

3.拖曳到干净的背景上放开

4.按Ctrl+D键取消选取

看起来这幅黏土画已经挂在墙面上好长一段时间，到处都有灰尘与斑点。同学可以使用“污点修复画笔工具”，清除背景上一些比较明显的刮痕。

F）缩小图像大小

1.打开“图像大小”对话框

2.勾选“约束比例”选项

3.缩小像素宽度为“1000”

4.单击“确定”按钮

前面我们提到过，屏幕上显示，则调整“像素大小”；冲印输出，则调整“文档大小”。

▲命令位置：菜单“图像/图像大小”

G）填充

快捷键）Shift+F5

1.单击“套索工具”

2.拖曳框选如右图所示

3.打开“填充”对话框

4.单击打开下拉菜单

5.选择“内容识别”

6.单击“确定”按钮

▲命令位置：菜单“编辑/填充”

H）好样的

1.内容识别自动填充

2.按Ctrl+D键取消选取

阿桑要提醒一下，“内容识别填充”是一款没有逻辑的功能，不是每次都能这样顺利，有时候，会把旁边的心型或娃娃填充进来。

I） 再来一张

1.打开范例文件Pic004.JPG

2.单击“套索工具”

3.拖曳框选狗狗的绿色牵绳

注意，这次背景很复杂，而且阿桑贪心地将填充范围从石块横跨到木条上，紧张的时刻到了，来看看内容识别的表现吧。

J）内容识别填充 快捷键）Shift+F5

1.打开“填充”对话框

2.使用为“内容识别”

3.单击“确定”按钮

4.按Ctrl+D键取消选取

结果不算太满意，木条上填入了部分石块。因为填充范围真的太大，我们再来加强一下。

▲命令位置：菜单“编辑/填满”

K）再来识别一次

1.再次单击“套索工具”

2.拖曳框选如右图所示

3.选择“填充”命令

4.使用为“内容识别”

5.单击“确定”按钮

效果好多了。今天晚上阿桑都会泡在“内容识别填充”中，好好测试这个命令的极限，同学可以先休息。

▲命令位置：菜单“编辑/填满”

Kuler强力配色

适用版本：Photoshop CS4/CS5

不记得从什么时候开始依赖Kuler；读机械工程专业的阿桑，脑子里装的都是铁块，看过焊接时喷出的火星吗？应该就是这些星星点点的小火花，点燃潜藏心中的那一份对于图像、阳光、色彩的热爱。

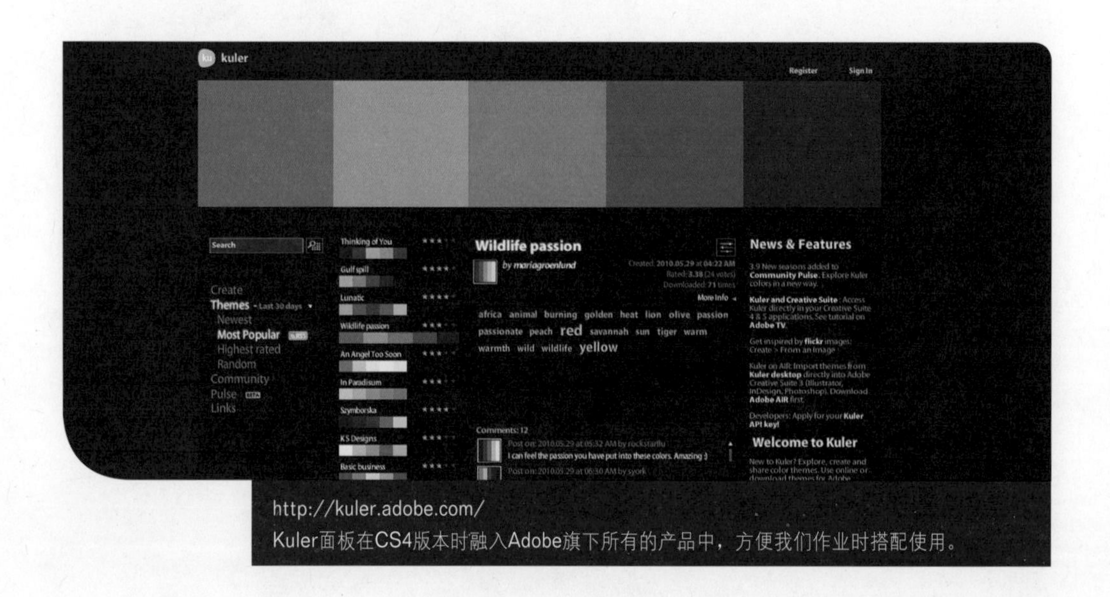

http://kuler.adobe.com/
Kuler面板在CS4版本时融入Adobe旗下所有的产品中，方便我们作业时搭配使用。

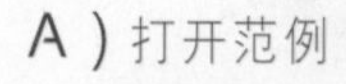

A) 打开范例

1.打开范例文件Pic005.TIF

2.按F7键打开图层面板

3.双击“抓手工具”

4.放大图像到窗口能显示的最大范围

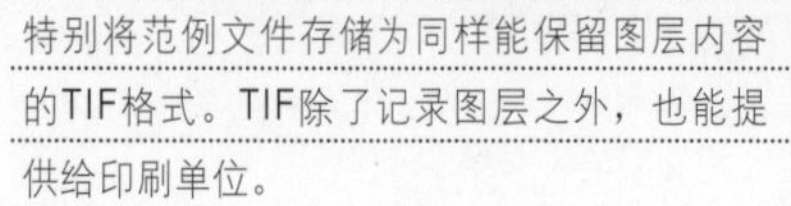
特别将范例文件存储为同样能保留图层内容的TIF格式。TIF除了记录图层之外，也能提供给印刷单位。

参考范例 素材和结果源文件\第5章\Pic005.TIF
素材和结果源文件\第5章\Pic005_OK.TIF

B）Kuler面板

1.打开Kuler面板

2.色彩模块为“最高评级”

3.显示“所有时间”

4.单击“下一组色彩”

同学必须是CS4/CS5 Extended版本才能使用“扩展功能”。如果是Standard则不提供扩展功能与其相关的面板。

▲命令位置：菜单“窗口/延伸功能/Kuler”

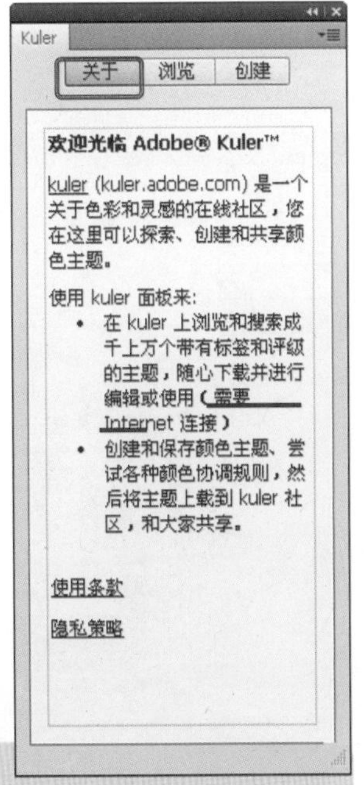

Kuler面板必须在连接网络的状态下才能加载色彩，由于状况特殊所以在“关于”菜单中进行说明。

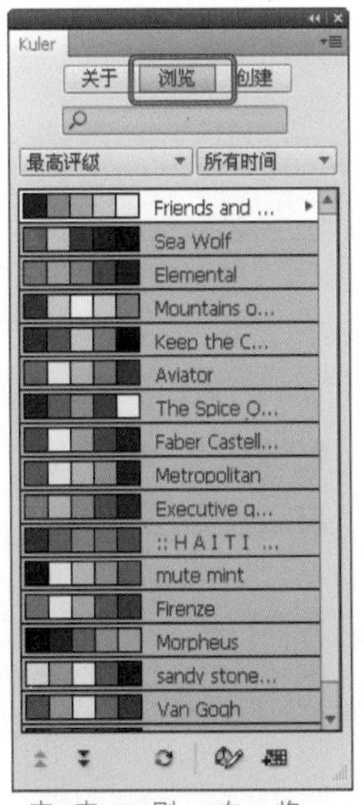

查看上一组主题　查看下一组主题　刷新kuler社区中的主题　在“创建”面板中编辑主题　将所选主题添加到色板

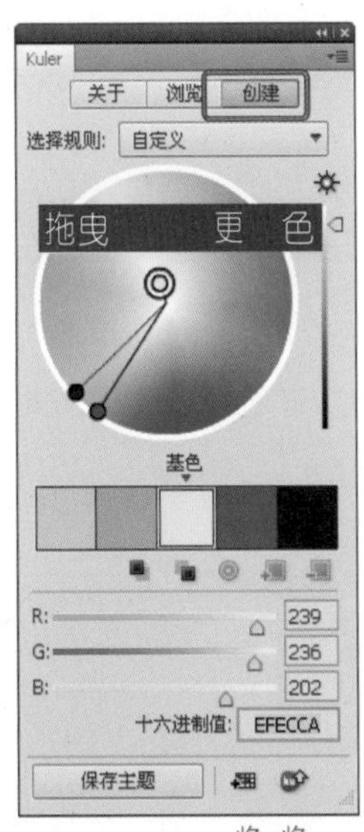

将主题上载到kuler　将此主题添加到色板

C）随机查看色彩

1.使用“随机”查看色彩

2.单击查看下一组主题

打开Kuler面板时，会立即联机更新面板中的色彩组合。也就是说，Kuler面板必须在网络联机的状态下，才能正常作业。

D）将主题添加到色板面板

1.单击三角形菜单按钮

2.执行“添加到色板面板”

3.色板面板新增五组颜色

▲命令位置：菜单“窗口/色板”

注意到小菜单上的“提交关注内容报告”选项了吗？如果同学对于目前的色彩组合有意见，便可以通过这个选项进行汇报。

E）油漆桶填充颜色

1.单击选取图层

2.单击“油漆桶工具” 快捷键）G

3.降低容差

4.勾选“连续的”选项

5.单击色板中的色块

6.单击编辑区填充颜色

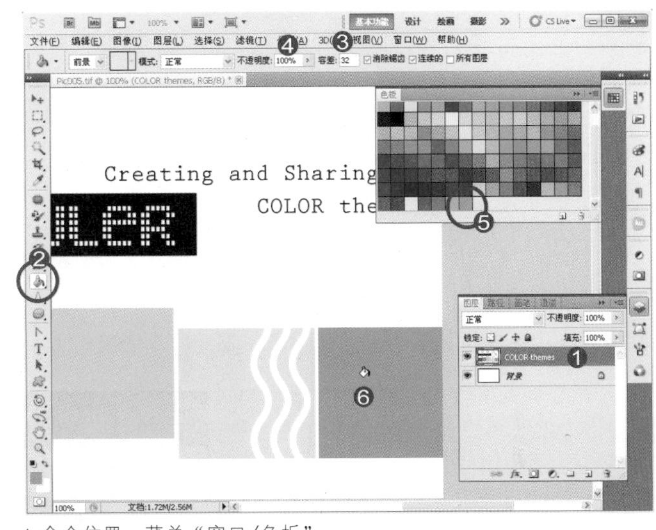

▲命令位置：菜单“窗口/色板”

F）填充不连续颜色

1.单击“油漆桶工具”

2.降低容差为“30”

3.取消“连续的”选项的勾选

4.单击色板中的色块

5.单击编辑区填充颜色

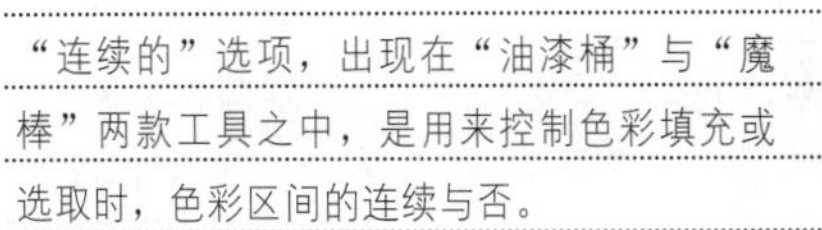

“连续的”选项，出现在“油漆桶”与“魔棒”两款工具之中，是用来控制色彩填充或选取时，色彩区间的连续与否。

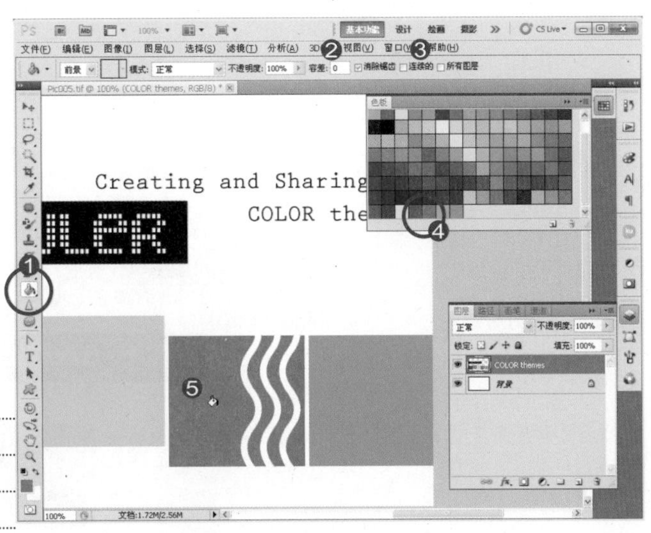

▲命令位置：菜单“窗口/色板”

建立渐变颜色组合

适用版本：Photoshop CS3/CS4/CS5

渐变颜色是由多个颜色建立而成的组合。渐变颜色可以通过“渐变工具”、“填充”命令、“图层样式”与“调整图层”来填充。现在阿桑陪着大家，再次从Kuler面板中导入颜色，并且将这些颜色创建为渐变颜色组合，来试试。

A）加入颜色到色板面板

1.打开范例文件Pic006.TIF

2.打开Kuler面板

3.选择“最高评级”

4.单击查看下一级主题

5.单击黑色三角形按钮

6.执行“添加到“色板”面板命令”

7.色板面板新增五款颜色

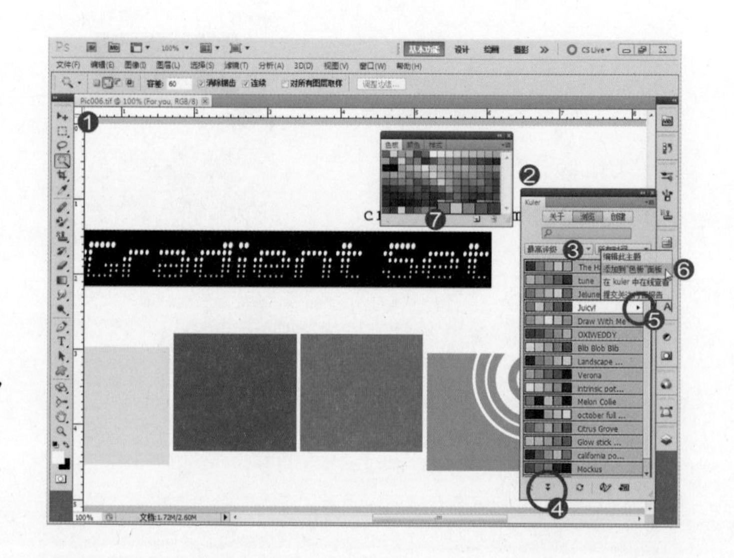

B）指定选取范围

1.按F7键打开图层面板

2.选取上方图层

3.单击“魔棒工具”　快捷键）W

4.勾选“连续的”

5.单击色块建立选取范围

填充渐变颜色前，最好先指定填充范围，否则渐变颜色会以当前图层内容为填充区域。

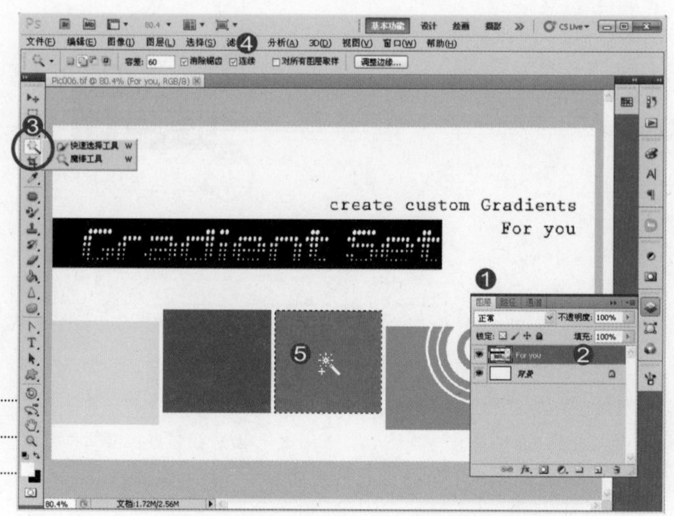

参考范例 素材和结果源文件\第5章\Pic006.TIF
素材和结果源文件\第5章\Pic006_OK.TIF

C) 加入调整图层

1. 单击“创建新的填充或调整图层”按钮
2. 执行“渐变...”命令
3. 单击渐变色块

“创建新的填充或调整图层”中提供多款图像明暗色调编修命令，调整图层搭配图层蒙版，是一种弹性又方便的图像调色工具。

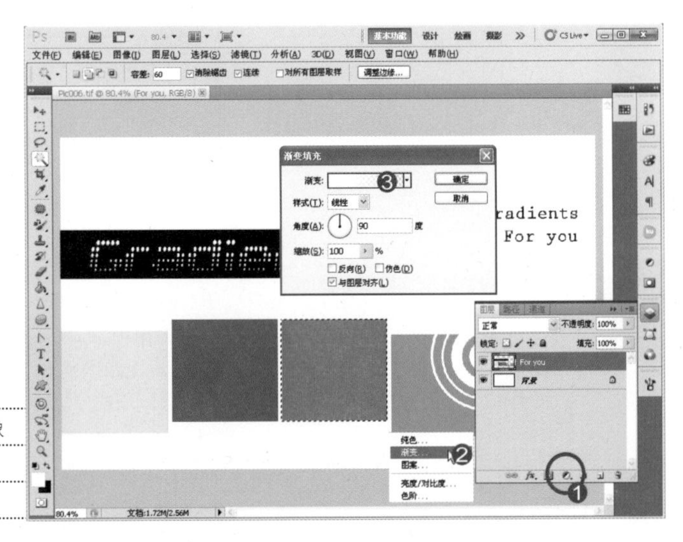

D) 渐变编辑器

1. 单击色块
2. 单击“色板”按钮
3. 打开“色板”面板
4. 单击“色板”面板中的颜色

在“渐变编辑器”对话框打开的状态下，仍然可以将鼠标移出对话框之外，单击“色板”按钮，打开“色板”面板。

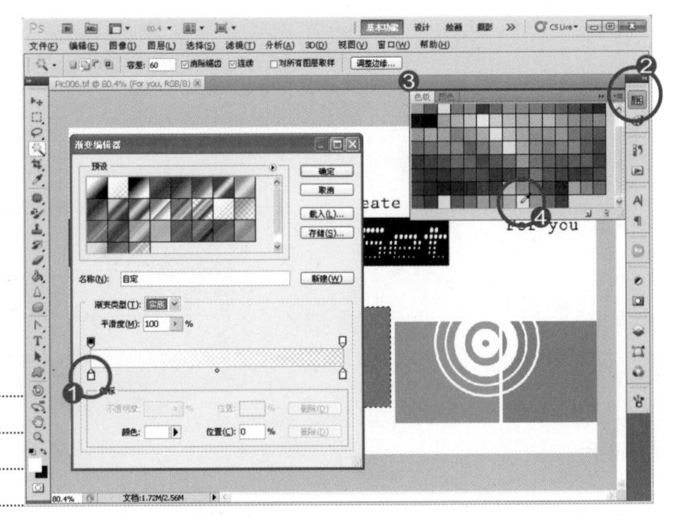

▲命令位置：菜单“窗口/色板”

E) 新建渐变颜色

1.单击渐变新建色块

2.单击色板面板色块

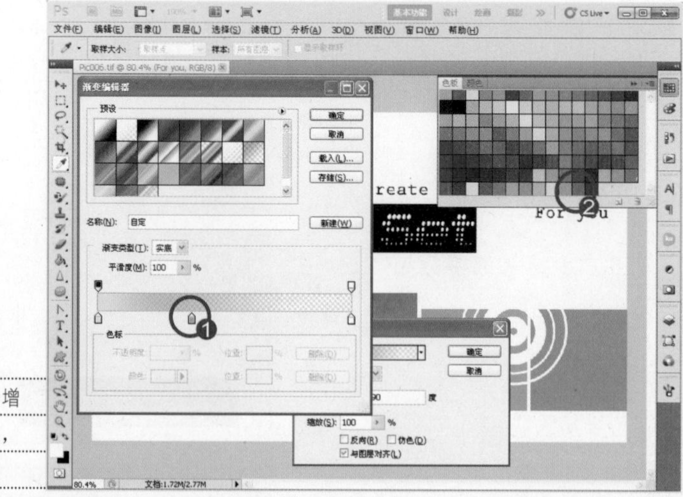

同学可试着在渐变色条上单击鼠标，便能增加颜色。如果要删除颜色，只要单击色块，再单击“删除”按钮即可。

F) 调整渐变颜色透明度

1.单击新建色块

2.单击“色板”面板指定颜色

3.单击新建透明色标

4.调整不透明度为“100%”

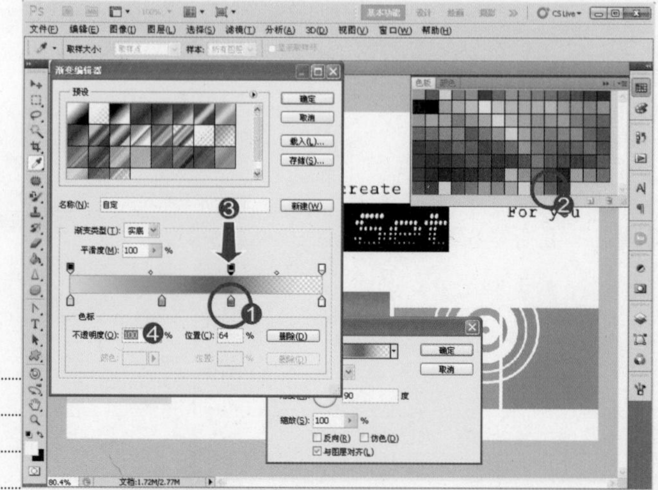

渐变颜色中每一个颜色都可指定“透明”程度。单击渐变色条下方，能增加色块；单击渐变色条上方，能指定色彩不透明度。

G) 完成渐变颜色的编辑

1.单击渐变色条下方新建色块

2.单击色板指定颜色

3.单击上方透明度

4.调整不透明度为“100%”

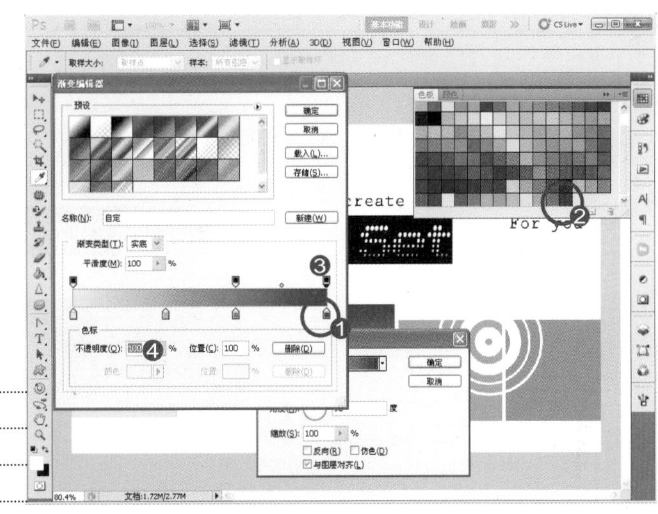

“色标”区域，控制上方色标的不透明度数值，与渐变色条下方颜色色块的颜色与显示位置，并提供“删除”功能。

H) 新建渐变

1.输入渐变名称

2.单击“新建”按钮

3.添加新渐变颜色组

4.单击“确定”完成渐变编辑

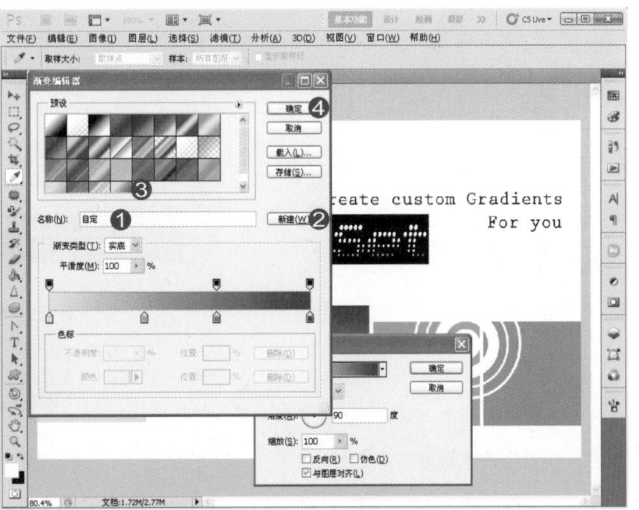

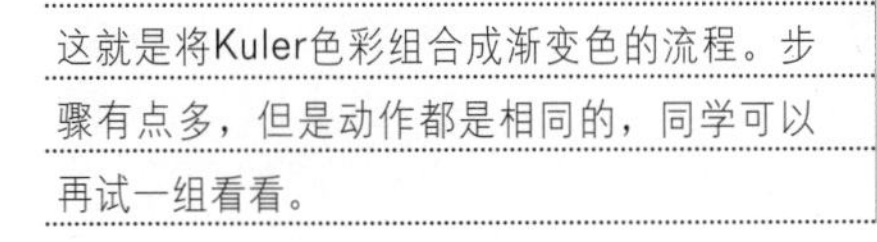

这就是将Kuler色彩组合成渐变色的流程。步骤有点多，但是动作都是相同的，同学可以再试一组看看。

I) 调整渐变填充

1.显示新建渐变颜色组合

2.样式为“对称的”

3.角度为“90”度

4.拖曳调整渐变颜色位置

同学可以将鼠标移出“渐变填充”对话框，拖曳调整渐变颜色在矩形范围内的显示位置。

J) 调整渐变颜色显示角度

1.拖曳圆形中线条

2.便能修改渐变填充角度

3.勾选“反向”对调颜色顺序

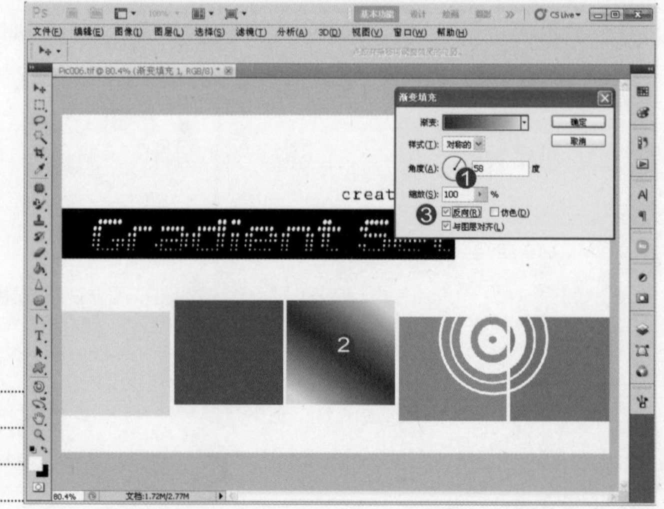

同学还可以试着调整“缩放”数值，控制渐变颜色填色显示比例。下面我们来看看图层。

K) 渐变调整图层

1.单击“确定”按钮结束渐变填充

2.添加渐变调整图层

3.白色能显示图层作用

4.黑色会遮住图层作用

双击调整图层前方的缩览图，可再次进入“渐变填充”对话框进行编辑。

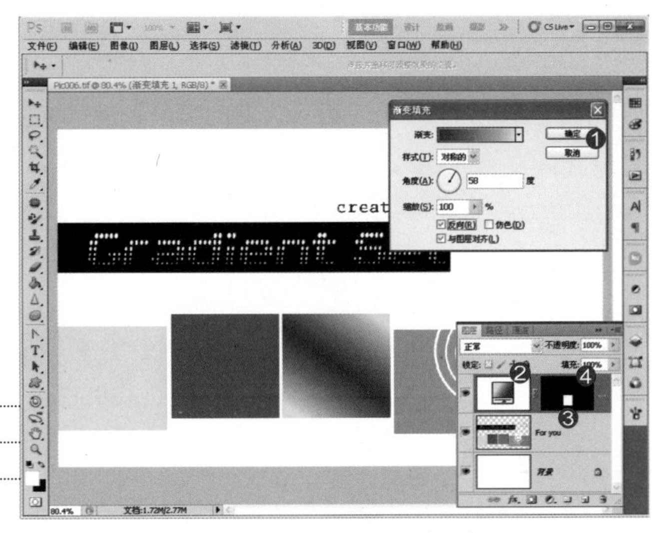

渐变编辑器

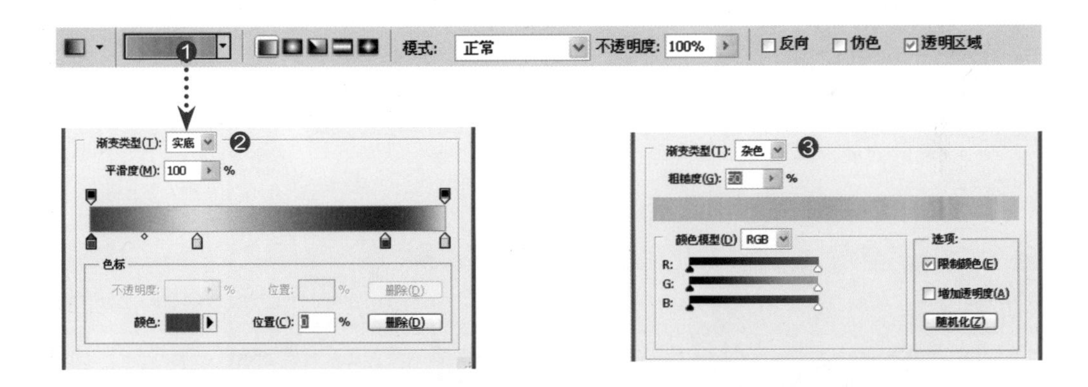

1.单击渐变色块便能打开“渐变编辑器”对话框

2.渐变类型“纯色”能以多个颜色组合渐变

3.渐变类型“杂色”则由RGB配置颜色区间

4.提高“粗糙度”能强化色彩间的对比程度

5.或单击“随机化”按钮来改变色彩组合

搜集画笔、制作画笔、整理画笔，所有Photoshop用户对于画笔都有一定程度的迷恋，计算机中积累了不少画笔，总是告诉自己“找时间整理，找时间整理”，可惜，时间不找我们，画笔还是堆在硬盘的角落中。今天，把画笔整理一下，阿桑陪大家重整尘封多时的画笔。

绘图工具

适用版本：Photoshop CS3/CS4/CS5

能以画笔任意画出线条与图形的工具称为“绘图工具”。经过阿桑严格筛选后，仅有“画笔工具”好搭档与“橡皮擦工具”入选，这两款工具孟不离焦，当然要放在一起讲。另外，还有两款特殊橡皮擦也是很好用的工具，都会在接下来的练习中运用。

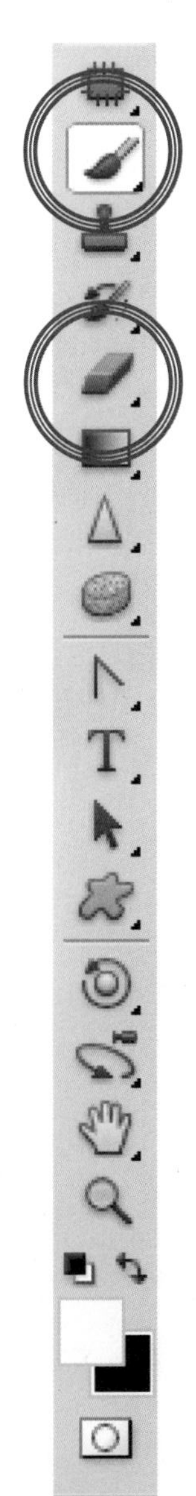

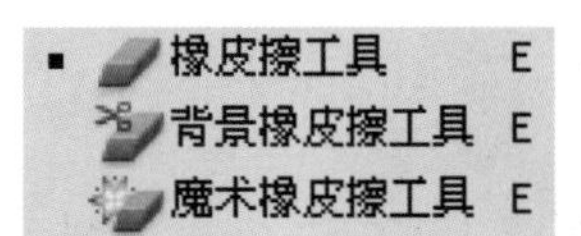

画笔工具

快捷键）B

Photoshop中最传奇的“画笔工具”终于上场了，先将“铅笔工具”放一边。先把重点放在“画笔工具”与CS5版本新增的“混合器画笔工具”上。阿桑要陪着同学一起搜索网络上的画笔，扩充专属的个人画笔数据库。

橡皮擦工具

快捷键）E

“橡皮擦工具”是一款非常直观，又好用的工具，当应用对象为“背景”图层时，可依据背景颜色进行绘制，就像画笔一样。

“背景橡皮擦”运用取样点来进行图像移除，特别适合用在大区域的纯色范围中。同学可以把“魔术橡皮擦”想成“移除油漆桶”，运用色彩容差范围来进行区域性相似色彩的去除。看下面的范例。

▲ 背景橡皮擦
依据取样颜色进行区域移除

▲ 魔术橡皮擦
依据颜色容差进行区域移除

快捷键）E

背景橡皮擦

适用版本：Photoshop CS3/CS4/CS5

参考范例 素材和结果源文件\第5章\Pic007.JPG
素材和结果源文件\第5章\Pic007_OK.PSD

A）背景橡皮擦工具 快捷键）E

1.单击“背景橡皮擦工具”

2.调整笔触大小

3.笔尖边缘清晰硬度为“100%”

4.使用“取样：一次”

由于背景色彩比较单一，所以我们采用“取样：一次”，只在橡皮擦单击背景时取样，进行天空区域的擦拭。

B）擦拭天空

1.单击天空

2.沿着Lucy边缘擦拭天空

打开“历史记录”面板，同学可以发现，这段擦拭过程只记录了一次“背景橡皮擦”。这表示在擦拭的过程中，完全没有松开鼠标（或感压笔）。

快捷键）E

魔术橡皮擦

适用版本：Photoshop CS3/CS4/CS5

参考范例 素材和结果源文件\第5章\Pic008.JPG
素材和结果源文件\第5章\Pic008_OK.PNG

A）魔术橡皮擦工具 快捷键）E

1.单击“魔术橡皮擦工具”

2.容差为“60”

3.勾选“连续的”选项

“魔术橡皮擦工具”相当于“魔棒工具”，运用容差（同学还记得容差吧）检测色彩作为擦拭范围。

B）移除背景颜色

1.单击背景颜色

2.灰白方格表示透明区域

3.背景图层更改为“图层0”

“背景”图层不允许有透明区域，所以当颜色被橡皮擦移除，“背景”图层便自动更名，转换为能包容透明区域的一般图层。

TIPS 记录透明区域

如果同学要将移除背景的图片导入到Office中使用，可将文件存储为PNG格式，如果去背图片的颜色简单，也可以将文件存为GIF格式，PNG与GIF都能保留透明区域。还可以存储为PSD格式，也能在Photoshop中显示透明区域。

画笔与橡皮擦工具

适用版本：Photoshop CS3/CS4/CS5

Photoshop提供的笔触样式，虽然并非“画笔工具”专属，但是却可以运用“画笔工具”并善用笔触的艺术性，来强化作品的设计感。下面就一起来试试“画笔工具”与“橡皮擦工具”最基本的用法，非常简单，放轻松来看这个练习。

A）建立新图层

1.按F7键打开图层面板

2.单击“创建新图层”按钮

3.新增空白图层

使用画笔工具绘制，记得先创建新图层，不要直接在背景图层中绘制，免得破坏原始图片内容。（灰白方格表示透明图层）

B）画笔工具

快捷键）B

1.单击“画笔工具”

2.打开画笔预设选取器

3.选择图案笔触

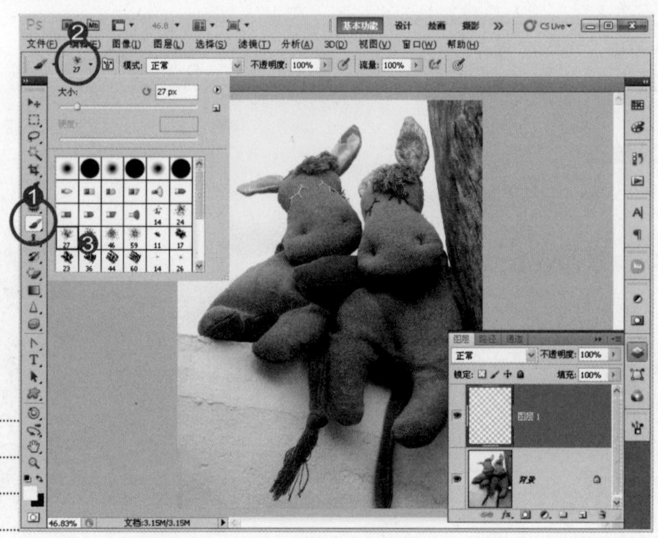

画笔绘制的颜色取自工具箱中的前景色，请同学先设置“前景色”。阿桑目前选用的是图案，所以不能调整“硬度”。CS5新增不少笔触刷头，同学可以试试。

参考范例　素材和结果源文件\第5章\Pic009.JPG
素材和结果源文件\第5章\Pic009_OK.PSD

C) 建立绘图画笔

1.单击“图层1”

2.拖曳画笔绘制图形

所有绘制的图形都在“图层1”中，同学可以使用橡皮擦工具擦拭不理想的线段，或者将图层拖曳到“垃圾桶”按钮上删除。

D) 橡皮擦工具　快捷键）E

1.单击“图层1”

2.单击“橡皮擦工具”

3.拖曳橡皮擦画笔擦拭线段

同学可以使用标准圆形笔触来擦拭图层上的线段，也可以选用图案（如右图中星形）来擦拭，展现不同的效果。

TIPs 工具快捷键

当我们按下键盘上的E键，会立刻切换到工具箱中的橡皮擦工具，至于会使用哪一个橡皮擦，就看哪一款橡皮擦显示在工具箱中。简单地说，如果不通过工具菜单，工具箱中显示“魔术橡皮擦工具”，按下快捷键E，便切换到“魔术橡皮擦”工具。

自定画笔图案

适用版本：Photoshop CS3/CS4/CS5

下面这张图片是运用照片描绘出来的，比例还可以，笔触与自由发挥的点，则不够理想。

A）新建签名图层

1.按F7键打开图层面板

2.单击“创建新图层”按钮

3.新建空白图层

4.单击“画笔工具” 快捷键）B

5.选择自己喜欢的笔触

6.拖曳画笔签上“Heaven”

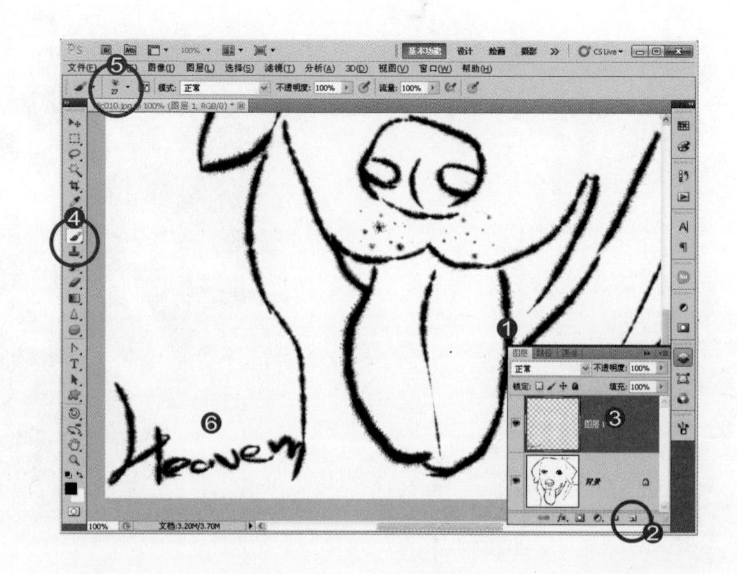

B）定义画笔

1.按Ctrl+A键全选编辑图像

2.菜单“编辑”

3.执行“定义画笔预设”命令

4.输入画笔名称

5.单击“确定”按钮

即使图案不在相同的图层，仍然能定义为画笔。我们现在创建的笔触就是“图案”，有原始大小，不具备“硬度”参数。

参考范例 素材和结果源文件\第5章\Pic010.JPG
素材和结果源文件\第5章\Pic010_OK.PSD

C) 创建新文件 快捷键）Ctrl+N

1.执行“新建”命令

2.预设为“Web”

3.大小为“1600x1200”

4.单击“确定”按钮

5.新建空白文件

难得今天没课待在家里，可以好好地写稿。

▲命令位置：菜单“文件/新建”

D) 创建画笔图案

1.按F7键打开图层面板

2.单击“创建新图层”按钮

3.单击“画笔工具” 快捷键）B

4.选择图案

5.调整笔触大小

6.指定前景色

7.单击创建图案在图层1

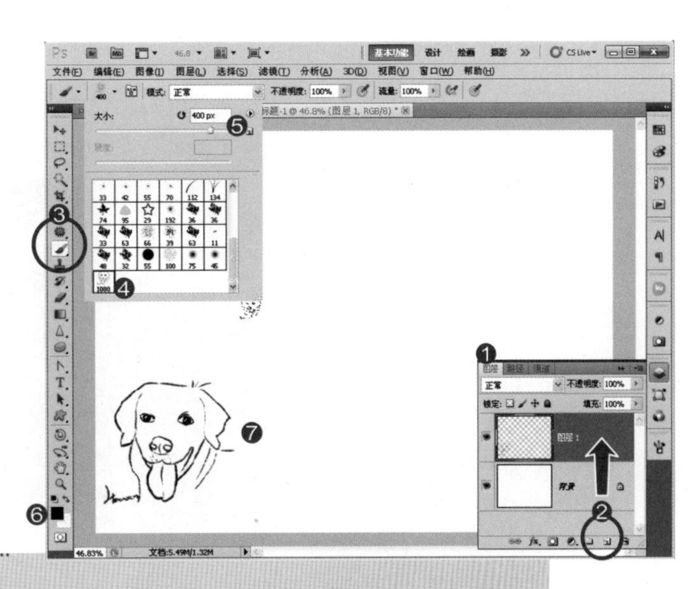

TIPS 图像笔触

由图片建立而成的画笔图案，就是图像笔触。图像笔触放大后，容易产生模糊的锯齿状边缘，所以在大小旁有个“恢复”图标，单击该图标，能恢复笔触的原始大小。

混合器画笔工具

适用版本：Photoshop CS5

Adobe想要独霸图像与绘图市场的企图，可以在CS5的“混合器画笔工具”与各类仿毛画笔中看出端倪。老实说，阿桑并不认为这点小小的变化能打动Painter用户，但是对我们来说，新增的“混合器画笔工具”与仿毛画笔的确有趣，一起来看看。

A）新增绘画图层

1.按F7键打开图层面板

2.单击“创建新图层”按钮

3.新增空白图层

4.单击“混合器画笔工具”

5.混合方式“湿润，轻混合”

6.潮湿程度为“50%”

7.勾选“对所有图层取样”

B）画笔面板

1.单击“切换画笔面板”按钮

2.单击“画笔笔尖形状”选项

3.单击硬笔刷

4.调整笔刷参数

5.切换硬笔刷画笔预览

试着按住Shift键+单击动态缩览图

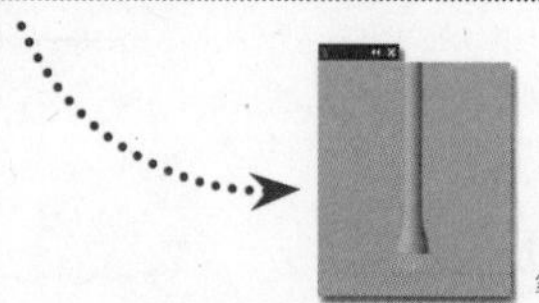

笔杆会有阴影显示，画笔摇起来也很有趣！

参考范例　素材和结果源文件\第5章\Pic011.JPG
素材和结果源文件\第5章\Pic011_OK.PSD

C）描绘图像

1.单击“图层1”

2.确认勾选“对所有图层取样”

3.拖曳画笔绘制图像

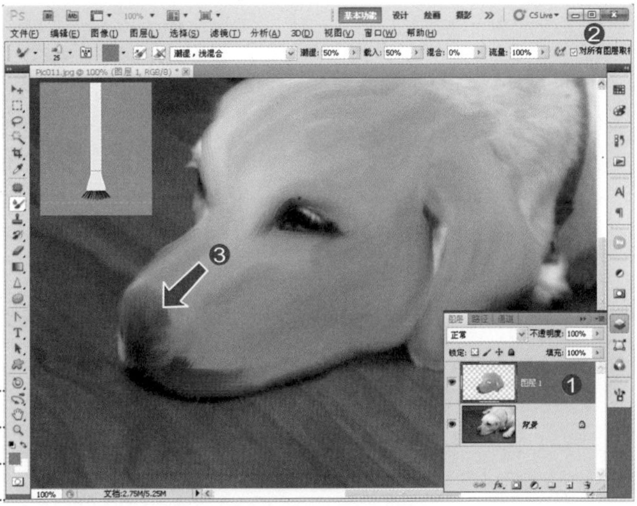

勾选“对所有图层取样”之后，绘制的结果会显示在“图层1”中，不会影响原图，可尽情地画。

D）调整画笔绘制地板

1.单击动态图标　没事·只是好玩

2.按键盘上的“[”缩小笔触大小

3.按键盘上的“]”放大笔触大小

4.拖曳画笔描绘地板

使用键盘上按键控制Photoshop工具时，需先关闭中文输入法，可顺利以键盘按键控制工具与其选项。

扩充画笔数据库

适用版本：Photoshop CS3/CS4/CS5

Photoshop内置的画笔图案，往往不能满足需求。我们可以通过两个方法来扩充画笔数据库，第一，自己绘制建立（太苦了，换一招）。像Photoshop这么强大的软件，用户多，相对的支持度也大，所以可以考虑从网络上搜索免费的资源（这个好）。

A）加载内置笔触样式

1.单击“画笔工具” 快捷键）B

2.打开画笔预设选取器

3.单击圆形选项按钮

4.选取任意一款内置的笔触样式

5.单击“追加”按钮

同学可以打开任何一张图片来进行这个阶段的练习，或者新建一份文件，放轻松点，这是个纯练习的范例。

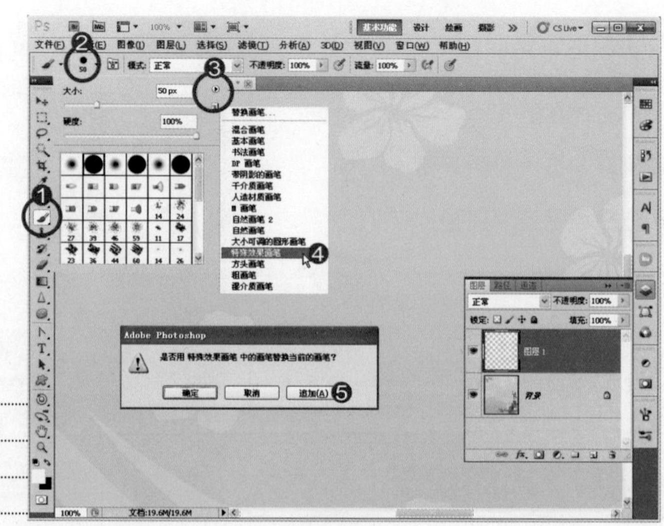

B）使用内置画笔图案

1.新建空白图层

2.指定前景色作为绘制颜色

3.选取画笔图案

4.调整笔触大小

5.拖曳画笔进行绘制

画笔图案绘制的结果会依据创建时的设置而有所不同。同学可以试试其他的画笔图案。

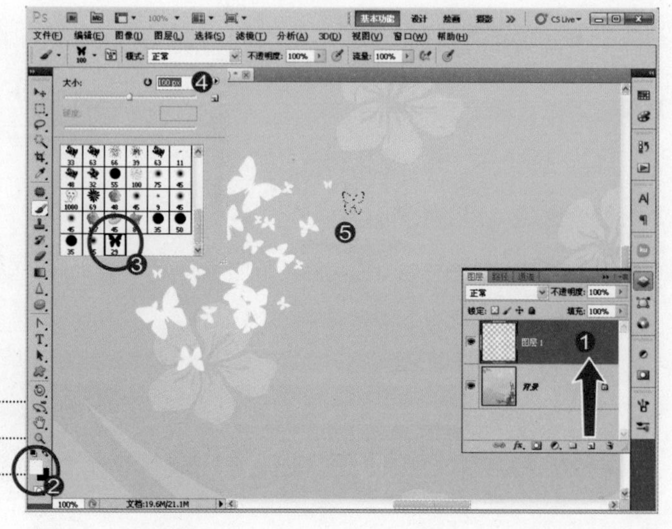

画笔搜索关键词

在搜索引擎中输入“Photoshop Brush”或“Photoshop abr”就能查找到Photoshop画笔。“abr”是画笔文件的附件名，所以同学也可以使用“abr”作为搜索画笔的关键词。

C）载入外部画笔

1.单击“画笔工具”

2.打开画笔预设选取器

3.单击面板选项按钮

4.执行“载入画笔”命令

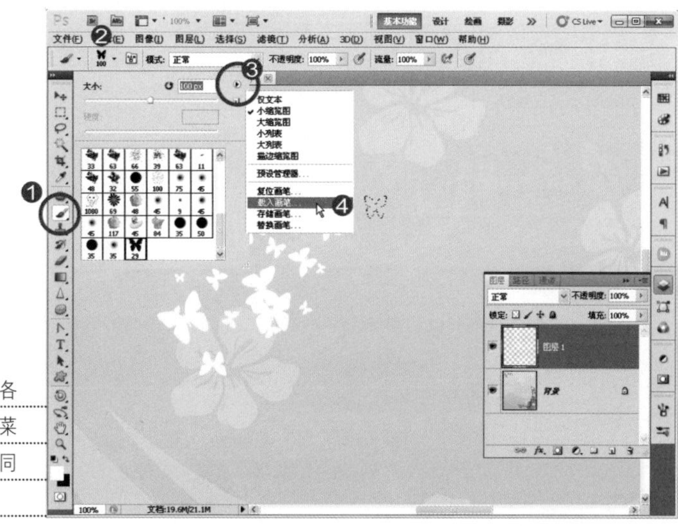

同学便可以从文件夹中选择网络上下载的各类画笔。除了这个方式之外，还可以执行菜单“文件/打开”命令，来打开画笔文件，同样能载入画笔。

D）调整画笔缩览图

1.单击圆形选项按钮

2.选择“大缩览图”

3.画笔形状以大缩览图显示

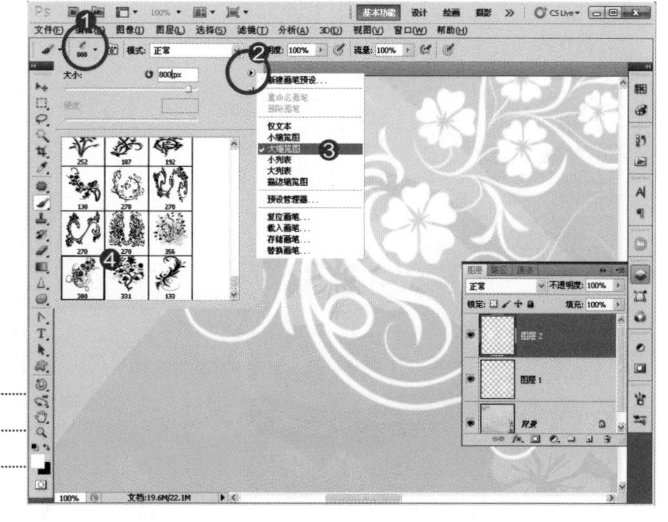

另外，提醒同学，除了大缩览图之外，也要试试其他的画笔图案显示方式。

散落画笔

适用版本：Photoshop CS3/CS4/CS5

杨比比尽可能的在书中传达工具操控方式与应用面，希望能通过范例操作指引同学们尝试进入Photoshop更深一层的领域。阿桑不可能永远陪着大家练习，所以我们必须学着测试不同工具与面板中的参数选项，进而转化成自己前进的动力。加油！

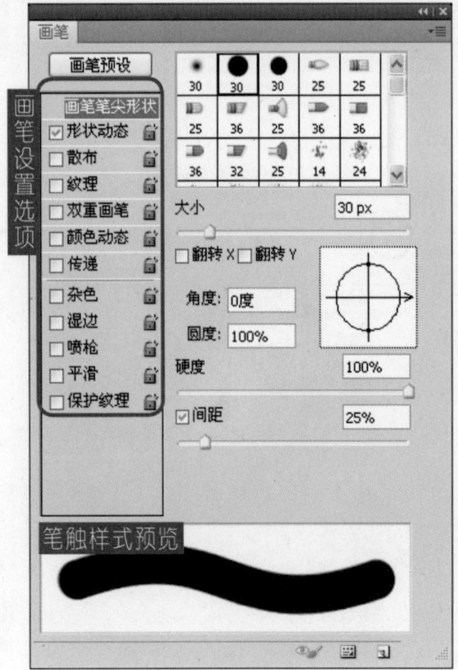

▲ 面板位置：菜单“窗口/画笔”

画笔面板

快捷键）F5

画笔面板中提供多种画笔设置选项。画笔面板左侧的“笔尖形状”、“形状动态”、“散布”与“颜色动态”是最常使用的选项。单击不同的画笔设置选项，面板右侧就会显示不同的设置参数。

Photoshop中所有应用画笔的工具，都提供钢笔压力控制，如果预算还够，同学可以考虑买一组绘图板。

绘图板第一品牌Wacom最近推出 ▶ 运用手指触动面板的新式绘图板，评价不错，就是价格有点贵。

参考范例 素材和结果源文件\第5章\Pic012.PSD
素材和结果源文件\第5章\Pic012_OK.PSD

A）新增空白图层

1.按F7键打开图层面板

2.单击“创建新图层”按钮

3.新增空白“图层1”

范例文件中包含了表示文字的图层和背景两个图层。我们在两个图层之中，新增一个用来放置绘制画笔的图层。

B）启动画笔面板 快捷键）F5

1.单击“画笔工具”

2.单击画笔按钮

3.打开画笔面板

4.单击“画笔笔尖形状”选项

5.单击选取圆形画笔

6.调整大小为“60px”

7.间距为“120%”

8.笔触状态预览

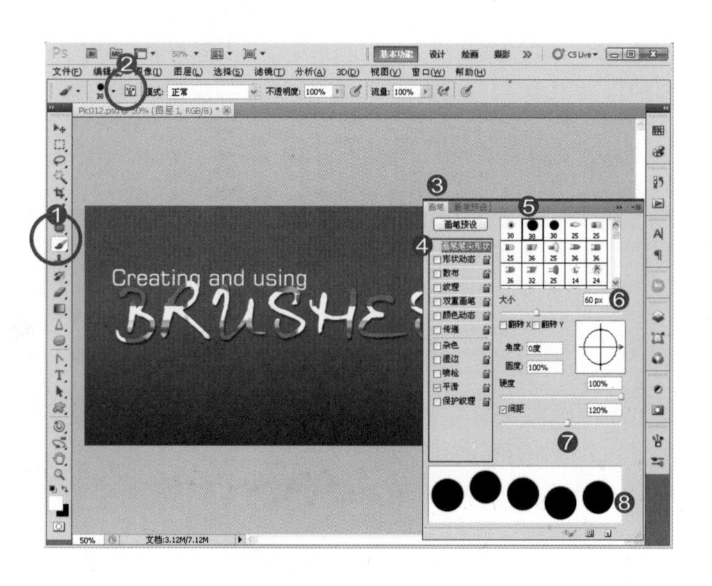

C）形状动态

1. 单击并勾选“形状动态”
2. 大小抖动为“100%”
3. 以“钢笔压力”控制大小
4. 设置圆度抖动参数
5. 调整角度抖动参数
6. 控制最小圆度为“25%”

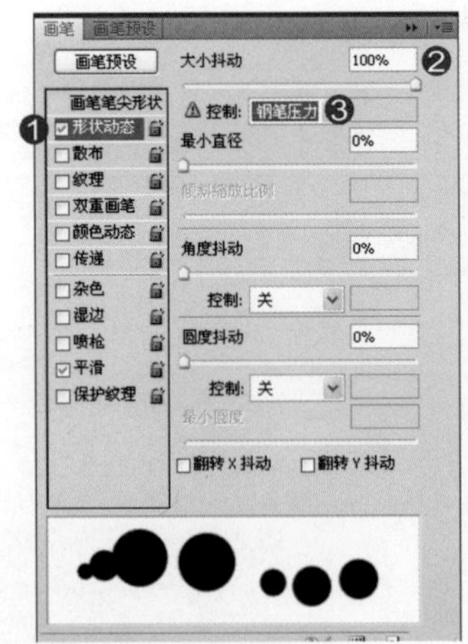

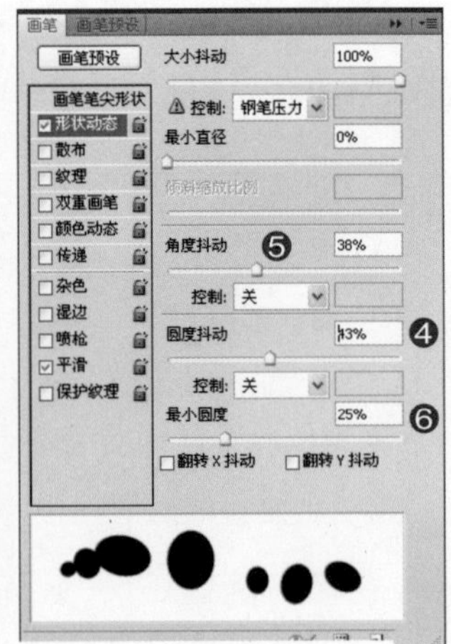

▲ 调整画笔动态时，每调整一个参数，便观察预览区中画笔的变化。记得先调整圆度，让画笔变为椭圆形之后，再调整角度变换，才能看出之间的差异。

D）散布

1. 单击并勾选“散布”
2. 勾选“两轴”（XY轴）
3. 调整散布程度为“770%”
4. 调整散布数量为“5”

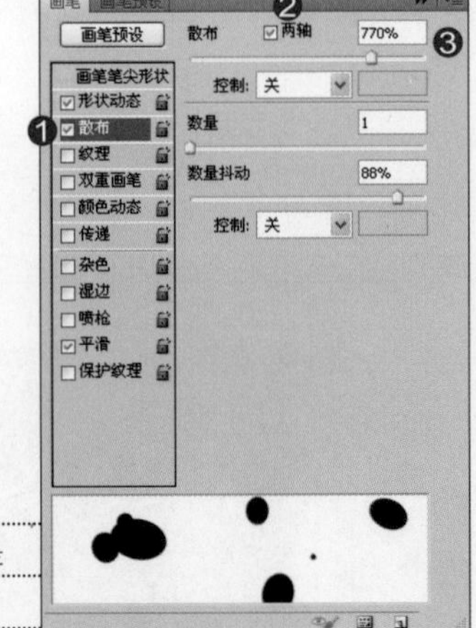

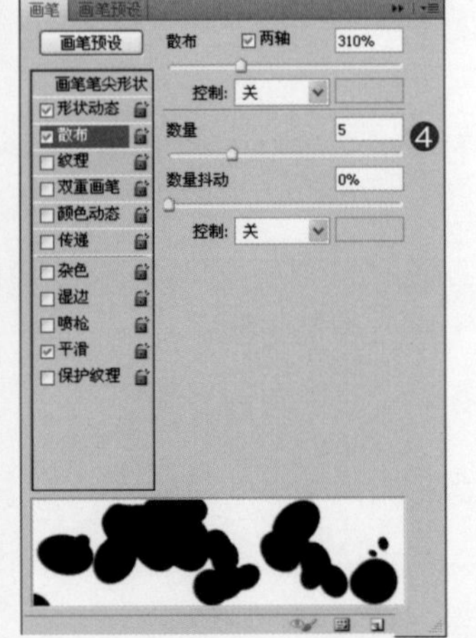

散布程度同学可以适需求调整，“770”只是一个参考值。

E）纹理/双重画笔

1.单击并勾选“纹理”

2.指定纹理图案

3.模式为“变暗”

4.勾选并单击“双重画笔”

5.单击画笔样式

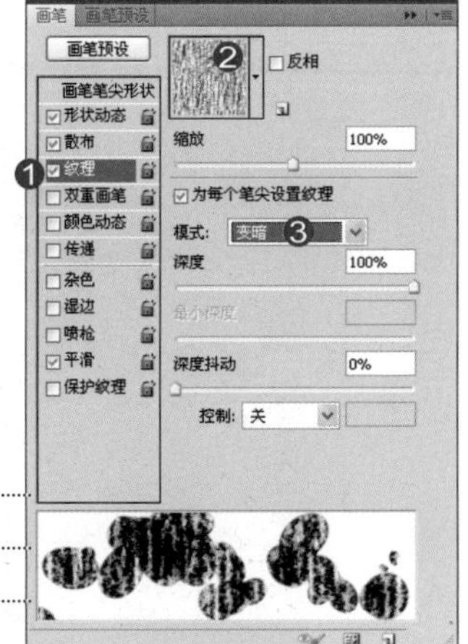
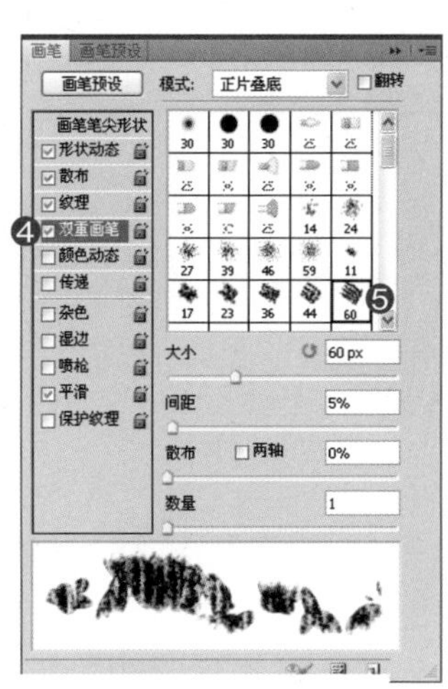

纹理很容易了解，就是在笔触中加入图案。双画笔，则是另外添加一个新画笔到笔触痕迹的外侧，如下图所示。

▲笔触痕迹边缘就是第二个画笔（也是双画笔）添加的痕迹。

F）颜色动态

1.指定工具箱中前景/背景色

2.单击并勾选“颜色动态”

3.前景/背景抖动为“100%”

4.绘制结果如下图左

5.色相抖动为“80%”

6.绘制结果如下图右

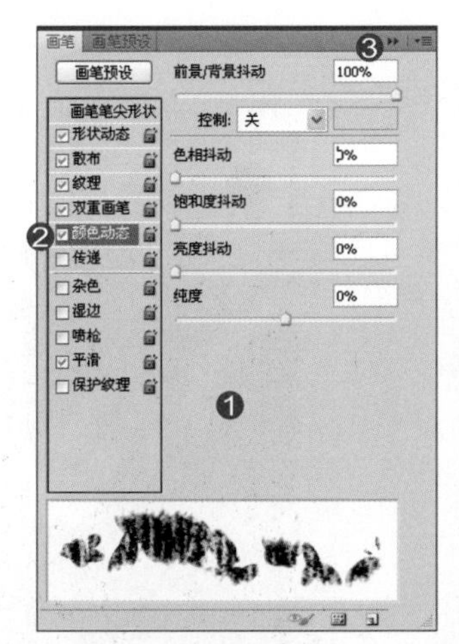
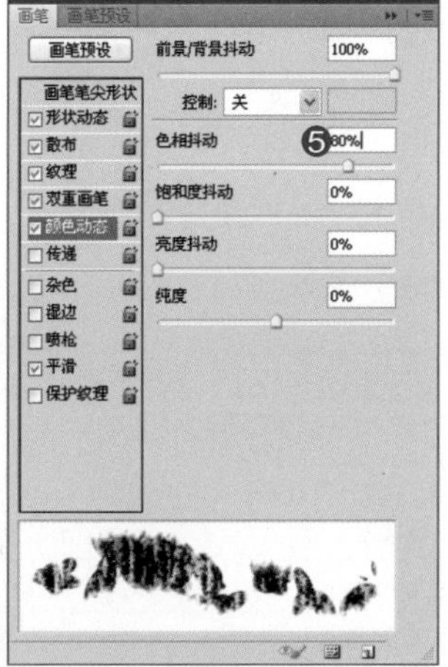

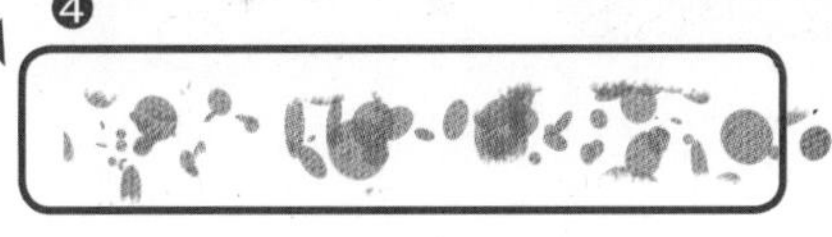

G）单项参数

1.勾选“湿边”

2.勾选“喷枪”

3.勾选“平滑”

杂色：笔触边缘加入杂点

湿边：笔触边缘颜色较深如水滴

喷枪：可以重复喷入颜料到相同位置

平滑：保持笔触边缘平滑

H）存储画笔

1.取消不用的画笔设置选项

2.单击“创建新画笔”按钮

3.输入画笔名称

4.单击“确定”按钮

前面的步骤只是练习，不能把这么多效果添加到同一个画笔中。

I ）画笔预设面板

1.单击“画笔预设”按钮

2.打开“画笔预设”面板

3.拖曳滑杆到底部

4.新增画笔在这里

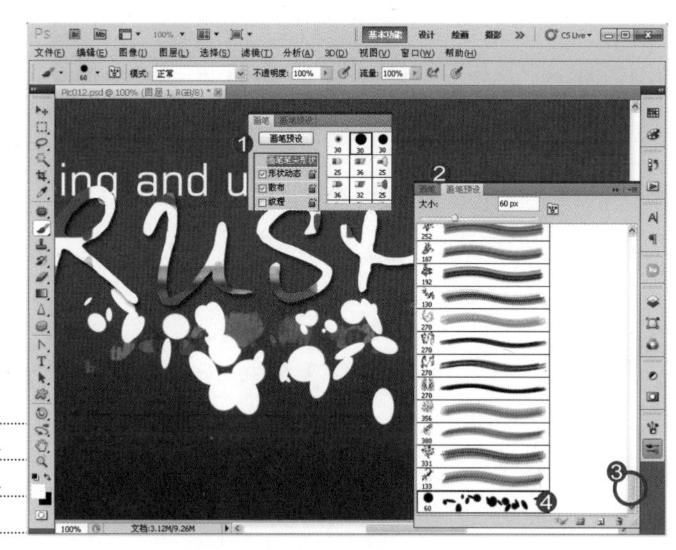

虽然我们建立的画笔预设大小为“60”，但是同学使用时，仍然可以通过画笔预设选取器调整笔触大小。

J ）试试新增刷毛笔

1.单击“切换画笔面板”按钮

2.回到“画笔”面板中

3.单击“画笔笔尖形状”

4.单击毛画笔笔尖　CS5版本专用

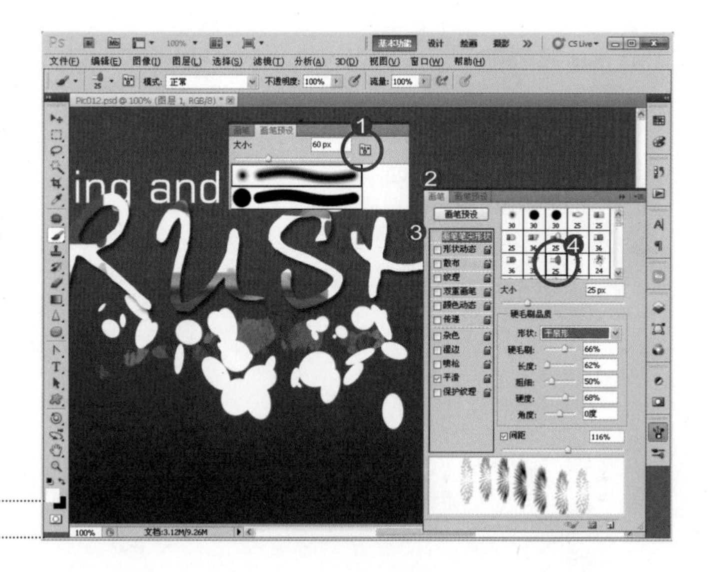

终于结束，同学们一起来休息一下。

第6章
CS3
CS5
CS4

06 文字路径工具

越写到后面，心里越慌的厉害。改版后的Photoshop CS5有太多功能与方向可谈，但是编辑曾说："不要带砖头来见我"（就是书不要太厚的的意思）。

各位要同情出版社的立场，这年头，计算机书很难卖，书写的越厚，书价越高，销售数量自然不理想。"谁想扛一块砖头回家"编辑经常说"书太厚，会给读者很大的压力"。

如何在页数与书价之间取得平衡；同等于设计理念该如何确切落实在作品上，并且得到上司与客户的认可。所以，常跟班上同学说，别以为设计只靠想法与创意，实践创意还需要学理与口才当后盾，才能说服上司与客户，否则仅能在不断重复的妥协中打转。现在，阿桑需要去说服编辑，看能不能再多个二十页或者三十页。

缩放尺寸不失真的矢量工具

图像分为两种不同的图像类型，第一种为，数码相机拍下以点（像素）组合而成的“位图”；另一类是以路径图形工具绘制的“矢量图”。下面就是Photoshop中所有的矢量工具，包含“文字、几何形状的绘图工具、钢笔工具”与矢量编辑工具。

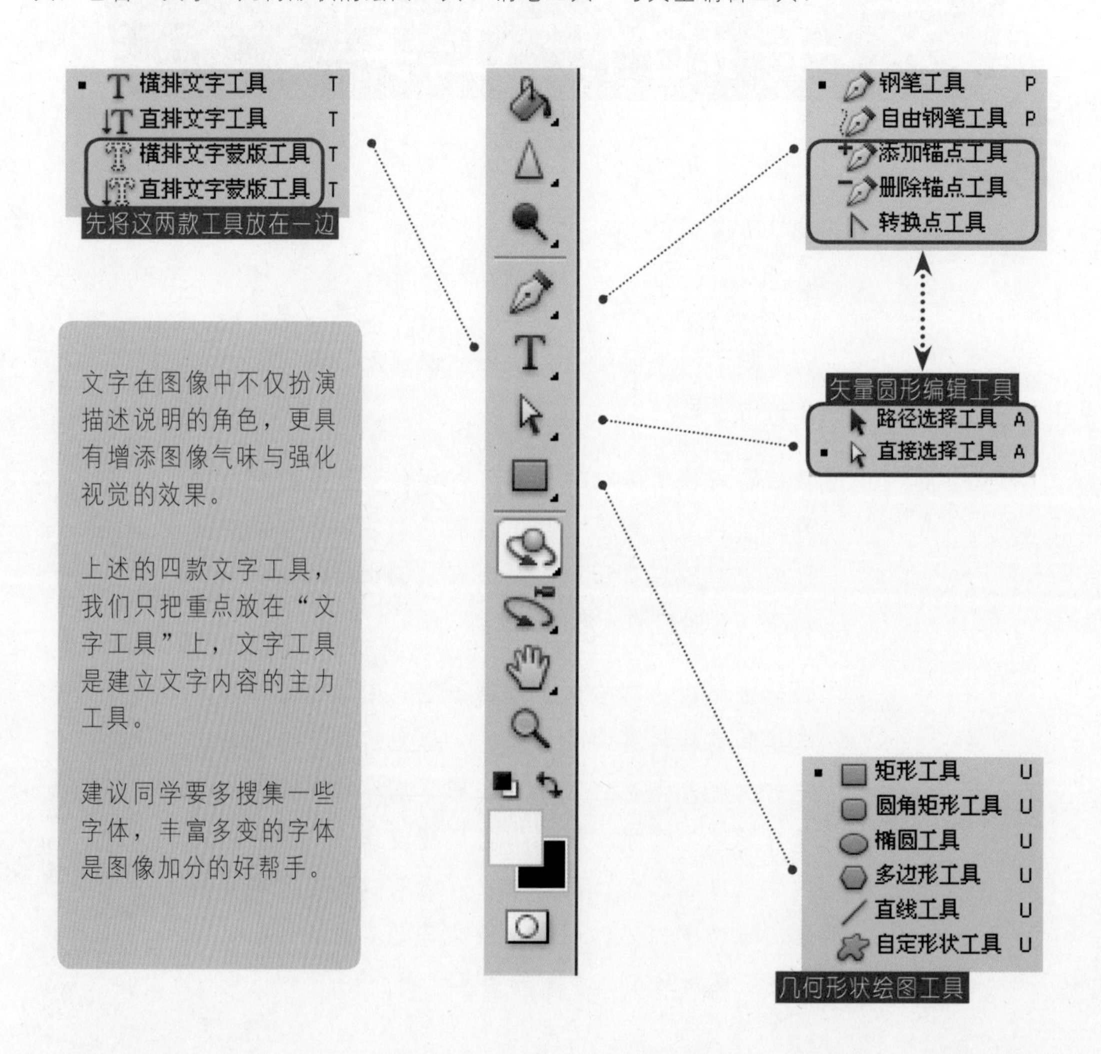

“文字、钢笔、自由钢笔与几何形状绘图工具”都是用来建立对象，绘制时会产生新的矢量图层。而另外五款“矢量图形编辑工具”则是用来编辑绘制好的路径图形，如对椭圆、矩形、文字的线条的控制。

矢量图层的限制

Photoshop中所有的命令都能运用在RGB颜色模式下的“位图”。相对的“矢量图”就有部分限制，不能在矢量图层中进行剧烈的“变形”效果，也不能执行“滤镜”特效。

文字图层不能执行扭曲、透视变换

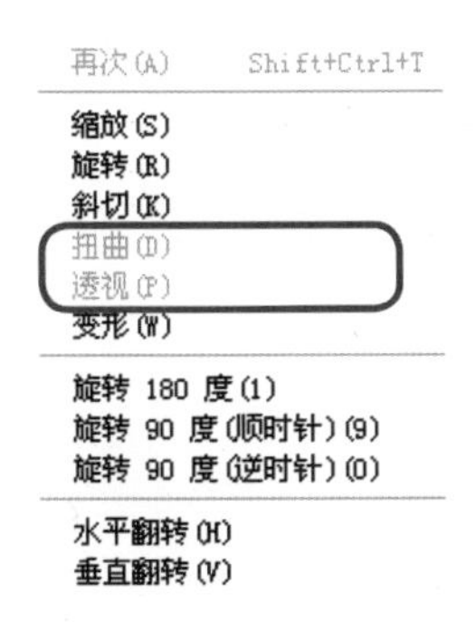

选取文字图层后，执行“编辑/变换”，可以看到，“扭曲”与“透视”不能使用。

◀ 菜单“编辑/变换”子菜单内容

矢量、文字图层不能执行滤镜命令

单击图层面板中“文字”与“形状”任何类型的图层，并执行“滤镜”菜单中的任意一款滤镜，都会弹出下面的对话框，矢量文字必须转成位图才能执行滤镜命令。

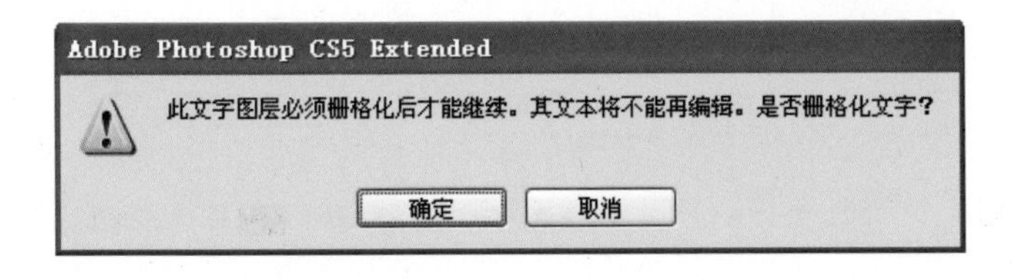

将文字与形状图层转换为位图

为了能顺利执行指定的变形操作，或者是“滤镜”命令，可在文字或形状图层上单击鼠标右键，执行“栅格化文字”命令，将文字或形状（矢量图形）转换为一般的位图。

快捷键）T

文字工具

适用版本：Photoshop CS3/CS4/CS5

在这个练习中，我们把重点放在如何建立文字图层上，同时文字特效、各类变形效果，阿桑也会陪着大家练习。我们就来看看如何在Photoshop中建立第一组文字。

文字工具选项栏

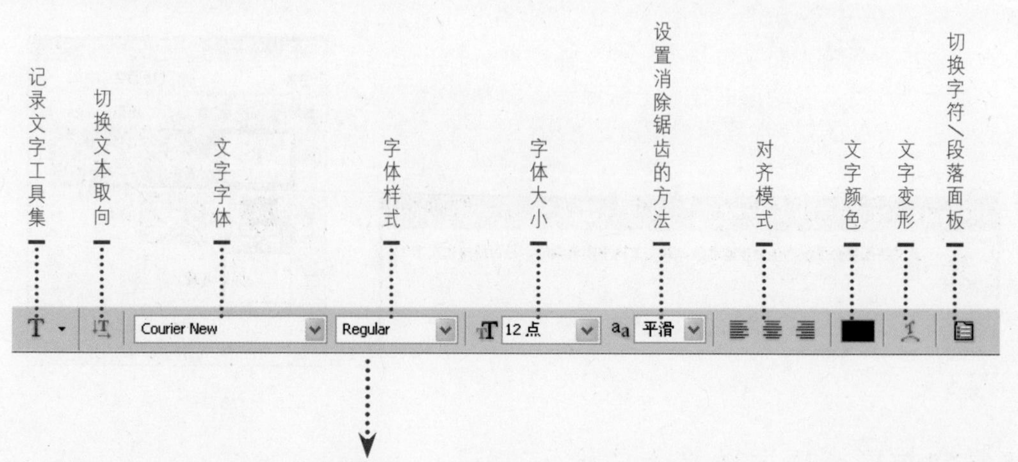

先来谈谈工具选项栏中的“字体样式”。Photoshop支持PostScript、TrueType、Open Type等多种字体。Open Type字体包含完整的字体信息，所以当我们选取OpenType字体时，便能通过“字体样式”菜单选择“粗体、斜体”等样式。

参考范例 素材和结果源文件\第6章\Pic001.JPG
素材和结果源文件\第6章\Pic001_OK.PSD

A）使用TrueType字体

1.打开范例文件Pic001.JPG

2.换F7键打开图层面板

3.单击“文字工具” 快捷键）T

4.单击字体字段选择字体

TrueType字体不包含字体样式。所以目前字体样式字段不能调整。（字体字段旁边的三角形按钮呈现灰色）。

TrueType字体不能指定样式

B）OpenType字体

1.单击“文字工具” 快捷键）T

2.选取OpenType字体

3.单击黑色三角形按钮选择字体样式

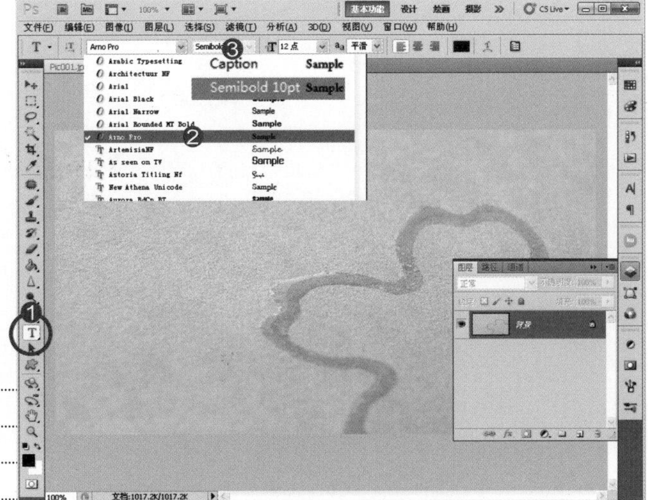

OpenType字体包含更多字体信息，大多数OpenType字体内有多种不同的字体表现：斜体、粗体、草书等。

C) 指定文字插入点

1.单击编辑区显示文字插入点

2.立即新增文字图层

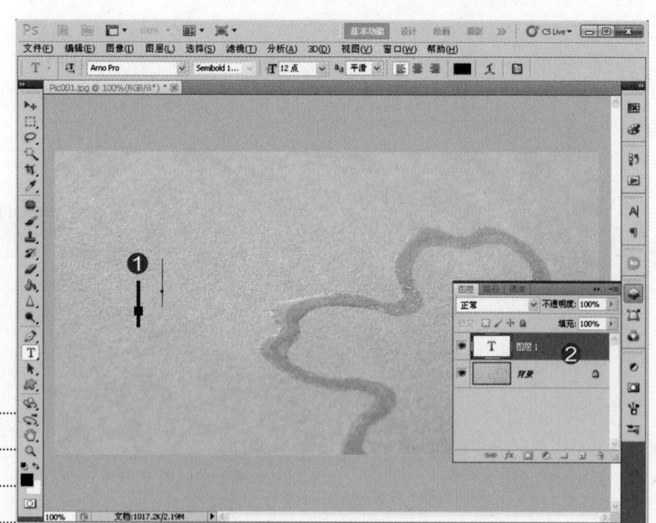

由于我们还没有输入文字，所以文字图层暂时以“图层1”来命名。等文字输入完成后，便会以输入在编辑区中的文字作为文字图层的名称。

D) 输入文字内容

1.输入文字内容

2.单击“✓”完成文字输入

3.文字图层更名

相信同学们都看懂了，图层面板中位于“背景”图层上方的就是通过“文字工具”建立的文字图层。

E）移动文字

1.确认选择文字图层

2.单击“移动工具” 快捷键）V

3.拖曳编辑区中的文字

在“文字工具”选取状态下，按住Ctrl键仍然可以切换到“移动工具”。注意，必须先结束目前的文字输入，按住Ctrl键才能切换到“移动工具”。

F）调整文字大小与角度

1.单击文字图层

2.菜单“编辑”

3.执行“自由变换”命令 快捷键）Ctrl+T

4.显示变换控制框

5.拖曳控制点调整文字大小

6.旋转文字（将鼠标移动到四个角落外侧）

7.单击“✓”完成变形

G）编辑文字内容

1.双击文字图层“T”缩览图

2.立即选择编辑区中文字符

也可以先单击“文字工具”，接着选取文字图层，直接以鼠标拖曳选取要修改的文字，就可以进行文字编辑了。

H）新增文字内容

1.移动指针到文字后方

2.输入文字

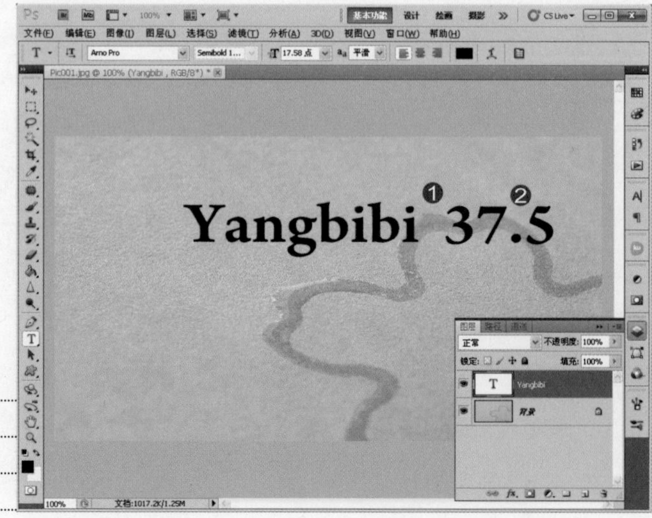

同学不一定要输入“Yangbibi37.5”，这只是个文字练习，我们需要学会“编辑文字、修改文字颜色与字体”。

I） 改变文字颜色

1.拖曳选取文字

2.单击选项栏上的色块

3.拖曳滑杆指定色相

4.单击选择颜色

5.单击“确定”按钮

文字图层中每一个文字都能单独指定颜色、调整文字高度或更改文字样式。我们来看看下一个步骤。

J） 更改字体样式与大小

1.拖曳选取文字

2.调整文字大小

3.更改文字字体或样式

4.单击“✓”结束文字编辑

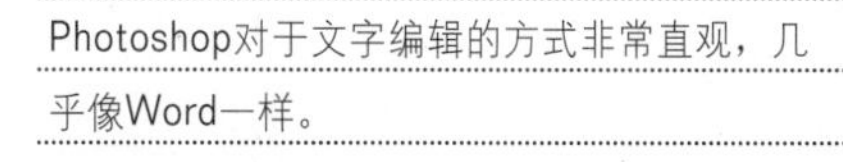
Photoshop对于文字编辑的方式非常直观，几乎像Word一样。

花招百出文字组合

适用版本：Photoshop CS3/CS4/CS5

Photoshop文字效果之多，可以让阿桑写上两本书来说明。仅是基本组合就有四大类：“水平/垂直”（基本型），“弯曲文字”（特效），“段落文字”（常用于大量文字说明），“路径文字”（能指定文字依据特定的方向排列），下面来看看说明。

水平/垂直文字

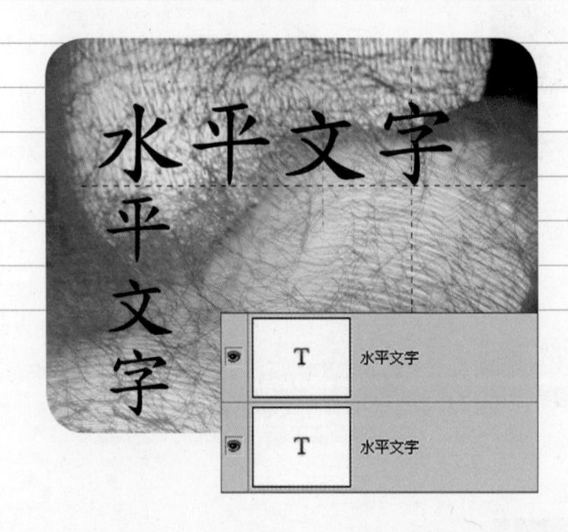

水平文字即水平方向的文字，垂直文字即垂直方向的文字。虽然这解释看起来有点笨，但是两者仅存在方向上的差异。

同学可以看到“水平”与“垂直”方向的文字图层缩览图都一样。其实建立文字的方式也相同，阿桑准备了一个范例，我们可以一起试试。

变形文字

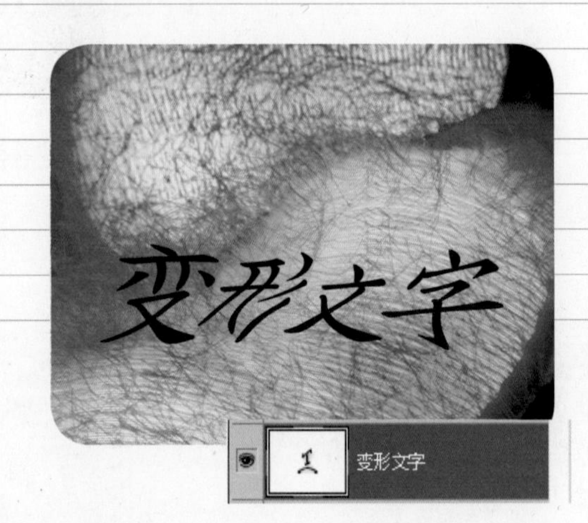

弯曲文字，看起来很像Office中的艺术文字，它们之间确实有相同的操作方式与控制逻辑。

同学可以看到文字一旦添加变形效果，图层缩览图就不一样了。但是仍保留文字的特质，可以进行字体、颜色、样式、大小等选项的调整。

丢失文字字体

打开范例文件时，如果弹出字体丢失提示，表示操作系统中没有相同的字体。可直接单击“确定”按钮，用当前系统中的字体替换所丢失的字体。

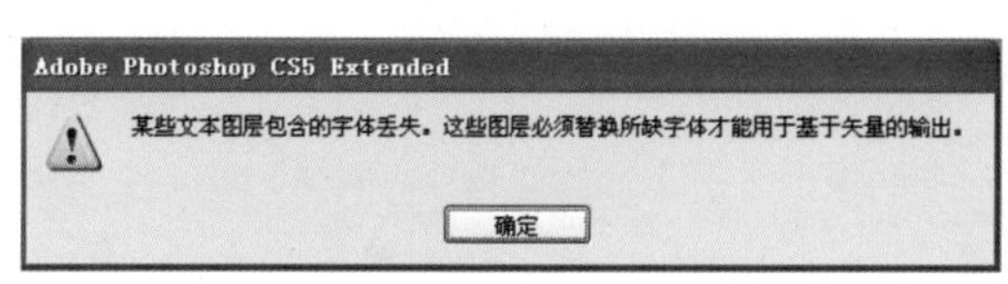

段落文字

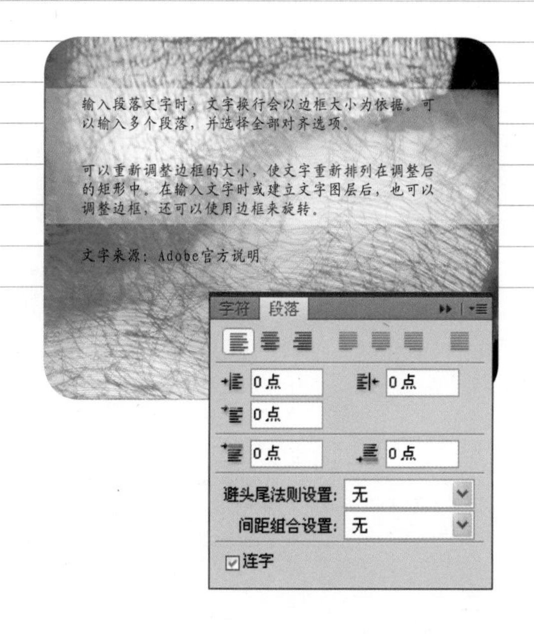

Photoshop允许我们在图像文件中输大量的文字，并提供文字段落设置。还可以通过“段落”面板，调整文字对齐方向、缩进距离，以及文字段落前后的距离。

锚点路径文字

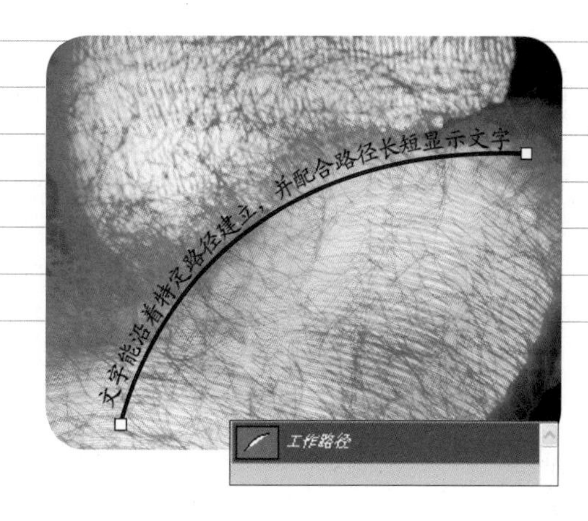

阿桑很喜欢路径文字。先使用“钢笔工具”或“几何绘图工具”在编辑区中任意建立路径线段。文字就会沿着路径的走向，创建指定方向的文字。

快捷键）T

转换水平/垂直文字

适用版本：Photoshop CS3/CS4/CS5

接下来的几个文字实例，都是功能性的，阿桑会以最快而且最简单的方式，让同学们学会所有文字操控技巧。

A）文字工具

1.打开范例文件Pic002.PSD

2.按F7键打开图层面板

3.单击文字图层

4.单击“文字工具” 快捷键）T

5.显示目前使用字体状态

同学们手上的范例字体，阿桑已经先更改为“新细明体”，虽然有点丑，但是省掉同学们更新字体的麻烦。

B）转换为垂直文字

1.确认单击文字图层

2.单击切换文本取向按钮

3.文字转垂直

同学们只要以建立水平文字的方式来建立文字，无论是“水平”或“垂直”都可以随时转换。再单击一次切换文本取向按钮，便可以转回水平文字了。

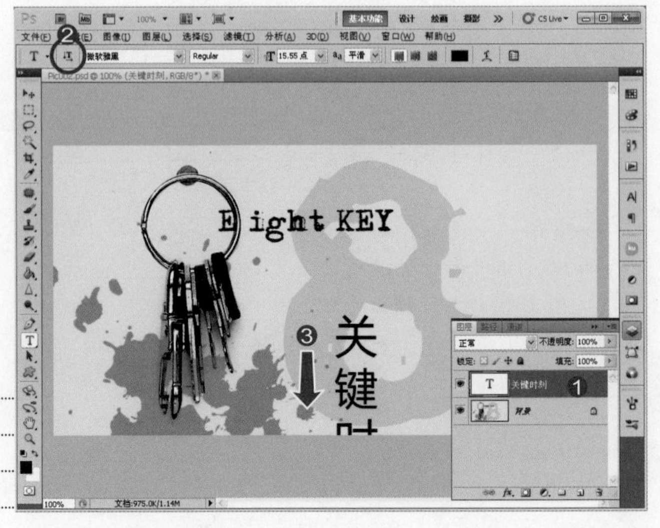

参考范例 素材和结果源文件\第6章\Pic002.PSD
素材和结果源文件\第6章\Pic002_OK.PSD

C) 移动文字位置

1.确认选取文字图层

2.保持在“文字工具”状态

3.按住Ctrl键不放

4.拖曳移动文字位置

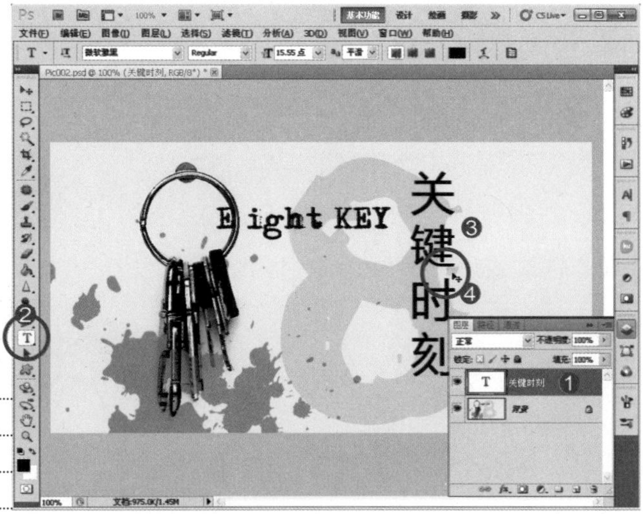

在多数工具运行中，按住Ctrl键，便能立即切换到“移动工具”中。记得吧。

D) 调整文字大小

1.单击文字图层

2.按Ctrl+T键启动“自由变换”命令

3.拖曳控制点调整文字大小

4.单击“√”结束变形

正常情况下，不需要特别选取工具箱中的“垂直文字”工具，工具选项栏上已经提供切换文本取向按钮

变形文字

适用版本：Photoshop CS3/CS4/CS5

除了文字工具选项栏中提供的弯曲功能之外，也能通过菜单“编辑/变换/弯曲”命令来进行文字弯曲变形的动作。文字变形后，仍保留文字属性，可以通过文字工具修改属性。

A）建立文字

1.按F7键打开图层面板

2.单击“文字工具” 快捷键）T

3.选取文字字体

4.单击编辑区指定文字插入点

5.输入文字

6.单击“✓”按钮结束文字

7.新增文字图层“CURVED”

B）建立变形文字

1.单击“文字工具” 快捷键）T

2.确认选取文字图层

3.单击“创建文字变形”按钮

4.选取样式为“凸起”

5.调整弯曲方向为“水平”

6.调整弯曲程度为“50”

7.单击“确定”按钮

8.文字图层缩览图已改变

参考范例 素材和结果源文件\第6章\Pic003.PSD
素材和结果源文件\第6章\Pic003_OK.PSD

C) 使用变形功能

1.单击文字图层

2.菜单“编辑”

3.选取“变换”菜单

4.执行“变形”命令

同学也可以按下快捷键Ctrl+T启动“自由变换”命令。

D) 调整变形文字

1.拖曳控制点调整凸起程度

2.单击菜单更改变形样式

3.单击“✓”按钮结束变形

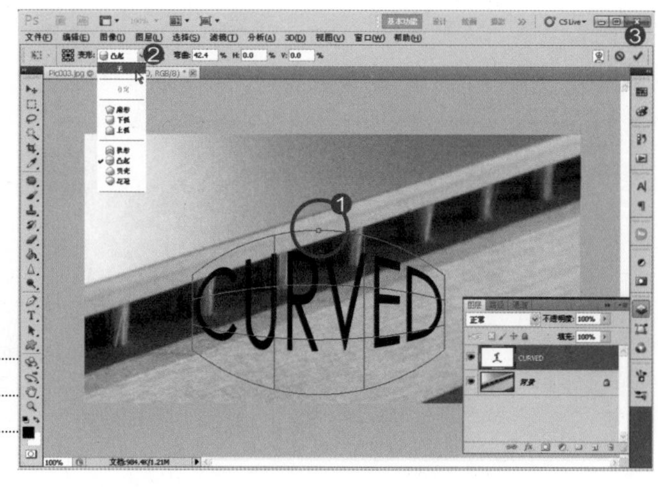

选择变形样式中的“无”，便能移除文字变形的效果。简单又明确的文字变形功能。

自由变换

适用版本：Photoshop CS3/CS4/CS5

“自由变换”命令可以调整文字大小、位置、角度与斜切。由于文字属于矢量对象，所以变形的空间比一般的图像图层要小，如“扭曲”与“透视”就是向量图层无法执行的变形动作。

A ）启动自由变换

1.单击文字图层

2.按Ctrl+T快捷键启动“自由变换”命令

3.显示变换控制框

按F7键打开图层面板。

B ）变形文字

1.按住Ctrl键不放

2.拖曳控制点

3.调整的结果如右图所示

按住Ctrl键+拖曳变换控制点，相当于变形功能中的“斜切”命令。可以让变形框内的文字慢慢躺在手工肥皂上。

参考范例 素材和结果源文件\第6章\Pic004.PSD
素材和结果源文件\第6章\Pic004_OK.PSD

C) 添加图层样式

1.单击文字图层

2.单击图层样式“FX”按钮

3.执行“斜面和浮雕”命令

4.样式为“外斜面”

5.方向为“下”

6.大小为“5”像素

7.单击“确定”按钮

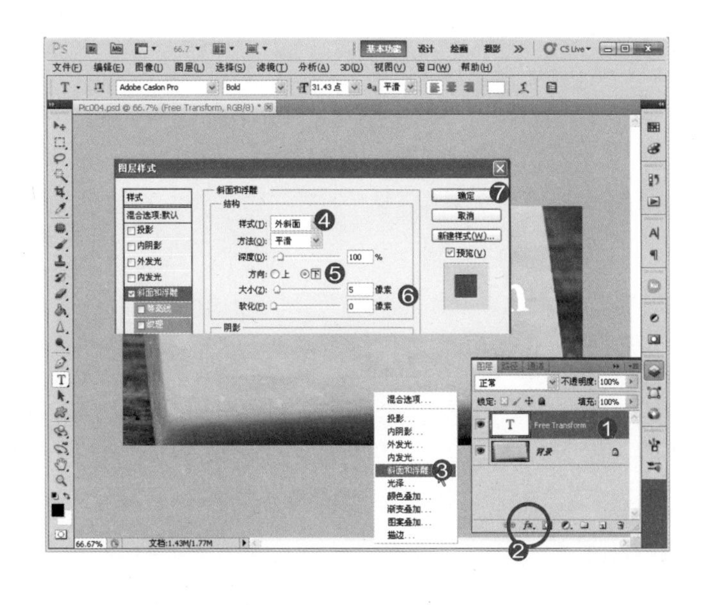

D) 添加图层效果

1.降低图层填充为“0%”

2.文字表现出嵌入肥皂的效果

3.文字图层下方增加效果图层

效果图层无法独立存在，需要搭配图像或矢量图层。同学可以单击效果图层前方的“眼睛”图标，控制效果显示，或者将效果图层拖曳到垃圾桶中删除。

段落文字

适用版本：Photoshop CS3/CS4/CS5

“段落文字”主要用于产品的说明性文字。Photoshop 5.0就已经有段落文字，所有同学都可以安心使用。

A）建立段落文本框

1.单击“文字工具” 快捷键）T

2.拖曳拉出段落文字置入框

3.立刻显示新增文字图层

文字框提供八个变换控制点，拖曳控制点可以调整段落文字的显示范围。单击工具选项栏上的“⊘”则能取消文字图层。

B）输入段落文字

1.输入文字内容

2.右下角控制框出现“+”标示，表示文字超出文字框的范围，同学可以拖曳控制点，加大段落文字框的范围。

3.调整完成单击“✓”按钮

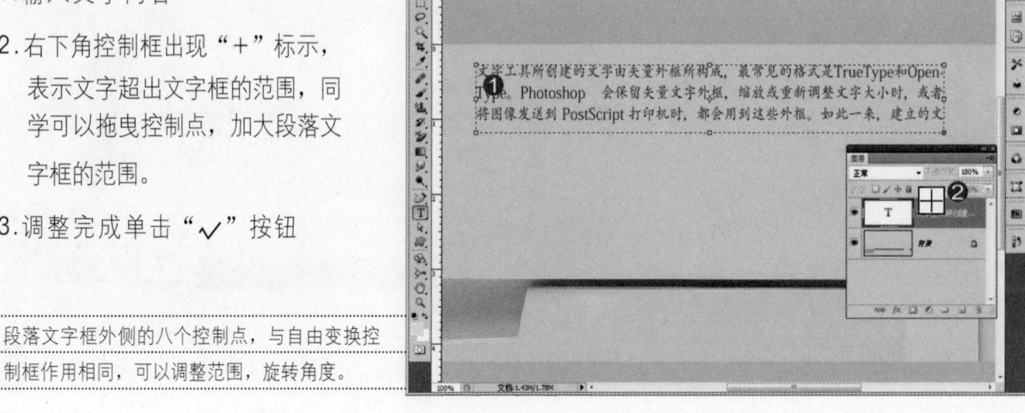

段落文字框外侧的八个控制点，与自由变换控制框作用相同，可以调整范围，旋转角度。

参考范例 素材和结果源文件\第6章\Pic005.JPG
素材和结果源文件\第6章\Pic005_OK.PSD

C）字符面板

1.单击文字图层

2.单击“切换字符和段落”面板按钮

3.调整文字行距

4.调整字符间距

字符面板中提供了比工具选项栏更多的文字属性。字符面板中常用的设置包含“行距、字符间距”与“文字宽度”。

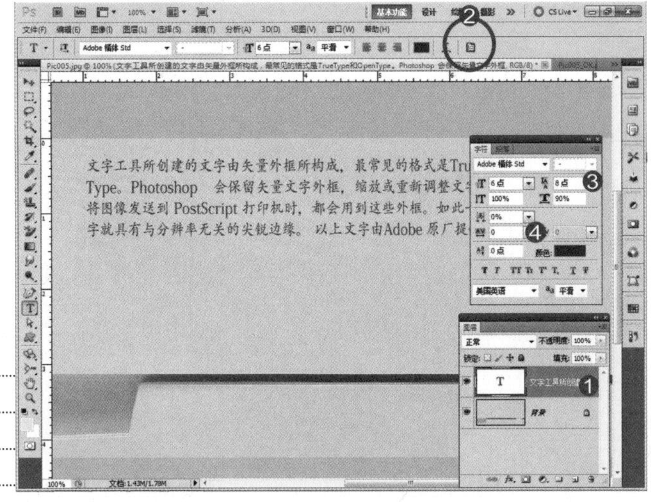

D）段落面板

1.确认选择文字图层

2.单击打开“字符”面板

3.单击“段落”标签

4.单击“最后一行左对齐”按钮

段落面板提供段落文字更多的对齐方式、左右缩排控制、段落间距调整。同学可以多加利用段落面板中的设置。

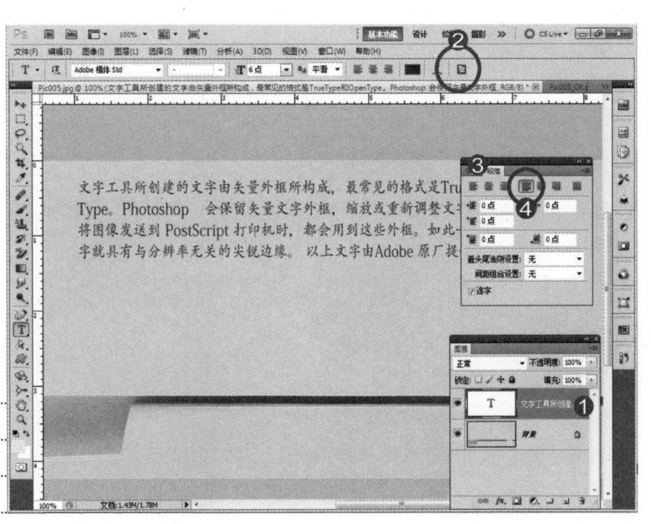

锚点路径文字

适用版本：Photoshop CS3/CS4/CS5

初学阶段，只要能掌握几种基本绘制与编辑方式就可以，先别“钻”的太深。如果同学想了解更多路径工具编辑处理方式，可以参考阿桑另一本书：《用Photoshop抠图并不难》。

A）路径绘制工具

1.单击“钢笔工具” 快捷键）P

2.指定为“路径”模式

3.选择“自由钢笔工具”

4.拖曳自由钢笔拉出路径曲线

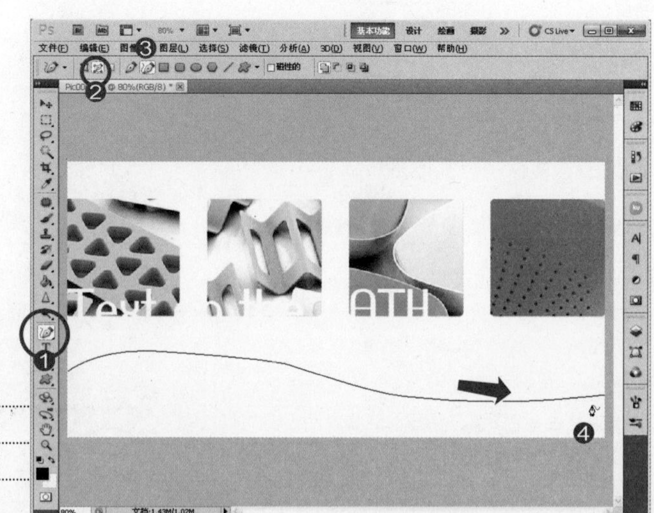

虽然选择了“钢笔工具”，但是，工具选项栏上显示了所有的路径绘图工具，这表示无论从工具箱中选取哪一款路径工具，都能在工具选项栏中更改。

B）路径面板

1.打开“路径”面板

2.自由钢笔绘制的路径在这里

3.图层面板没有创建任何新图层

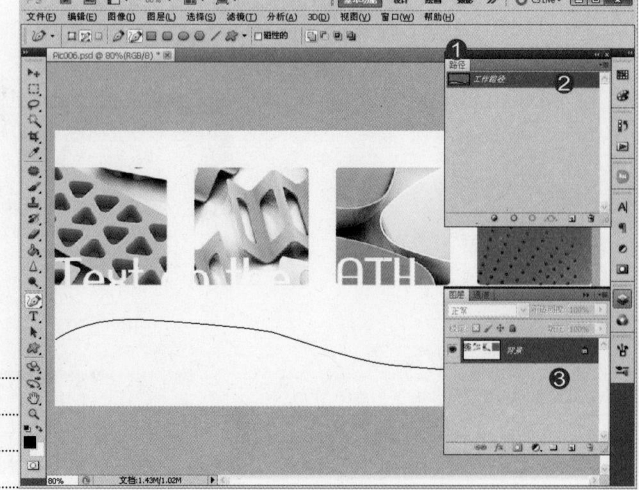

图层面板显示的图像属于“输出图像”，路径曲线不会显示在图层面板中，即路径曲线不会被输出或打印。

▲ 面板位置：菜单“窗口/路径”

参考范例　素材和结果源文件\第6章\Pic006.PSD
素材和结果源文件\第6章\Pic006_OK.PSD

C) 为文字添加路径曲线

1.单击“文字工具” 快捷键）T

2.单击曲线中点

3.输入文字

4.单击“√”结束文字输入

如果路径消失，可到“路径”面板中单击“工作路径”；如果文字右侧的圆形控制钮显示“+”表示仍有文字落在曲线之外，可以调整路径或缩小文字。

D) 调整文字输入范围

1.单击“直接选择工具” 快捷键）A

2.将光标移动到圆形调整钮上，待显示黑色箭头后开始拖曳调整文字位置。

路径文字的前后两端各有一个圆形控制钮，可利用“直接选择工具”调整文字在路径曲线上的范围。

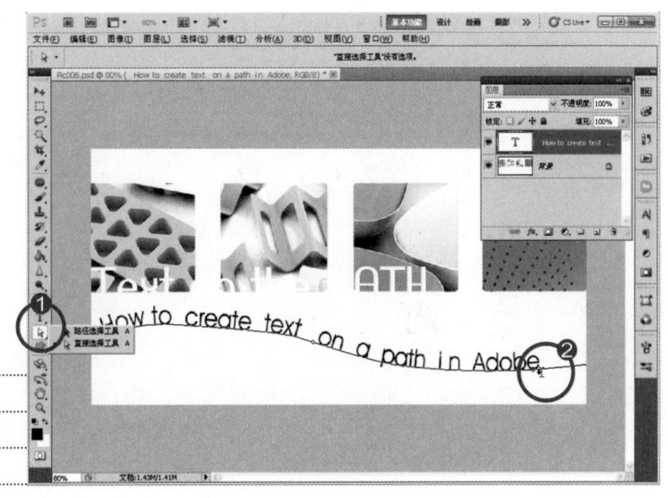

路径/形状绘制工具

适用版本：Photoshop CS3/CS4/CS5

左图红色圆圈处的是两款路径绘图工具，无论选择哪一款工具，工具选项栏上的内容与工具按钮都是相同的。

路径绘图工具能绘制出多种不同的形态

-形状图层：绘制图形时会在图层面板中新增“形状路径图层”。

-路径：绘制的路径仅会显示在“路径”面板中。

-填充像素：绘制的图形以位图的方式显示在“图层”面板中。

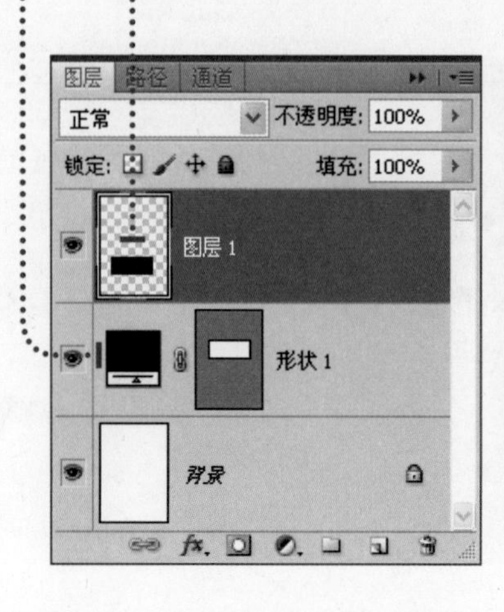

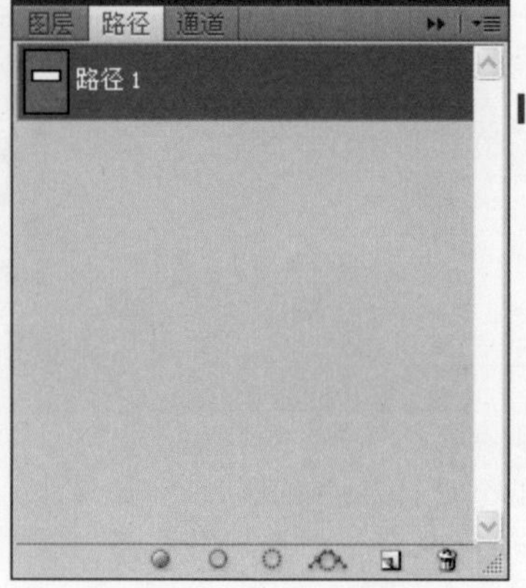

一般我们都使用路径绘图工具来绘制矩形、圆角矩形、直线，或者某些特殊的图形。路径绘图工具绘制出来的图层具有矢量特质，非常适合需要大尺寸的海报，图形放大或缩小也不会变形或失真。其实，路径也不一定需要编辑，我们来看看几个范例。

文字转为路径或形状

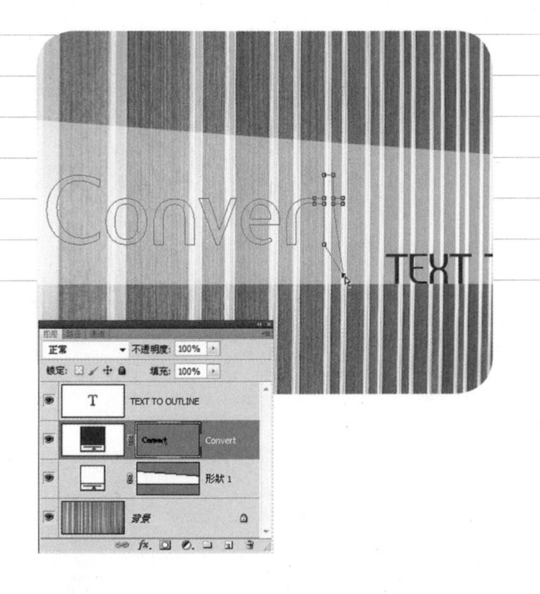

观察“图层”面板可以看出“Conver”是从文字转换为路径的。为什么要转成路径？

文字转成路径或形状图层之后，可以通过路径编辑工具进行调整，提供文字外型更大的变化空间，还有一些其他的作用，我们翻页再聊。

路径绘图工具图形

阿桑尽可能的把上图的爪印弄得很清楚，希望大家都能清楚看到图中右侧的动物脚印。这个脚印图形是通过路径绘图工具绘制出来的。

图层中所示的路径形状图层与文字图层，就是下面同学们要操作的内容。

文字转为形状图层

适用版本：Photoshop CS3/CS4/CS5

文字已经是矢量格式，放大或缩小都能保持文字外框的清晰、平滑。转换为路径或形状图层后，除了可以借助路径编辑工具调整外框之外，也可以避开“字体”这个棘手的问题。

A）避开字体

打开PSD文件，可能显示丢失字体提示。因为计算机中拥有的字体不同,在不同计算机中打开包含文字图层的PSD，找不到字体也是常有的事。

由于矢量文字拥有放大/缩小都不失真的特质，所以我们常将文字转成路径或形状图层，既能避开字体丢失的问题，又能保留文字矢量的特性。

B）转换文字为形状图层

1.关闭形状图层

2.显示文字图层

3.在图层名称上单击鼠标右键

4.执行“转换为形状”命令

文字图层转换为形状图层或路径之后，仍然保留矢量特质，却失去文字属性，不能再更改字体或文字内容。

参考范例 素材和结果源文件\第6章\Pic007.PSD
素材和结果源文件\第6章\Pic007_OK.PSD

C) 选取锚点

1.单击矢量图蒙版

2.单击“直接选择工具” 快捷键）A

3.框选锚点

4.向下拖曳锚点

因为文字图层转换为形状或路径，虽然保留矢量特质，却遗失了文字属性，所以建议同学先将文字图层复制一层，以防不测。

D) 转换为曲线锚点

1.单击“转换点工具”

2.向上或向下拖曳锚点

3.拉出方向线

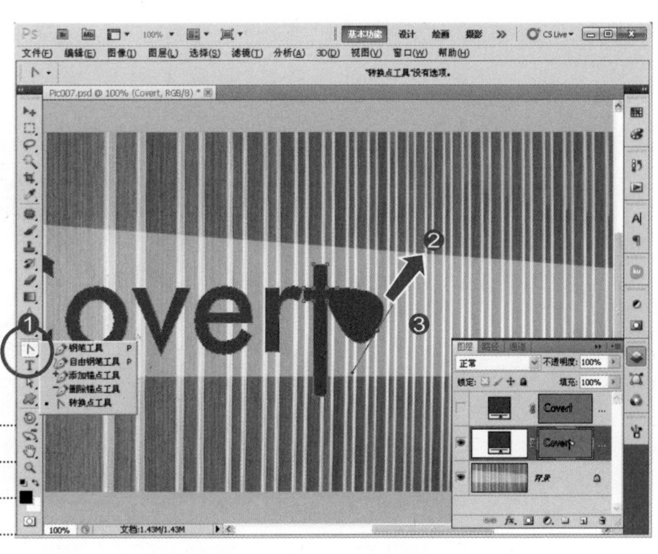

路径分为“直线”和“曲线”锚点两种。“转换点工具”能将表现直线的锚点转换为曲线锚点，或者将曲线锚点转变为直线锚点。单击“背景”图层，便能取消画面上路径外框线的显示。

建立路径形状图层

适用版本：Photoshop CS3/CS4/CS5

路径形状绘图工具中包含常用的“矩形、圆角矩形、线条、椭圆”与“自定形状”工具。所有矢量工具中就属“自定形状”最有趣，其中图案包罗万象，最重要的是，这些图案都是矢量图形，放大或缩小都不失真，我们来看看下面的练习。

A）载入形状图案

1.单击形状工具 快捷键）U

2.模式为“形状”图层

3.单击“自定形状”

4.单击形状按钮

5.单击圆形选项按钮

6.载入“全部”内置形状

7.单击“追加”按钮

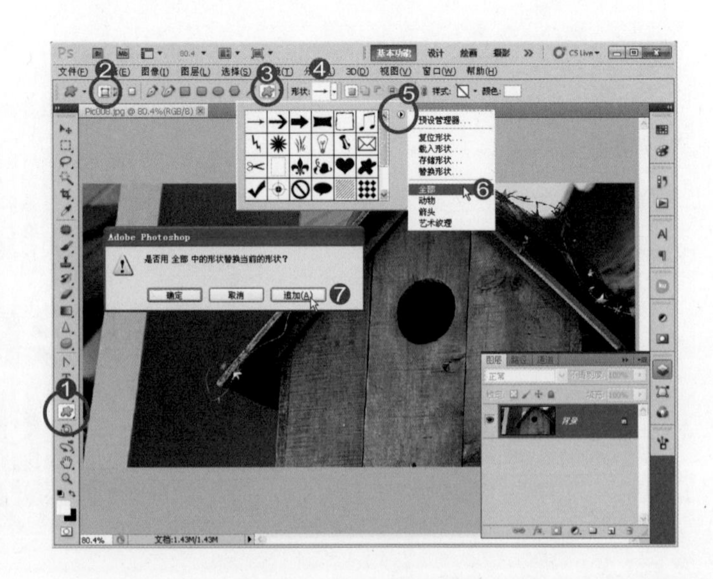

B）加入形状图层

1.单击形状按钮

2.拖曳调整面板大小

3.选择形状图案

4.单击指定颜色

5.拖曳拉出形状图案

6.新增形状图层

7.双击白色缩览图可以更改颜色

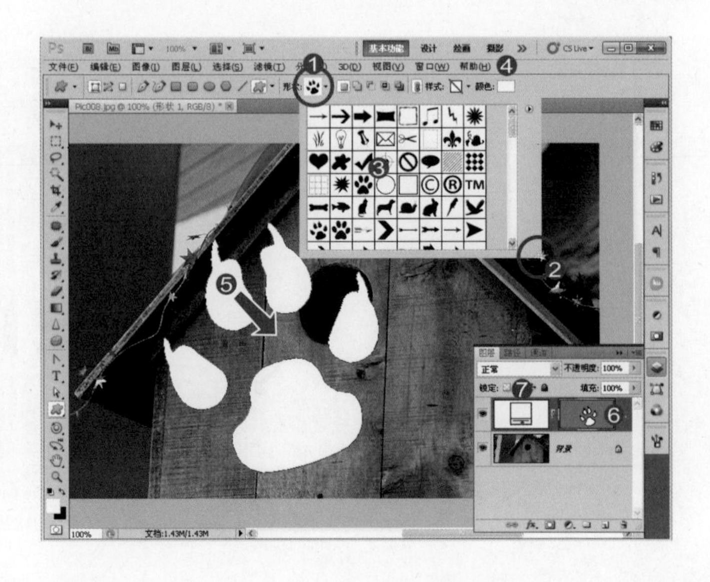

参考范例 素材和结果源文件\第6章\Pic008.JPG
素材和结果源文件\第6章\Pic008_OK.PSD

C) 删除锚点

1.单击矢量图蒙版

2.单击“删除锚点工具”

3.单击删除锚点

过多的锚点会让路径曲线更难编辑，所以我们可以适度地减少锚点数量，以便能提高路径曲线的编辑度。

D) 增加锚点

1.单击矢量图蒙版

2.单击“添加锚点工具”

3.单击路径添加锚点

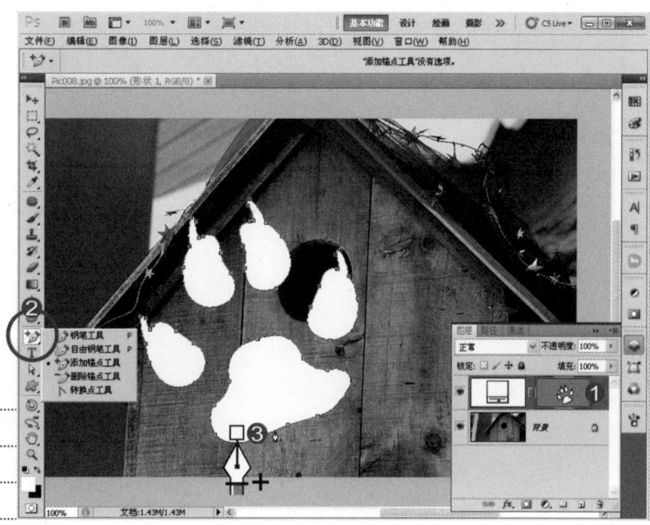

第一次接触路径编辑的同学，很难掌握锚点、路径曲线或方向线，没关系，阿桑为各位做了清楚的说明。

路径曲线与锚点

适用版本：Photoshop CS3/CS4/CS5

我们已经了解如何建立形状图层与文字图层，接下来看看路径中各部分的名称与编辑方式。

直线路径

曲线路径

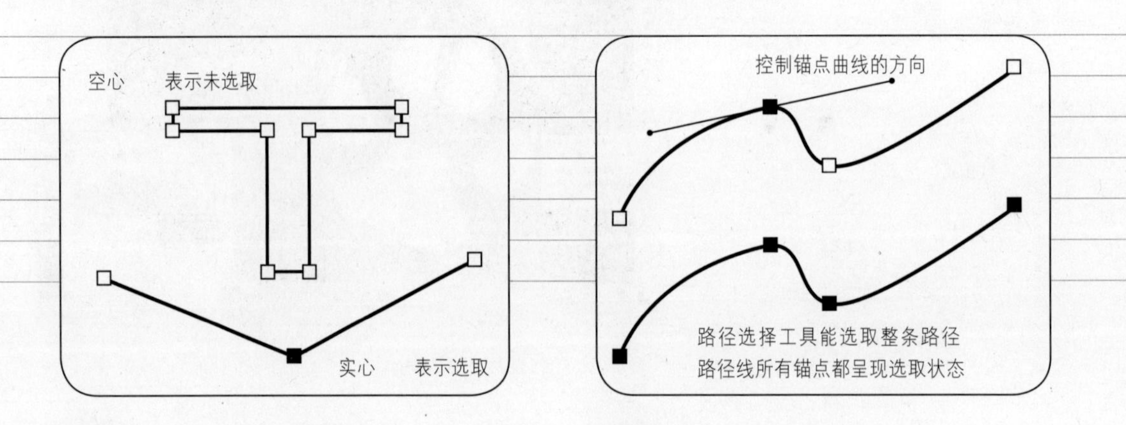

直接选择工具

无论是由文字图层转为路径，或者都通过钢笔工具直接绘制，这些拉出来笔直的路径线，便称为“直线路径”。

路径上的小方块表示“锚点”（也称为节点）。同学可以使用“直接选择工具”单击路径锚点，进行锚点位置的调整。

路径选择工具

锚点可以通过“转换点工具”从直线转换为曲线。

使用“路径选择工具”单击路径后，路径上所有的锚点都会呈现“选取”状态。只有使用“直接选择工具”才能单独选取指定的锚点。

编辑路径锚点

所谓编辑锚点，无非就是“移动锚点位置”、“添加”或“删除”锚点，这些我们在之前的范例中都练习过了，下面就来练习一个比较大的范例。

添加/删除锚点

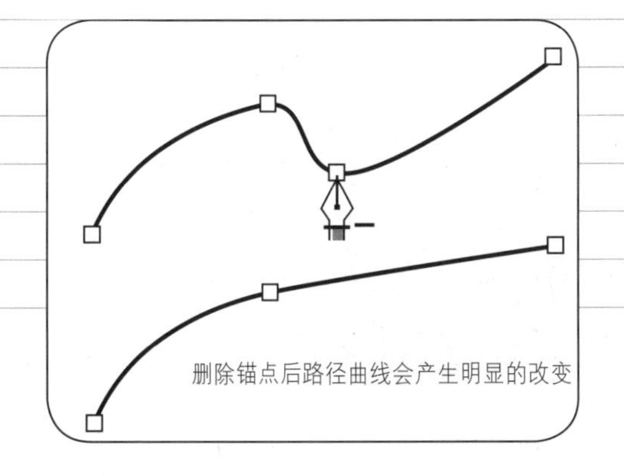

删除锚点后路径曲线会产生明显的改变

删除锚点工具

CS5版本中的钢笔工具换了图标，更像钢笔了。

添加锚点后，可以使路径曲线的编辑空间变大。而删除不必要的锚点，也能使路径编辑起来更快速。

路径面板

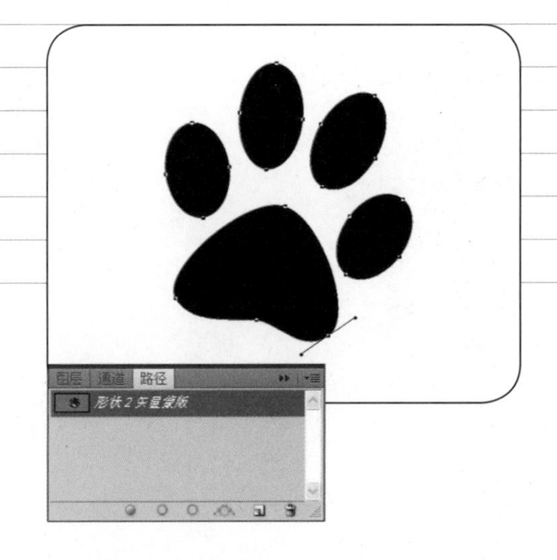

上图显示的是单击了形状图层旁的“矢量图蒙版”，因此“路径”面板也同步显示目前的路径状态。

也可以将描绘好的路径存储在路径面板中，如同选取范围能记录在“通道”面板中一样的。

同学一定不知道，为了写设计范例，阿桑周围几乎没有朋友。每次举起相机，所有人双手上扬，挡住脸……唉！

谢谢甜美可爱的小涵妹妹，愿意当阿桑的模特，配合度百分百。还要谢谢你的海带泡菜，好吃极了！

恶补课程 -由路径建立笔刷

适用版本：Photoshop CS3/CS4/CS5

恶补课程就是整合多数常用命令进行一个总复习，阿桑不会省略任何的步骤，所以同学们要有心理准备。开始之前，我们需要运用路径来建立一个新的笔刷。

A）创建新文件

1.执行“新建”命令

2.预设为“Web”

3.大小为“800x600”

4.单击“确定”按钮

“分辨率”需依据输出方式调整，如果在屏幕上观看（网页、博客、电子相簿），则分辨率都设置为72像素/英寸；如果是需要输出印刷，分辨率则为300像素/英寸。

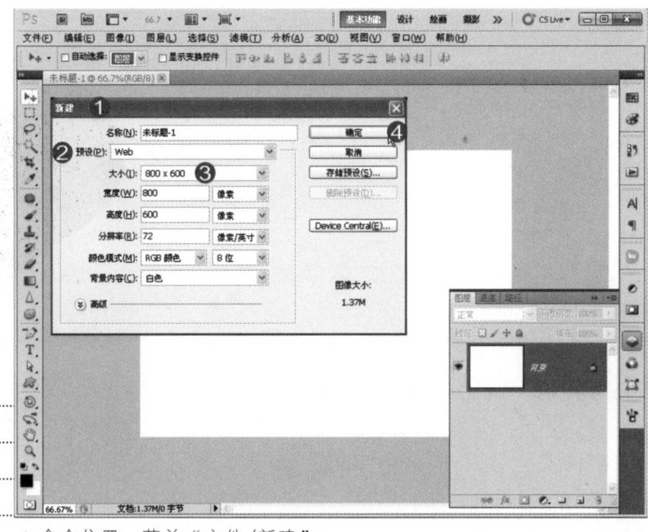

▲命令位置：菜单“文件/新建”

B）建立心型形状图层

1.单击路径绘图工具

2.模式为“形状图层”

3.单击“自定形状”

4.单击自定形状旁边的箭头按钮

5.选择“定义的比例”

6.指定形状为心型

7.拖曳拉出等比例心型

8.新增形状图层

9.先不用在意颜色

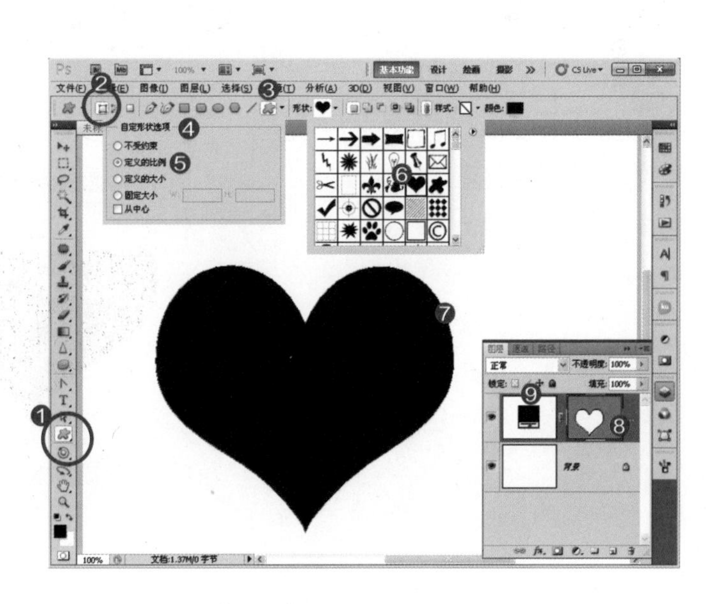

C) 调整心型大小

1.按Ctrl+T键启动“自由变换”命令

2.显示变换控制框

3.拖曳调整大小

4.单击“✓”按钮结束变形调整

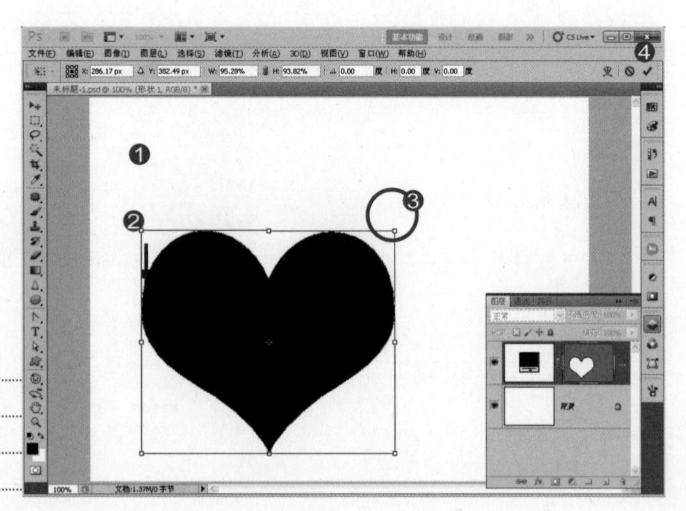

我们需要运用心型图案来建立笔刷，这类笔刷称为“图案”，尺寸越大越好，因为笔触缩小边缘不会模糊

D) 加载样式

1.确认选取心型形状图层

2.单击“样式”按钮

3.单击圆形选项按钮

4.选择“虚线笔划”

5.单击“追加”按钮

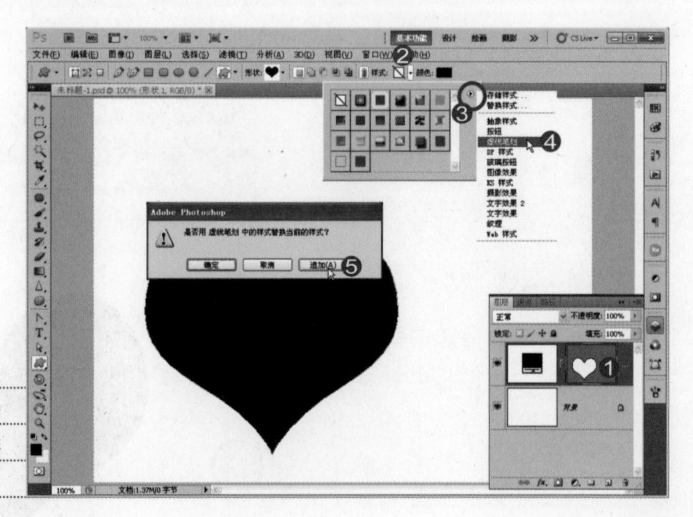

“样式”相当于图层样式的组合。我们能将投影、渐变填充或斜面与浮雕组合成新样式，存储在当前看到的样式面板中。

E）样式加入形状图层

1.单击“样式”按钮

2.拖曳滑杆到底

3.拖曳黑色笔划样式到形状上

4.形状图层加入笔划样式

注意图层面板，形状图层的“填充”选项也配合样式调整为“0%”。网络上有许多设计精美的样式，最后一章，我们会学习如何整理与搜索样式。

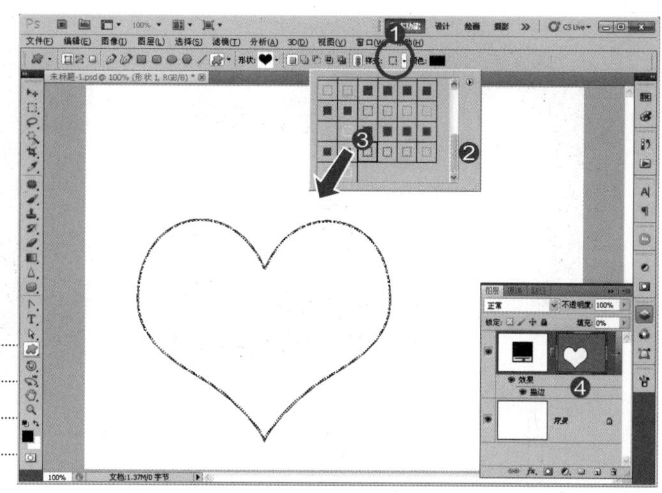

F）建立心型画笔

1.单击“矩形选框工具” 快捷键）M

2.拖曳框选心型

3.执行“定义画笔预设”命令

4.输入名称

5.单击“确定”按钮

建立图案笔刷时，尽量使用“黑色”为图案颜色，白色为背景。这样制作出来的画笔会显得清晰，而且会自动过滤白色，把白色区域当作透明。

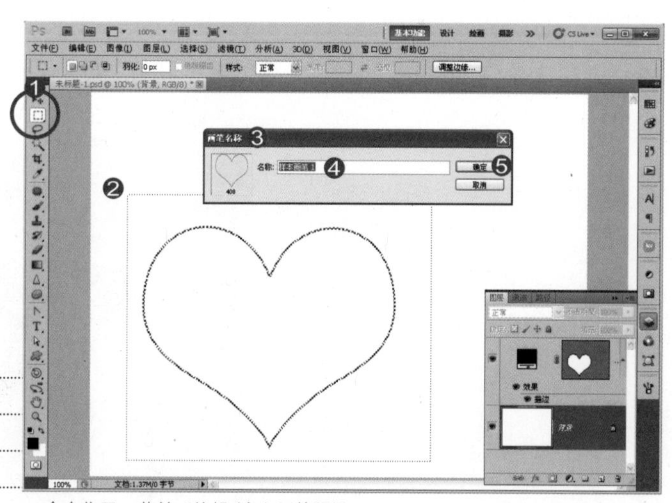

▲ 命令位置：菜单“编辑/定义画笔预设”

恶补课程 -微调体型与脸型

适用版本：Photoshop CS3/CS4/CS5

原图

微调后

参考范例 素材和结果源文件\第6章\Pic010.JPG
素材和结果源文件\第6章\Pic010_OK.PSD

A) 调整图片宽度

1.按Ctrl+A键对画面全选

2.按Ctrl+T键启动“自由变换”命令

3.（宽度）W改为“95%”

4.单击“√”按钮结束变形

高度不变，宽度少个百分之五，这是最快速、最简单、最有效的“瘦身”方式。先别着急取消选取范围，还有下一个步骤。

B）依据选取范围修剪图像

1.菜单“图像”

2.执行“剪切”命令

3.按Ctrl+D键取消选取

注意，变形不能太夸张，百分之五是最好的比例。

C）修脸

1.菜单“滤镜”

2.执行“液化”命令

3.单击“向前变形工具”

4.调整画笔大小为“200”

5.向内拖曳画笔

可视情况调整画笔大小。如果觉得调整的不理想，可单击“重建”按钮回到上一个步骤，或者单击“恢复全部”按钮重来一次。

D）调整手臂

1.单击“膨胀工具”按钮

2.调整画笔大小为“100”

3.向下拖曳画笔

4.单击“确定”按钮

要记得我们这是“微调”，下手不要太重，不要露出痕迹，这才是高手。

▲有感压笔的同学，记得勾选“光笔压力”选项，效果会更好。

E）修调脸部肌肉线条

1.单击“污点修复画笔工具”
快捷键）J

2.适度调整笔触大小

3.拖曳移除脸部瑕疵

脸部的线条与小细纹都可以通过“污点修复画笔工具”来修复。别忘了“修补工具”也是修复脸部的好帮手。

F）上粉

1.拖曳“背景”图层

2.到“创建新图层”按钮上

3.新增“背景 副本”图层

4.执行“高斯模糊”命令

5.半径为“10”像素

6.单击“确定”按钮

7.调整不透明度为“50%”

▲ 命令位置：菜单“滤镜/模糊/高斯模糊”

G）擦拭多余的粉

1.单击“添加图层蒙版”按钮

2.单击白色蒙版

3.使用黑色画笔遮住皮肤以外的其他区域

黑色可以遮住图层内容，显示下面图层的图像，所以运用黑色画笔将图层中模糊的发丝、眼睛、眉毛、嘴唇全部遮住，柔化效果仅遮盖皮肤，这就是上粉效果。

恶补课程 -置入图像与文字笔刷

适用版本：Photoshop CS3/CS4/CS5

最后的阶段，我们需要把编修好的照片，置入客户要求的文件尺寸中。由于文件需要印刷，所以将图像分辨率设置为300像素/英寸。提醒一下，如果图像仅限于屏幕观看，则分辨率为72像素/英寸；如果要冲洗印刷，分辨率则需设置为300像素/英寸。

A）打开新图像文件

1.执行“新建”命令 快捷键）Ctrl+N

2.宽度为“6”厘米

3.高度为“12”厘米

4.分辨率为“300”像素/英寸

5.单击“确定”按钮

6.新增空白图像文件

7.空白背景图层

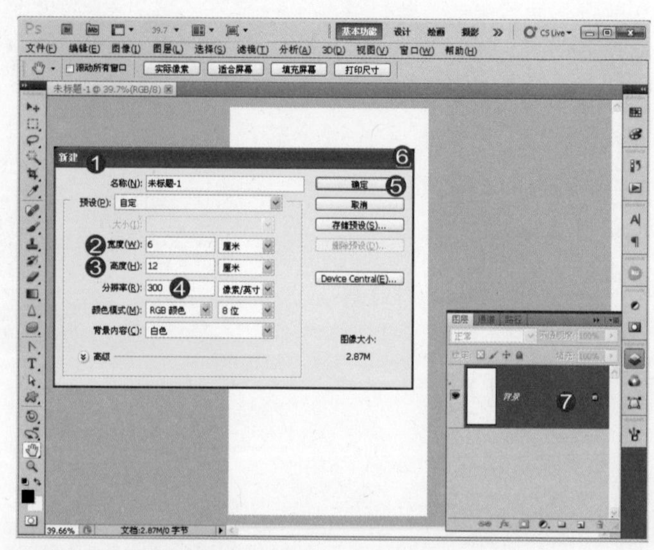

▲命令位置：菜单“文件/新建”

B）置入新娘照片

1.菜单“文件”

2.执行“置入”命令

3.选取Pic011.PSD

4.单击“保持长宽比”按钮

5.拖曳调整图片大小

6.单击“✓”按钮结束置入

7.新增“Pic011”图层

参考范例 素材和结果源文件\第6章\Pic011.PSD
素材和结果源文件\第6章\Pic011_OK.PSD

C）建立柔边蒙版

1. 单击“添加图层蒙版”按钮
2. 新增蒙版
3. 单击“渐变工具”按钮 快捷键）G
4. 前景“黑”/背景“白”
5. 单击箭头选取渐变色
6. 拖曳建立黑白渐变

同学可以用柔边画笔来遮住照片边缘，但是运用黑白渐变来作为蒙版，也是常用的方式，同学们有必要了解这个处理手法。

D）建立散落心型画笔

1. 单击“画笔工具”按钮 快捷键）B
2. 选取心型画笔样式
3. 单击“切换画笔面板”按钮
4. 选择“画笔笔尖形状”
5. 调整大小为“90px”
6. 间距为“200%”
7. 单击勾选“形状动态”
8. 大小抖动为“35%”

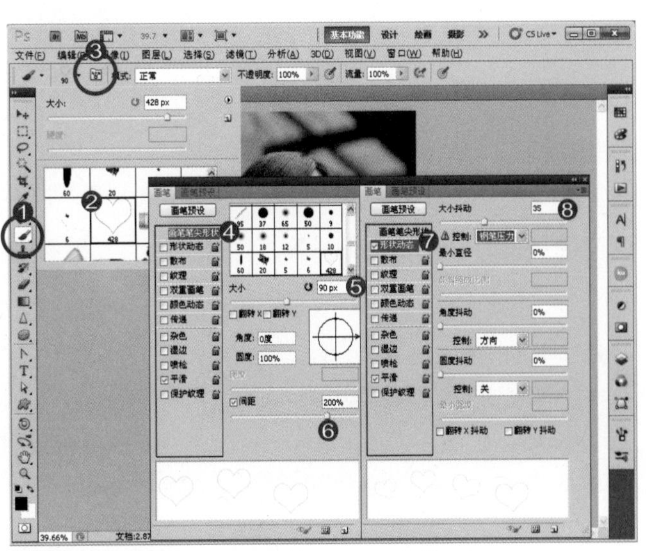

▲ 使用感压笔的同学，请启动“控制”为“钢笔压力”。

E）笔尖散落模式与色彩

1.勾选并单击“散布”

2.勾选“两轴”

3.调整为“480%”

4.确认单击“画笔工具”

5.按Alt键+单击指定画笔颜色

对于所有需要运用颜色的工具来说，只要按住Alt键不放，便能立即切换到能吸取图像颜色的“吸管工具”。

F）加入散落心型画笔

1.单击“创建新图层”按钮

2.新增空白“图层1”

3.拖曳画笔

如果心型不够明显，可将当前图层拖曳到“创建新图层”按钮上，复制出相同图层，这样就有重叠的作用，心型效果会更明显。

G) 加入文字

1.单击“文字工具” 快捷键）T

2.指定文字字体

3.单击编辑区指定文字插入点

4.输入文字

5.拖曳选取第一个字母

6.调整字体大小

7.单击“✓”按钮结束文字输入

8.新增文字图层

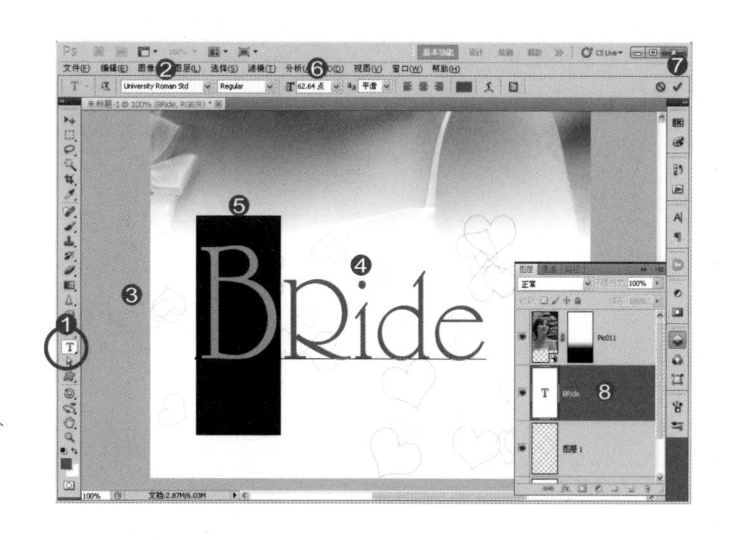

H) 栅格化文字

1.拖曳文字图层

2.到“创建新图层”按钮上

3.复制相同图层

4.在图层名称上单击鼠标右键

5.执行“栅格化文字”命令

“栅格化文字”命令能将矢量文字变为“位图”，虽然不再具有矢量特质，但是编辑空间更大了。我们接着看。

I）点状化滤镜

1.单击文字图层

2.执行“点状化”命令

3.单元格大小为“7”

4.单击“确定”按钮

滤镜不能作用在“文字图层”与“形状图层”中，唯一的方式，就是将这些具有矢量特质的图层转换为“位图”。转换之前，记得要先复制图层。

▲命令位置：菜单“滤镜/像素化/点状化”

J）调整图层混合模式

1.单击“BRide副本”图层

2.混合模式为“叠加”

3.编辑区显示色彩重叠效果

使用混合模式时可以多试试，感觉对了，就是合适的效果。

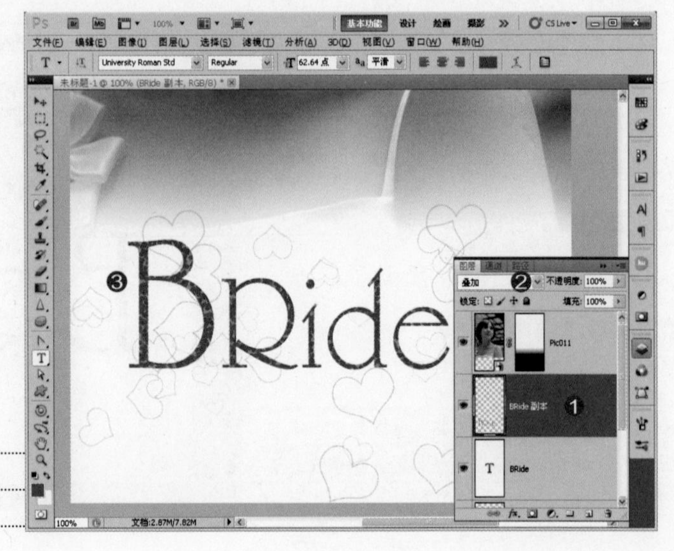

K）图层编组

1.单击“BRide副本”图层

2.按Shift键+单击下方文字图层

3.按Ctrl+G键进行图层编组

图层数量会随着设计的过程不断增加，图层面板空间有限，所以我们将性质相同的图层整合在同一个组中，方便移动与选取，我们来看看。

▲ 命令位置：菜单“图层/图层编组”

L）选择编组图层

1.单击编组图层

2.单击“移动工具” 快捷键）V

3.选取“组”

4.勾选“显示变换控件”选项

5.出现调整控制框

现在同学可以试着移动文字，或者拖曳控制框调整文字的大小，两个图层将一起被调整，非常方便。

第7章
CS5
CS4
CS3
PhotoShop

07 网页工具与工具管理

最后一章，除了属于网页的"切片工具"之外，没有什么特别需要练习的范例。阿桑在最后的章节中，整理了存储工具的方式与Photoshop中可以在网络上下载的资源，包含画笔、图案、渐变、样式等，所有能搜索到的外挂资源，下载的资源该如何管理，才是这个章节的重点。

每次写到最后，都有些小小的感伤，在书中称呼大家同学，其实并不知道各位的长相、年龄、性别，但"同学"这个亲切的如自己双手的称呼，足足陪了阿桑好几个月，那么熟悉……

计算机书其实没有办法在市场上生存太久，新版本一上市，旧书便得更换下来，非常谢谢大家购买这本书，我们博客再见。还没结束，同学要记得翻页，完成最后一章。

博客：杨比比.杨三十七度半
网络搜索"杨比比"

快捷键）C

切片/切片选取工具

适用版本：Photoshop CS3/CS4/CS5

我们没有足够的篇幅可以讲解Dreamweaver，只是因为这是一本专本讲解Photoshop工具的书。阿桑只是想传达，切片工具应该与网页软件整合在一起。

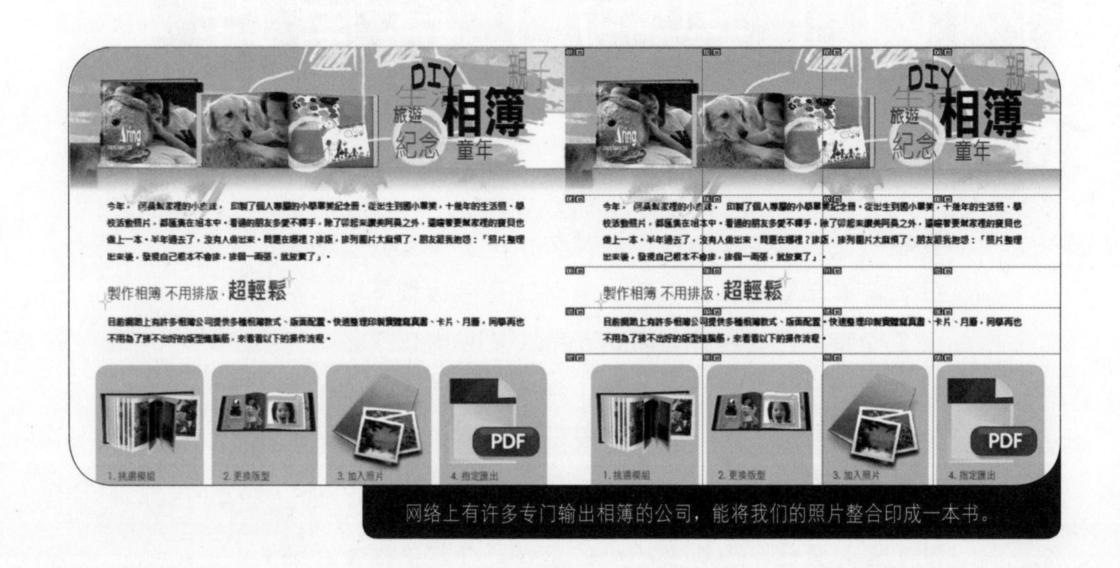

网络上有许多专门输出相簿的公司，能将我们的照片整合印成一本书。

TIPS 工具使用重点

“切片工具”可以运用编辑区中的参考线来分割图形，没有图层限制，并且可以将分割的图像内容存储为HTML格式。

“切片选择工具”可以选择已经分割的区块，进行指定位置的链接。

网页包含动画、影片、图片、表格、按钮、交互式界面，而Photoshop能支持的范围有限。Dreamweaver才是整合这些元素成为网页的最佳工具。

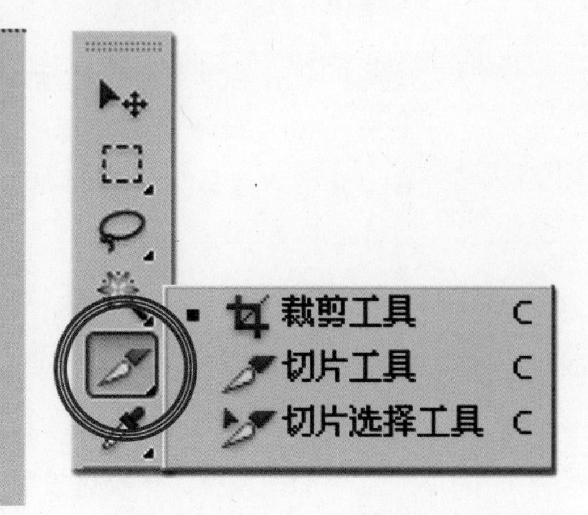

参考范例 素材和结果源文件\第7章\Pic001.JPG
素材和结果源文件\第7章\Pic001_OK.JPG/Pic001.HTML

A）打开文件

1.打开范例文件Pic001.JPG

2.浅蓝色为参考线

3.蓝色线框为切割区

即使是JPG，仍然能保留在Photoshop中建立的参考线与切割区域。我们来看看怎么清除参考线与切割区。

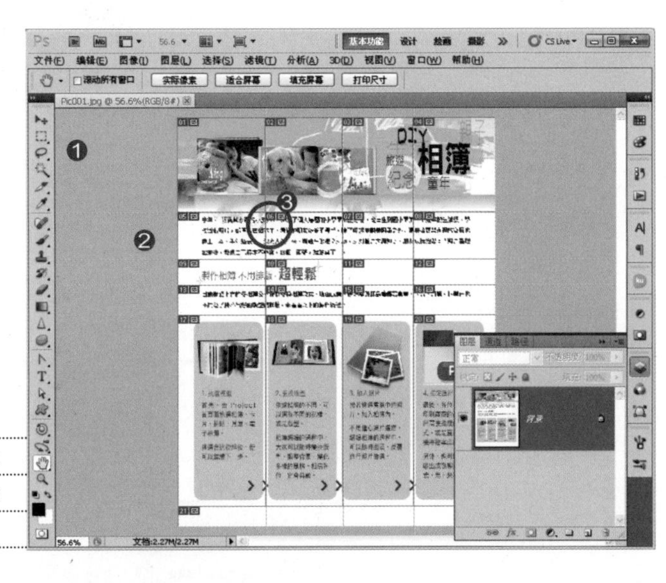

B）清除参考线与切片区

1.菜单“视图”

2.执行“清除参考线”命令

3.执行“清除切片”命令

编辑区左上角的切片图标，如果不想将其显示，可以执行菜单“查看/显示/切片”命令，关闭切片图标的显示。

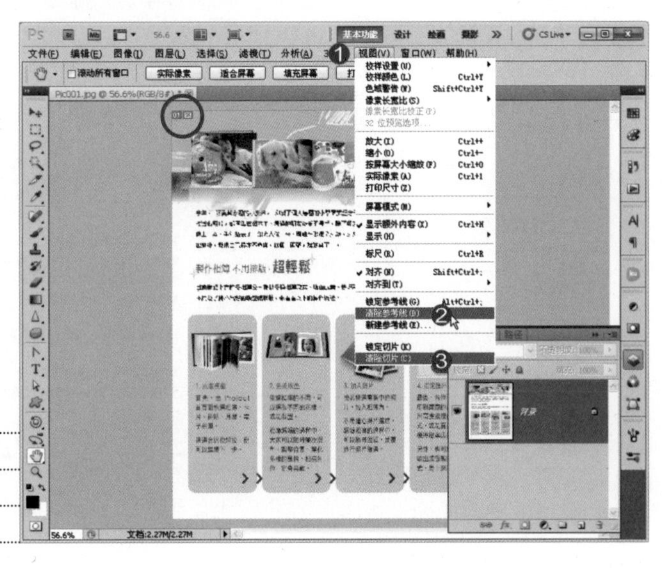

C）打开标尺

快捷键）Ctrl+R

1.菜单“视图”

2.选择“标尺”

3.编辑区显示垂直/水平标尺

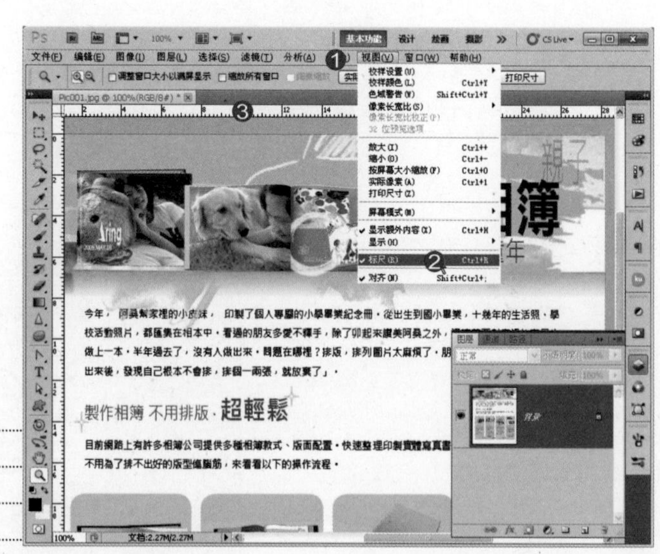

标尺可以用来标示图像对象放置的位置，搭配参考线提供更多标示与对齐的用途。我们来看看如何建立参考线。

D）建立水平参考线

1.由水平标尺向下拖曳

2.拉出水平参考线

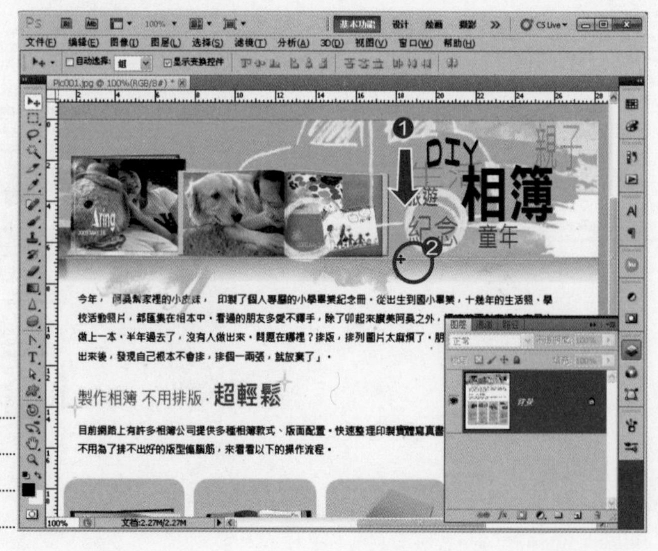

将鼠标指针移动到参考线上，待显示可拖曳的光标图标，就可以立即移动参考线。只要将参考线拖曳回标尺，即可清除参考线。

E）由参考线建立切片区

1.单击“切片工具”

2.单击“基于参考线的切片”

3.分割上下两块切片区

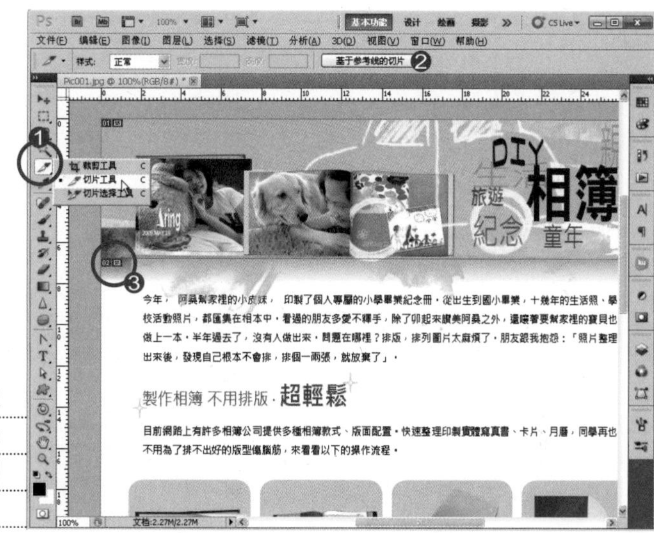

同学只要运用参考线将画面分割好，再通过“切片工具”中的“基于参考线的切片”，由编辑区中的参考线建立图像分割区，阿桑常用这招。

F）建立切片区

1.单击“切片工具” 快捷键）C

2.拖曳拉出切片区

3.周围自动分割切片

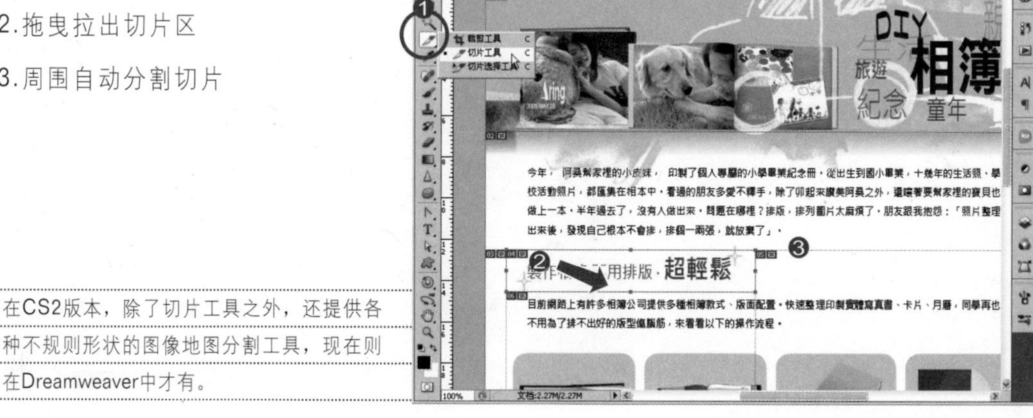

在CS2版本，除了切片工具之外，还提供各种不规则形状的图像地图分割工具，现在则在Dreamweaver中才有。

G) 调整切片区

1.确认选择“切片工具” 快捷键）C

2.拖曳切片边缘调整切片区

同学想一下，如果图片太大，放在网页上仅是下载就要花上很久时间，所以把图片进行分割，提高下载速度。

H) 指定链接范围

1.单击“切片选择工具” 快捷键）C

2.在切片上单击鼠标右键

3.执行“编辑切片选项”命令

4.指定链接网址

5.目标为“_blank”

6.输入信息文本

7.单击“确定”按钮

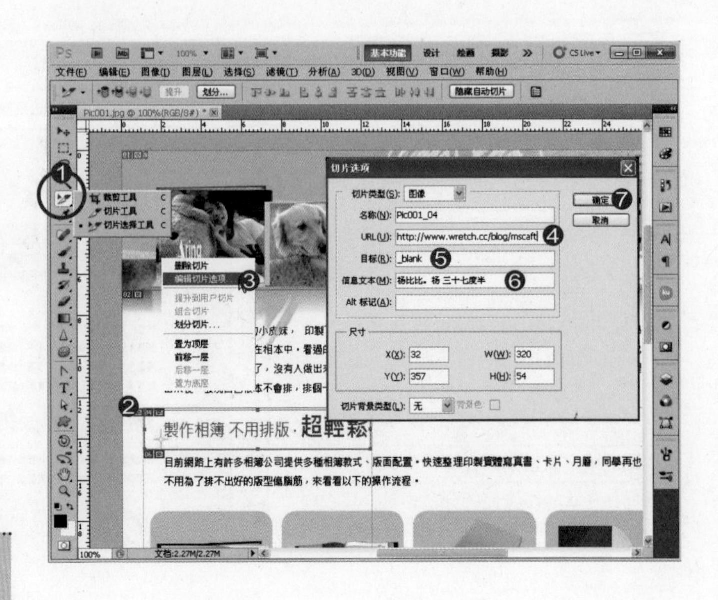

TIPS 打开链接目标

_parent：链接网页显示在父框架中

_blank：链接网页显示在空白窗口中

_self：链接网页显示在原有的窗口中

_top：链接网页替换整个浏览器窗口

I）存储为Web格式

1.菜单“文件”

2.执行“存储为Web和设备所用格式”

3.单击“预览”按钮

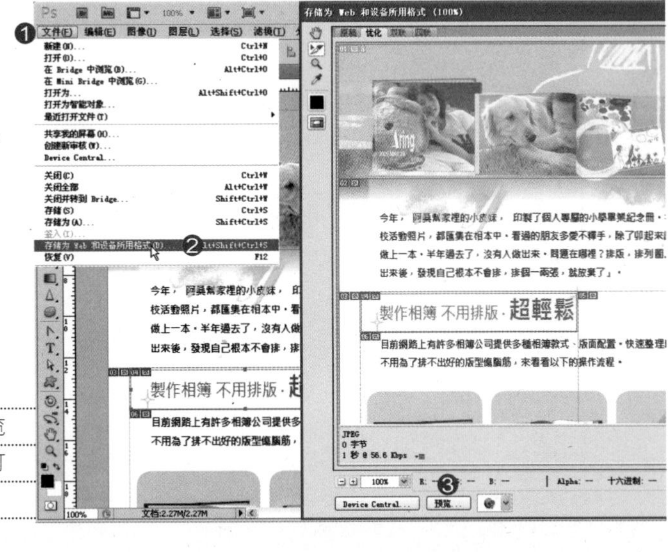

单击“预览”按钮后，能启动当前的浏览器，预先浏览转换为网页后的效果，同学可以试试链接。

J）存储为网页

1.单击“存储”按钮

2.格式为“HTML和图像”

3.切片为“所有切片”

4.单击“保存”按钮

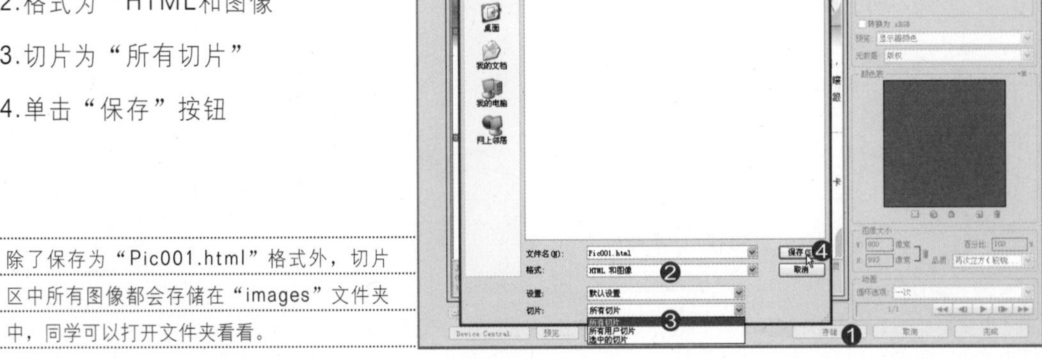

除了保存为“Pic001.html”格式外，切片区中所有图像都会存储在“images”文件夹中，同学可以打开文件夹看看。

丰富的网络资源

适用版本：Photoshop CS3/CS4/CS5

全世界有超过一千万的人使用Photoshop，这意味着网络中蕴藏着丰富的资源，有许多的设计者愿意分享各种画笔、图案、形状样式、色板、渐变颜色与样式，而我们就是受惠的对象，一起来看看如何下载这些资源。

网络搜索以下关键词

在Google中输入“Photoshop”，0.19秒后就会出现“162,000,000”搜索结果。数据搜索的关键词，除了Photoshop之外，还可以加入资源内容的中/英文名称，或者资源文件的附件名。例如搜索画笔关键词可以是：

-Photoshop brush
-Photoshop abr
-Photoshop画笔

资源内容	关键词	说明
画笔	Brush、ABR、画笔	画笔使用率最高，资源最多、最丰富
自定形状	Shape、CSH、形状	矢量图形·太好用了·多多搜集
图案	Pattern、PAT、图案	图层样式与油漆桶工具都需要
样式	Style、ASL、样式	多搜集一些虚线样式
渐变	Gradient、GRD、渐变	相信我·渐变组合永远不闲多
色板	Color palette、ACO、色板	多利用Kuler面板 色板需求度不大
轮廓	Contours、SHC、轮廓	用于调整图像明暗色调的曲线。图像内容变化度大，使用轮廓曲线的机率不高
工具	Tool preset、TPL、工具集	工具设置
动作	Action、ASL、动作	使用预设动作能节省不少工作时间

将下载资源载入到Photoshop中

下面我们将下载的所有画笔、图案、形状样式、色板、渐变颜色与样式，使用“打开”命令加载到Photoshop中。

A）载入渐变颜色组

1.菜单“文件”

2.执行“打开”命令 快捷键）Ctrl+O

3.选择所有下载的渐变文件

4.单击“打开”按钮

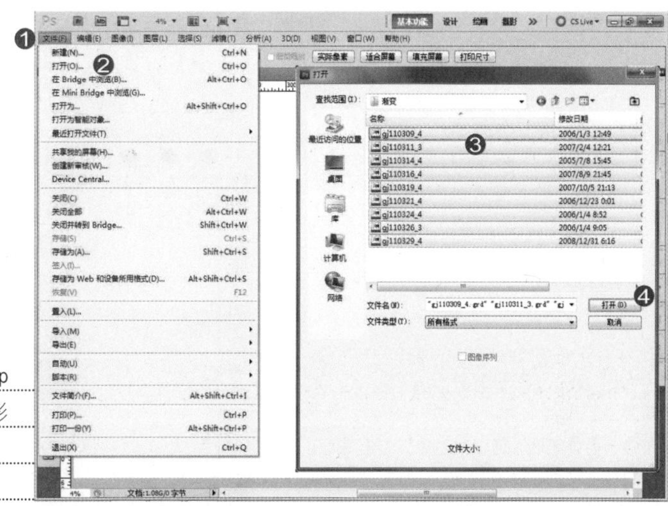

“打开”命令能打开所有适用于Photoshop的文件，包含下载的所有画笔、图案、形状、渐变色板。而且一次能载入多个文件，非常方便。

B）查看渐变颜色组

1.单击“渐变工具” 快捷键）G

2.打开渐变拾色器

3.单击渐变颜色

4.拖曳建立渐变色

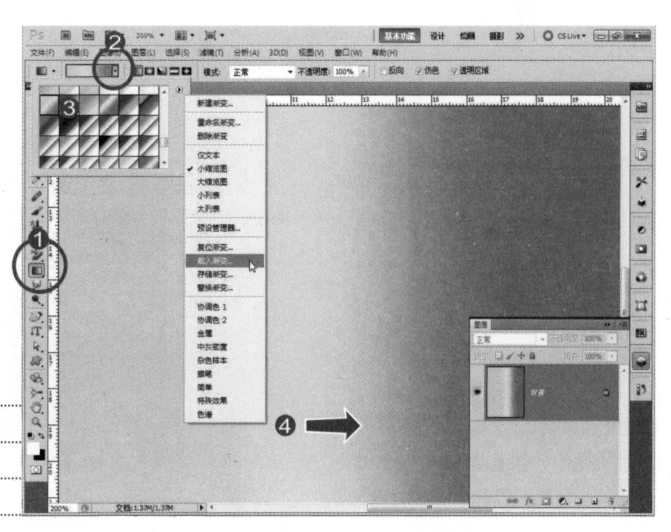

一般比较常规的作法，都是单击面板右上角的圆形按钮，执行“载入渐变”命令。不过，这个办法很麻烦，一次只能加载一个文件。

管理下载资源

适用版本：Photoshop CS3/CS4/CS5

现在同学已经具备下载所有资源与将资源导入Photoshop的能力，那我们就需要考虑下一个问题，导入后的画笔、形状等该怎么管理。

A) 还原画笔预设图案

1.单击“画笔工具” 快捷键）B

2.打开画笔预设选取器

3.单击圆形选项按钮

4.执行“复位画笔”命令

5.单击“确定”按钮

接着会弹出对话框，询问我们使用默认画笔替换当前画笔吗？建议单击“追加”按钮。

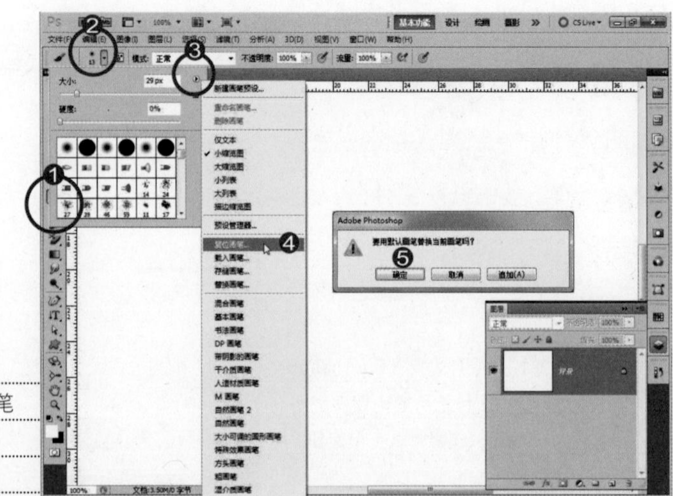

B) 导入下载的画笔图案

1.执行“打开”命令

2.选取数个下载的画笔文件

3.单击“打开”按钮

4.加载了很多画笔图案

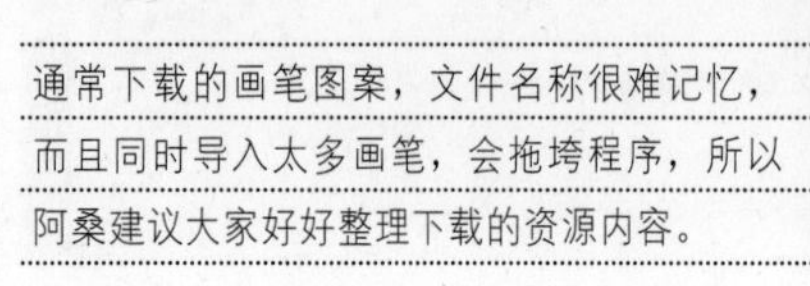
通常下载的画笔图案，文件名称很难记忆，而且同时导入太多画笔，会拖垮程序，所以阿桑建议大家好好整理下载的资源内容。

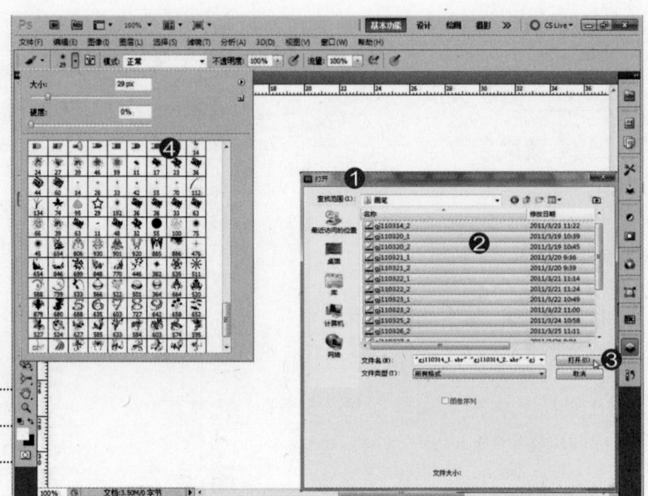

▲命令位置：菜单“文件/打开”

加载过多的资源也会影响Photoshop打开的速度

打开Photoshop时，可以通过启动画面看到Photoshop加载系统字体、外挂滤镜以及所有我们下载的画笔图案、形状路径，导入的资源越多，Photoshop的启动速度越慢，所以我们需要整理这些内容。

C）预设管理器

1.打开“预设管理器”

2.预设类型为“画笔”

3.单击圆形选项按钮

4.选择“大缩览图”

5.以大缩览图显示画笔图标

指定“预设类型”，再单击对话框右侧“载入”按钮，便可以导入画笔文件，不过每次只能载入一个，还是很麻烦。

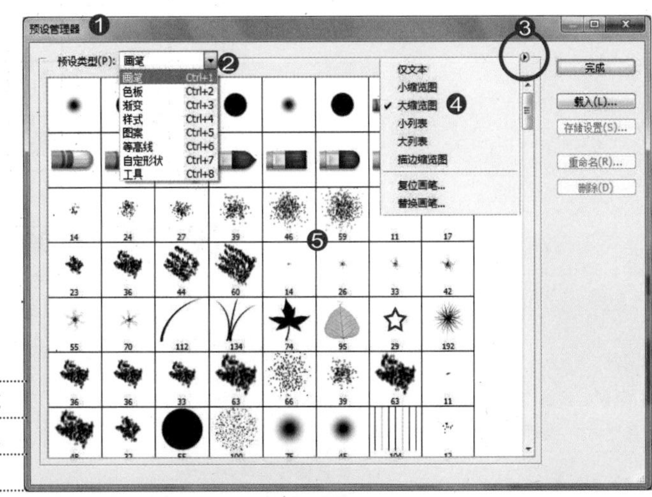

▲命令位置：菜单“编辑/预设管理器”

D）删除不用的画笔图标

1.单击缩览图

2.按住Shift键不放可连续选择缩览图

3.按住Ctrl键不放可选择不连续的缩览图

4.单击“删除”按钮

按住Shift键不放，可以选择连续的画笔缩览图；按住Ctrl键不放，可以选择不连续的画笔缩览图。

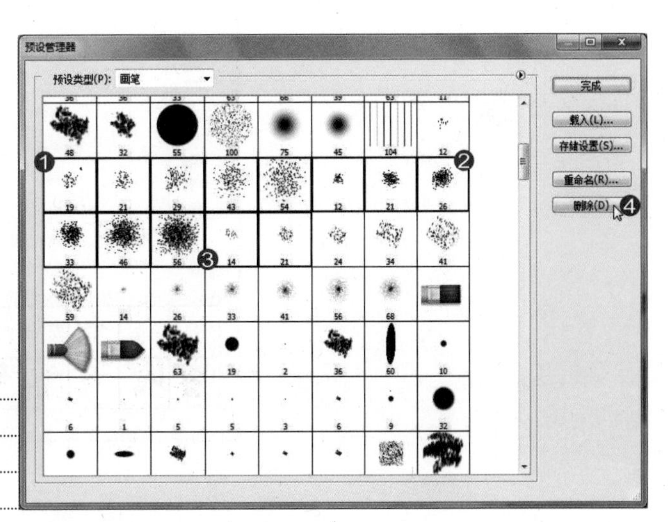

E）选取属性相同的缩览图

1.单击缩览图

2.按住Shift键连续选择缩览图

“预设管理器”对话框中所有的缩览图，都可以拖曳调整位置。同学可以把相同性质的画笔缩览图拖曳放在一起。

注意保存位置

〔保存文件夹〕
\Promgram Files\Adobe\Adobe Photoshop CS5\Presets\Brushes\

F）存储新画笔组合

1.单击“存储设置”按钮

2.选取保存文件夹

3.输入文件名称

4.单击“保存”按钮

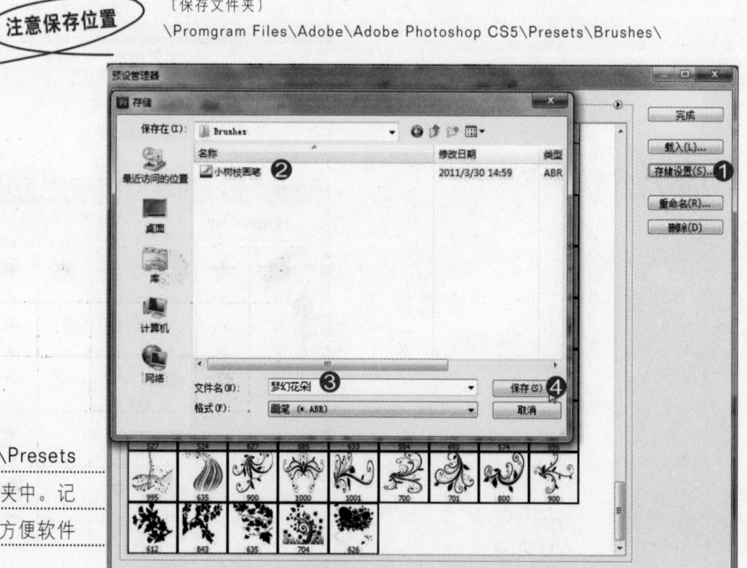

将文件存储在\Adobe Photoshop\Presets（预设集）\Brushes（画笔）文件夹中。记得再存一份在自己的备份硬盘中，方便软件更新时使用。

G) 整合好的画笔资源

现在看看画笔图标的菜单，多了不少的画笔图案资源，这也花了不少时间下载与整理。

需要“睫毛”画笔，随时可以从菜单中载入“睫毛”。

同样的方法也可运用在“自定形状”、“图案”、“渐变颜色”、“色板”这些资源中。

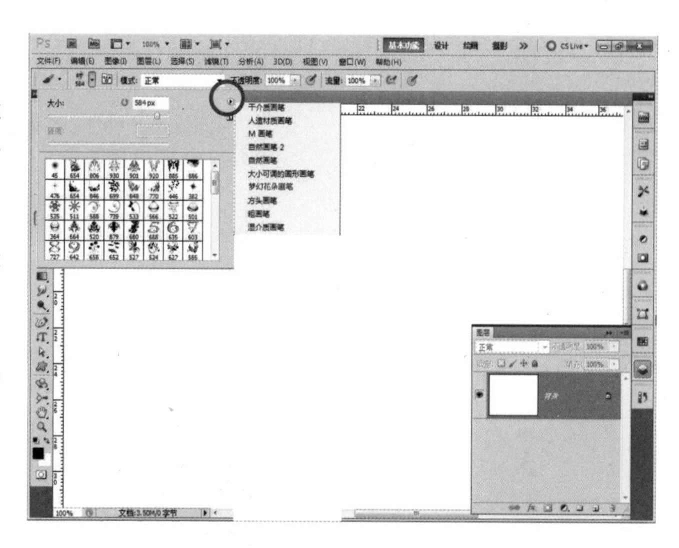

H) Presets预设文件夹

来看看阿桑Presets（预设）文件夹中的“Brushes（画笔）”，并对照画笔工具图标菜单中的内容。

所有导入的资源都可以放在Presets（预设）文件夹中，好好整理吧。

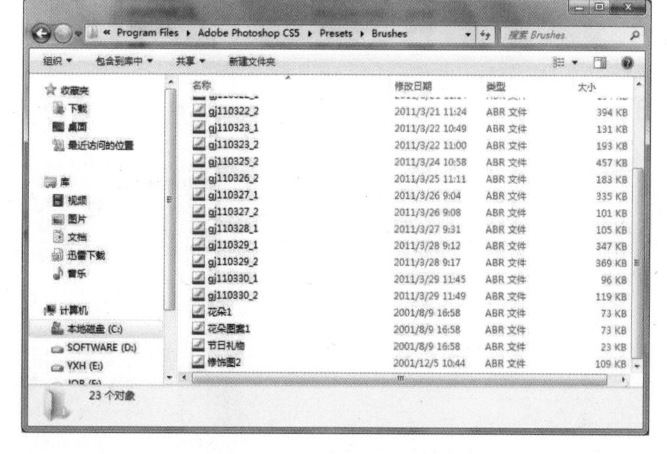

记录工具预设集

适用版本：Photoshop CS3/CS4/CS5

用照片写游记非常有趣，每隔一段时间就可将照片整理成实体相簿。照片上需要许多描述性文字，可以将常用的文字属性记录下来，成为“工具集”，方便我们反复使用。这是最后一个练习，阿桑有点眼眶泛红……谢谢大家这段时间的陪伴。

A）建立文字工具预设

1.单击“垂直文字工具”

2.设置字体与样式

3.指定文字大小

4.输入文字

5.建立文字图层

输入文字的细节，应该还记得，阿桑就不再重复。要存储工具记录，先要确认指定工具内容，如要存储垂直文字，一定要使用垂直文字工具，不能使用水平文字。

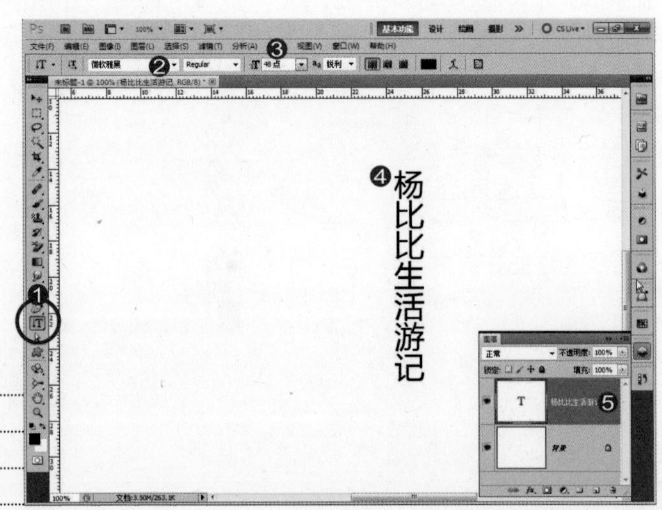

B）存储工具预设

1.打开工具预设选取器

2.单击“创建新的工具预设”按钮

3.输入预设工具名称

4.单击“确定”按钮

也可以单击面板上的圆形选项按钮，执行“新建工具预设”命令，再输入工具预设名称。

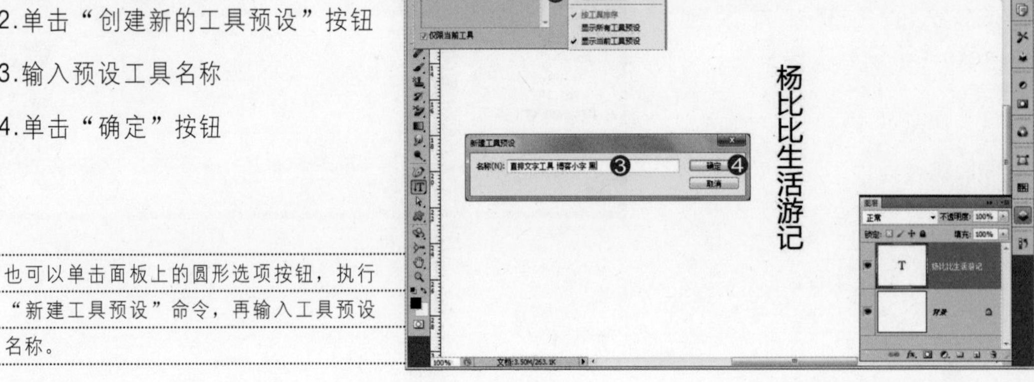

网络上有许多工具可下载

同学还可以在网络上找到合适的工具。不过，我们仍然需要了解如何建立并存储适合自己的工具内容。

C）所有的工具都有预设

1.单击“裁剪工具” 快捷键）C

2.打开工具预设选取器

3.出现工具预设

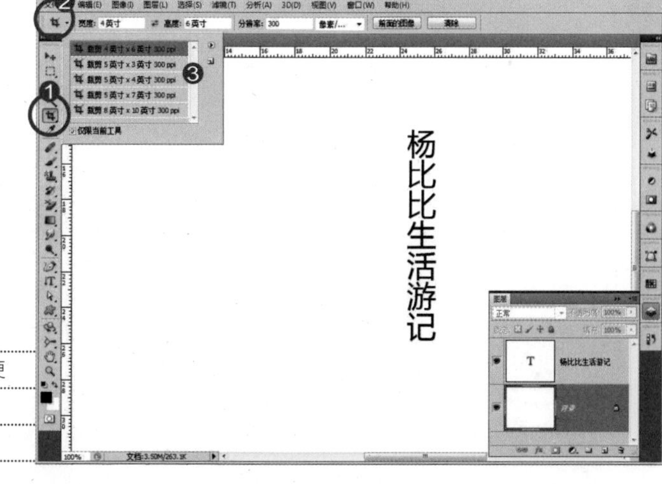

试着取消“仅限当前工具”选项的勾选，便能看到Photoshop中所有工具的预设。另外，预设管理器也能显示。

▼命令位置：菜单“编辑/预设管理器”

D）存储工具组合

1.打开“预设管理器”

2.预设类型为“工具”

3.按Ctrl键+单击要存储的工具

4.单击“存储设置”按钮

5.输入文件名称

6.单击“保存”按钮

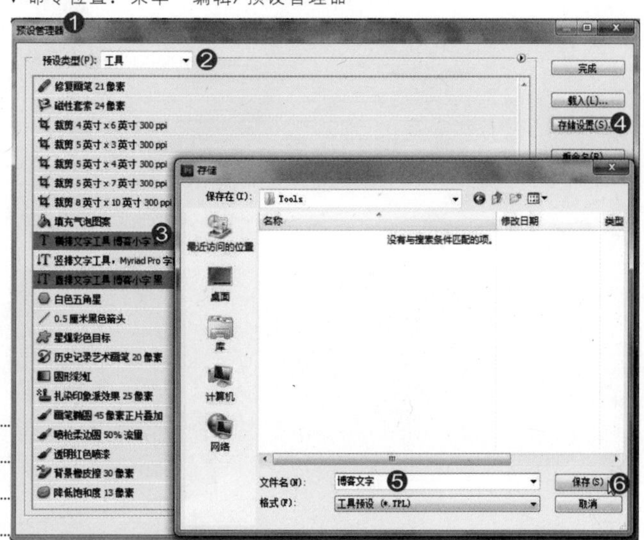

“预设管理器”会依据指定的预设类型，选择适合的文件夹。但是，同学一定要记得另外存一份备份文件，以备不时之需。

ISBN 978-7-302-22834-9
定价：55.00元（附光盘）